甚短距离光传输技术

陈弘达　左　超　编著

科学出版社

北　京

内 容 简 介

本书从光电子器件及其在光通信领域的应用出发，介绍了甚短距离光传输技术的组成、原理、实现方案、技术性能、关键技术以及在高速互连领域内的应用等。本书重点阐述了垂直腔面发射激光器的原理、工艺和特性；10Gb/s 和 40Gb/s 传输方案的具体实现及其性能指标；甚短距离光传输涉及到的各项关键技术，如新型多模光纤技术、CWDM 复用技术、硅探测器技术、高速光电集成(OEIC)技术以及相关高速网络技术等。

本书适合从事光通信、光电子器件等相关的高速传输技术领域内的科技工作者、研究生和大学高年级学生等使用。

图书在版编目(CIP)数据

甚短距离光传输技术/陈弘达，左超编著. —北京：科学出版社，2004
ISBN 978-7-03-014101-9

Ⅰ. 甚…　Ⅱ. ①陈…②左…　Ⅲ. 短距离-光通信　Ⅳ. TN929.1

中国版本图书馆 CIP 数据核字(2004)第 092312 号

责任编辑：田士勇/责任校对：鲁　素
责任印制：徐晓晨/封面设计：王　浩

科 学 出 版 社 出版
北京东黄城根北街 16 号
邮政编码：100717
http://www.sciencep.com

北京虎彩文化传播有限公司 印刷
科学出版社发行　各地新华书店经销
*
2004 年 10 月第 一 版　开本：B5(720×1000)
2018 年 6 月第二次印刷　印张：15 1/2
字数：296 000

定价：98.00 元

(如有印装质量问题，我社负责调换)

序

人脑能够处理信息、语言、图画和文字是人类特有的文明。

当工业文明能够提供便利交通时，邮政通信迅速发展，逐步覆盖全球。同时，电报发明了，电话发明了，后来无线电也发明了，世界又有了一个电话网。

计算机是一项了不起的发明，起先是用于计算，后来发展成能处理各类信息，并且得到越来越广泛的应用。将单个的计算机互连成网是20世纪60年代的事。最近几年，因特网上的信息流量，以每7个月翻一番的速度在高速发展。迄今，因特网信息流量已超过电话网，全球用户数以亿计。

邮政网使人类文字的交流跨越空间和时间，电话网使得人类可以实时进行异地语言交流，而因特网更让全人类的各种各样的信息得以传递和共享。

图像技术有几项重要发明：照相、电影和电视。现在图像技术是数字化的。目前，标准数字电视的图像大约40万像素，信息量约160Mb/s。高清晰度电视的标准是每幅图像约200万像素，信息量约800Mb/s。超高清晰度的电视已经开始研究，每幅图像约800万像素，也有人称之为数字电影，因为它的图片质量可以与电影胶片相媲美。

正是因为这些高清晰度的电视、电影，再加上高级的交互式的网络游戏，我们需要宽带网络接入。

目前大多数连接因特网的速率是每秒几兆到10兆比特，采用光纤到户技术和无源光网络技术。用户接入因特网的速度可以达到百兆比特每秒，甚至千兆比特每秒。大多数专家预期，现在的电视、电话、数据三种传递功能将统一由这样一个网络接入技术来完成。

十几年前，各国政治家们就意识到宽带网络的重要性。1991年美国国会通过《高性能计算和通信》议案，提出建设国家信息基础设施计划。欧盟（前欧共体）于1993年提出欧洲信息社会计划，随后通过《欧洲电信标准化和信息社会》议案。1994年亚太经济合作组织（APEC）宣布成员之间有效合作，促进并加速亚太信息设施（APII）的发展。稍后，中国提出以信息化带动工业化。最近，日本提出U-Japan计划，要建设一个网络“无处不在”的日本。一个全球范围的建设宽带网络的浪潮势不可挡。

正是在这样的社会发展背景下，甚短距离光传输技术应运而生。它是目前10Gb/s及其以上传输速率的高速互连领域中，直接面向应用而开发的一项新的光通信技术，是目前和今后的宽带网络的重要组成部分，是下一代全光通信网的一个重要环节。甚短距离光传输所采用的技术方案，如垂直腔面发射激光器

(VCSEL，Vertical Cavity Surface Emitting Laser)、硅基光探测器、新型多模光纤、粗波分复用等等是近几年光通信领域里的最新研究成果。这些成果的推广和应用将直接推动相关产品的高度集成化和低成本化，也将促进相关标准和规范的建立。

本书是从应用的角度出发，结合光电子领域中的重要器件——VCSEL，全面详细阐述甚短距离光传输系统。本书收集了国际上在这一领域的最新研究成果，并且也引入了作者相关工作。本书学术覆盖面较宽，不但涵盖了光纤通信系统、万兆以太网、光纤通道等系统技术，而且还重点阐述了以 VCSEL 为代表的有源和无源光电子器件的理论和实际应用，涉及到高速集成电路的制作和工艺，是一部有特色的学术专著，并有一定的广度和深度，对于国内光通信领域的研究学者有很大的参考价值。

作者陈弘达是我国知名的光电子学专家，左超在北京邮电大学光通信中心获得博士学位后，在中国科学院从事博士后研究工作。他们能在繁忙研究工作的同时，合作写成这样一本专著奉献给中国的光通信光电子事业，难能可贵。

林金桐

2004 年 8 月于北京邮电大学

前　言

甚短距离光传输（VSR，Very Short Reach）技术是2000年由美国 *Telecommunications* 杂志评选出的当年电信领域十大热门技术之一。所谓甚短距离是指最大连接长度不超过600m（一般不超过300m）的范围，在这一通信距离内，所采用的光连接技术和电接口规范同传统的骨干网传输技术有很大的不同，是光通信技术发展的一个全新领域。在构建下一代高速、大容量全光通信网络中，由于光接口器件在网络系统中的应用数量巨大，甚短距离光传输技术以其价格低和性能稳定的优势，吸引了众多光电子器件和网络设备制造商的注意，逐渐成为国际通用的标准技术，是全光网的一个重要组成部分。

本书共分为6章。第一章首先介绍了甚短距离光传输技术的基本概念，回顾了该技术的发展过程、研究现状和发展趋势，并简要介绍了甚短距离光传输技术的核心器件——垂直腔面发射激光器（VCSEL，Vertical Cavity Surface Emitting Laser）的基本概念、构造、特点及其应用范围。

VCSEL是光从垂直于半导体衬底表面方向出射的一种半导体激光器，可以在垂直于衬底的方向上并行排列多个激光器，非常适合应用在并行光传输等短距离传输领域。目前VCSEL已经成为短波长光通信领域的主导光源。随着技术和工艺水平的进步，长波长的VCSEL逐渐成熟，是最有竞争力的新一代光通信光源。在VCSEL诞生之前，传统的边发射激光器是光通信的主要光源。实践证明，经过多年的发展，分布反馈Bragg（DFB，Distributed Feedback Bragg）激光器等半导体边发射激光器在工作特性以及应用领域方面仍存在一些不足。在短距离、甚短距离传输等大量应用光电子器件的场合，采用边发射激光器使得系统整体成本过高。有鉴于此，本书第二章，详细阐述VCSEL的原理和工艺实现，分析VCSEL的稳态特性、动态特性以及测量技术。

第三章参考光网络互连论坛（OIF，Optical Internetworking Forum）的相关标准，介绍10Gb/s甚短距离光传输技术的基本功能结构。在SDH/SONET基本概念的基础上，介绍面向SDH/SONET接口的并行10Gb/s甚短距离光传输方案的具体实现。由于10Gb/s的传输已经实用化，在这一速率等级上如何实现骨干网和局域网的接口是甚短距离光传输技术的一个重要组成部分。在此基础上，介绍10Gb/s规范的光电接口的主要性能指标，读者可以充分了解甚短距离并行光传输技术的特点和技术要求。

甚短距离光传输技术虽然传输的距离较短，但是却涵盖了光通信领域的方方面面，非常有技术特色，不仅可以采用单个VCSEL芯片作为光源，而且其发射和接收模块中还可以封装多个激光器芯片阵列和探测器阵列，构成一维、多维光源阵列；其传输介质趋向于采用新型的宽带多模光纤；为了进一步扩大容量，在多个窗口采用粗波分复用技术等。因此，第四章介绍甚短距离光传输涉及到的关键技术——光收发模块阵列、探测器及其阵列和传输介质等相关技术。

第五章重点介绍了 40Gb/s 甚短距离光连接的三种实现方案，以及其相关的光电接口规范。详细介绍 ATM 信元、IP 数据包等是如何通过系统数据包接口（SPI，System Packet Interface）在 VSR 系统中映射、传输的，以及时分复用交换接口（TFI，TDM Fabric Interface）和 SPI 接口同 VSR 光接口之间的连接是如何通过 SFI-5 实现的。

目前的高速网络技术正在向 10Gb/s 甚至是更高速率发展，例如万兆以太网、光纤通道等技术，这些技术都需要在较短距离内，通过光互连实现大容量信息的传送，其技术实现，特别是物理层和数据链路层的技术方案同甚短距离光传输技术密切相关。甚短距离光传输技术专门面向高速、大容量传输，是光通信领域内技术标准和成熟规范的结合，其性能指标恰当，可以集成在相关领域的设计方案中。第六章介绍了千兆、万兆以太网和光纤通道等需要在甚短距离范围内进行高速互连的网络技术，在阐述这些技术基本原理的基础上，介绍其涉及到的甚短距离光传输协议、具体实现等。可以预言，甚短距离光传输技术的实用化进程，必将使光通信技术以及相关的高速传输技术进入新的阶段。

本书的编写是课题组多年来科研成果的结晶，包含了毛陆虹、贾九春、申荣铉、高鹏、周毅、裴为华、孙增辉、唐君等同志的辛勤工作。本书的出版得到了国家自然科学基金研究成果专著出版基金（项目编号：60424407）的支持。本书的出版还得到了国家自然科学基金重大项目“半导体光子集成基础”子课题——“微腔 VCSEL 器件及模块研制”（项目编号：69896260）、国家 863 计划“30Gb/s 并行光发射模块的研制”（项目编号：2001AA312080）、“10Gb/s 甚短距离并行光传输模块与实验系统研究”（项目编号：2001AA122032）的支持，在此一并表示感谢。

甚短距离光传输技术是光通信领域的一个新课题，目前的各项国际和国家标准还没有充分完善，在本书的编写过程中，还有许多新技术和标准正在发展。本书从光通信系统和光电子器件应用的角度出发，总结了作者多年来对甚短距离光传输等相关技术的研究成果和经验，在突出基本概念、基本原理阐述的基础上，参照 ITU-T 和 OIF 等国际组织的最新标准和建议，力求深入浅出、通俗易懂，希望能够对光通信领域的科研工作者有所帮助。由于作者水平有限，尽管做了很大努力，书中难免有错误、遗漏和不当之处，敬请广大读者批评指正。

作者联系信箱：hdchen@red.semi.ac.cn。

作　者

2004 年 7 月于北京

目　录

第一章 概 述

20 世纪 80 年代以来，光通信系统从最初传送几公里、速率在每秒兆比特量级的准同步数字系列系统迅速发展到现在传送几千公里、速率超过每秒太比特量级的密集波分复用系统。各种光通信技术的进步极大地推动了整个信息技术的发展，可以说光通信技术构成了现代信息社会的基础。

对于光纤骨干网来讲，能够传送的信息量越大越好，这样可以降低单位信息传送成本。对光纤线路的要求是传的距离越远越好，从而增大中继距离，减少中继设备，降低建设和运行维护成本，提高可靠性。例如，掺铒光纤放大器和拉曼放大器出现以后，无电再生中继距离从几十公里增加到了几千公里。在实际应用中，不仅有长距离传送的要求，还有短距离或甚短距离传送的要求。例如，计算机网络的事实标准——以太网技术，其作用距离不过几百米，但是速率却达到了千兆和万兆；在中心交换节点，一个端口的速率可以达到 10Gb/s，总的吞吐量达到几百个 Gb/s，机房之间和机架之间可能传 10Gb/s 或 40Gb/s 的信息；在设备内部由于总速率的提高，信号总线的速率也越来越高，40Gb/s 设备内部就要用到 2.5Gb/s 以上的总线。

以上问题可以简单表示为：如何在较短距离内传送高速大容量的信息？这种较短距离可以是机房到机房之间、机架到机架之间、机框到机框之间、机盘到机盘之间、机盘内部或计算机内部的连接，其传输速率一般超过 10Gb/s，传送距离小于 600m。对于这样高速率的信息，用电连接已经不适应，采用光传送技术是解决这一问题的首选。在较短距离内传送高速大容量的信息是光通信技术发展的又一个新课题。

现有的同步光网络系统是按长距离骨干网设计的，采用的是比较昂贵的串行光发射和接收设备，对光纤线路的要求较高，必须对整个光纤链路进行细致的设计、模拟。而短距离光传送方式与骨干网有很大的不同，由于距离较短，可以不必考虑复杂的光纤线路设计，如色散和非线性等问题，不需要解决光放大等中继问题，对光源的要求也相应降低。此时再采用串行光传送设备显然代价太高，而采用并行传送的方式可以降低每根光纤上的传送速率，降低对光器件的要求，减少连接成本。据统计，百分之八十的 10Gb/s 数据通信链路连接在 100m 距离以内，对廉价 10Gb/s 收发器的需求极为广阔。

甚短距离光传输（VSR，Very Short Reach）技术正是在这种背景下产生的。在 2000 年到 2003 年间，光网络互连论坛（OIF，Optical Internetworking Forum）相继通过了 VSR 的 5 个建议（VSR4-1.0，VSR4-2.0，VSR4-3.0，VSR4-4.0 和

VSR4-5.0）以及 40Gb/s 的 VSR5 部分建议。CISCO 公司和 CIENA 公司于 2000 年底首先联合发布了基于 VSR4-1.0 的产品，它采用 850nm 的垂直腔面发射激光器（VCSEL，Vertical Cavity Surface Emitting Laser）阵列作为光源，12 根并行多模光纤带实现了超过 300m 的 10Gb/s 速率传送。

国际电信联盟 ITU-T 也于 2001 年底制定了 VSR 标准：G.693（optical interfaces for intra-office systems，又叫做 G.vsr）。目前，关于甚短距离光传输的标准仍在由各个国际组织制定之中。

可以说，VSR 技术的目的是采用最经济的光通信技术在短距离传输上占据市场，其最关键技术便是 VCSEL。OIF 的几个建议中，除 VSR4-2.0/5.0 采用 1310nm 光源外，其他三个建议都是采用 850nm 的 VCSEL 做光源。目前的骨干网普遍采用长波长 1.3μm 和 1.5μm 边发射的激光光源，而没有采用 850nm 的 VCSEL，这是由器件工艺水平和光纤传输特性等决定的，如最低损耗窗口、最佳色散窗口等。

VCSEL 相对于传统的边发射激光器来讲，最大的优势在于低成本。GaAs 基的 VCSEL 研究和制造已经很成熟，价格非常便宜，二三美元就可以买到。工作于 1.3～1.5μm 波段的 InGaAsP/InP 激光器，由于异质材料间的折射率差很小，难以有效研制出高反射率的 DBR（Distributed Bragg Reflector）来实现 VCSEL 结构，因此目前长波长的 VCSEL 还不成熟，无法应用于长距离通信系统；但对于成本非常敏感的短距离应用场合，例如接入网、光纤通道和存储区域网、以太网以及 VSR 等应用场合，VCSEL 是比较好的选择。

硅材料对 850nm 波段的光有较好的响应，并且硅基光电探测器与硅微电子工艺兼容，易于实现硅基的光电集成，如光探测器和前置放大电路、信号处理电路的集成，可实现硅基 OEIC（Optical Electronic Integrated Circuit，光电集成电路）光接收芯片规模化生产，从而能使硅基光接收机造价降低，因此硅基光接收机和 VCSEL 光发射机组成的收发器在甚短距离光传输上有很重要的应用[1]。

1.1 甚短距离光传输（VSR）技术

1.1.1 VSR 的定义和标准

广义上讲，任何有别于骨干网传输，在较短距离内，能够高效传送信息的光传输系统都可以称为甚短距离光传输系统。

甚短距离光传输的工作距离在几米到 600m 的范围，600m 到 2km 的距离一般称为短距离传输（short reach），2～40km 的范围称为中等距离传输（intermediate reach），超过 40km 的传输为长距离骨干网传输（long haul reach）。

已经规范化的国际标准是 OIF 的 VSR 系列和 ITU-T 的 G.693。

OIF 制定的 VSR4-1.0 详细规定了 16×622Mb/s 的 STM-64 信号到 12×1.25Gb/s 并行信号的转换。40Gb/s 的 VSR5 则是面向 STM-256 的。

ITU-T 制定的 G.693 标准中的 VSR600 和 VSR2000 在 600m 和 2km 的距离上，通过优化设计链路参数，降低对激光器的要求，实现 10Gb/s 和 40Gb/s 在单模光纤上的串行传输。

以上两个标准在电接口上直接面向 SDH/SONET 技术，这是由于现在的 SDH/SONET 是城域网和骨干网的主流技术，除了继续作为骨干网的承载技术外，正在向网络边缘转移，通过将多种不同的业务映射进不同的时隙，将传送节点和各种业务节点融合在一起，使得 SDH/SONET 从纯传送网转变为传送网和业务网融合的多业务平台，主要定位于网络边缘。特别是千兆和万兆以太网技术的迅速发展加速了 SDH/SONET 的网络边缘化。2002 年发布的万兆以太网标准仅采用了光纤作为传输媒质，网络工作在全双工方式，没有采用千兆以太网以前的 CSMA/CD 的半双工方式，其物理层标准直接面向 10Gb/s 的 SDH/SONET 接口。

随着人们对信息量的要求越来越大，目前很多技术，例如，万兆以太网、光纤通道、InfiniBand 和 RapidIO 等的发展都要实现在较短距离上传送高速信号，只是不同技术方式所要传送的数据格式不同。已经标准化的甚短距离光传输技术国际标准是面向 SDH/SONET 这种多业务平台的，但是在物理层上采用光纤作为传输媒质是这些技术的共同要求。

因此，任何通过光信号实现较短距离内的互连，满足距离和速率要求的传输技术都可以统称为甚短距离光传输技术，而不必局限于传输的具体业务。其特点是信息传送量很大，而距离又足够近。

本书在 OIF 系列标准的基础上，重点介绍面向 SDH/SONET 的甚短距离光传输技术，同时也涉及到光纤通道、万兆以太网等相关领域。

1.1.2 VSR 在网络体系中的位置

由于短波长 VCSEL 技术的成熟，VCSEL 阵列激光光源的价格非常低，在系统设备内部，例如计算机主板上就可以采用光互连，实现高速信号的传送，其作用距离不过几十厘米。而另一方面，ITU-T 的 G.693 标准则把甚短距离光传输的长度扩大到 2km。一般的甚短距离光传输长度在 300m 左右，这个距离正是局域网的作用范围。

对于电信网络，其体系大致分为局域网（LAN，Local Area Network），城域网（MAN，Metropolitan Area Network）和广域网（WAN，Wide Area Network）。终端的用户和服务器分别通过接入路由器和主机路由器（或交换机）进入局域网，这些交换机和路由器再通过局域网顶层的核心路由器连接到城域网的中心局，也就是汇接点（POP，Point of Presence）。不同的汇接点之间的相互连接通过骨干网来实现，这个过程需要通过广域网路由器，以及密集波分复用（DWDM，Dense Wavelength Division Multiplexing）系统和光交叉连接（OXC，Optical Cross Connection）设备来实现。

VSR 链路在网络体系中的应用以及相关设备如图 1-1 所示：

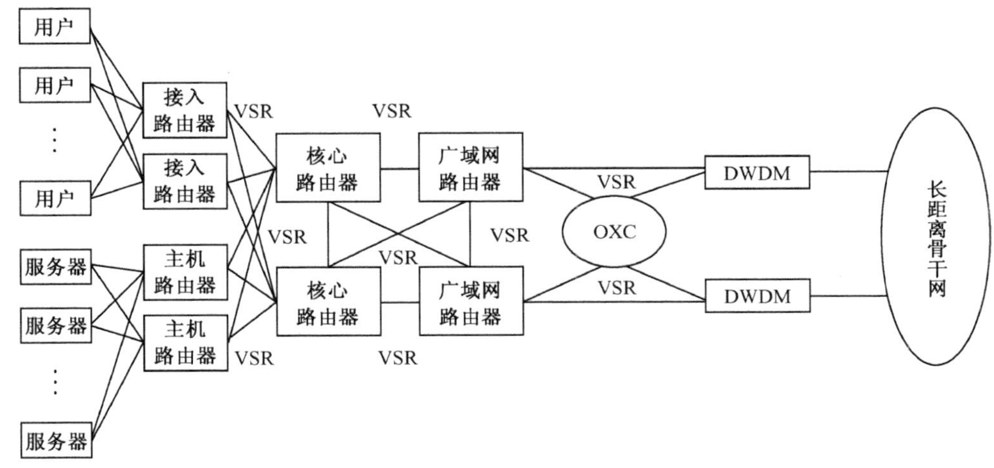

图 1-1 VSR 链路在现有网络体系中的位置

从图中可以看出，VSR 技术渗透到整个网络的各个层面，而不仅仅局限于作用范围较小的局域网内。例如，在骨干网中心机房内，OXC 设备内部光信号的互连，完全可以采用 OIF 建议的并行或者串行方式来实现；在局域网范围内，万兆以太网的 XAUI（10Gb/s 以太网连接单元接口，10Gb/s Acess Unit Interface）接口也可以通过 OIF 建议中 4 路并行方式来实现。

从网络 7 层协议来看，VSR 主要涉及到物理层和数据链路层的规范。在物理层上，针对不同的应用场合，它对光源、光纤以及链路的功率分配等进行了详细的规范。在数据链路层上，由于涉及到光信号串并转换的问题，因此需要对所承载信号的帧结构进行重组，加入适当的检错、纠错信息，如 CRC 校验等。

1.1.3 VSR 技术的基本工作形式

从光信号传输的角度来看，VSR 可以分为并行光传输和串行光传输两种。其串行方式通常采用 850nm 或者 1310nm 波长的激光器，根据光源不同而采用相应的单模或者多模光纤，传输速率在 10Gb/s 以上。并行工作方式一般由并行的多模光纤带构成传输媒质，每根光纤上承载波长相同、速率相同的光信号。这种传送方式不同于光通信系统中的波分复用（WDM，Wavelength Division Multiplexing）和光时分复用（OTDM，Optical Time Division Multiplexing），它是一种空分复用方式。通过这种并行空分复用的方式在不降低系统总吞吐量的前提下，降低每根光纤内的传输速率，从而可以采用低成本的器件和简单的结构，充分发挥并行传输的优势。

从采用的光信号波长来看，可以分为单波长系统和波分复用系统两种。VSR系统的一个重要方面就是成本的低廉，因此，其单波长工作形式采用价格较低的1310nm的FP激光器和850nm的VCSEL光源；而其波分复用系统没有采用骨干网中的密集波分复用技术，而是采用了1310nm窗口的粗波分复用（CWDM，Coarse Wavelength Division Multiplexing）方式。

1.1.4 VSR技术的主要特点

由于VSR技术面向在较短距离上传输较高速率的信息，因此VSR技术和骨干网光纤传输技术有很大的不同。骨干网系统传输必须考虑到传输过程中存在的损耗、非线性效应、色散和偏振模色散（PMD，Polarization Mode Dispersion）等不利因素，对光源和接收机的要求严格，需要采用较昂贵的器件和各种补偿手段。对于VSR技术来讲，虽然其工作速率在10Gb/s以上，但是由于工作距离短，采用类似方案是一种浪费。因此，综合考虑，VSR技术具有如下特点：

（1）系统传输距离短，传输速率高。

传输距离一般不超过600m，但是总传输速率在10Gb/s以上。

（2）主要采用并行光互连技术。

同串行光传送方式相比，并行方式可以降低每根光纤上的传输速率，从而降低对系统其他器件的要求，并且可以在需要的时候，适当提高每根光纤上的传输速率，以提高系统总吞吐量。并行光互连技术在实现上采用并行多模光纤带。

（3）系统面向低成本方案。

利用光互连实现VSR技术必须满足市场应用的需要，大量设备的互连决定了其造价不可能过高。对于每一个技术方案，都要求其能够做到具有广阔的市场前景，应用面广，兼容性好，技术上和经济上可行等特点，这样可获得大多数设备提供商的支持。

1.1.5 VSR技术的发展历史、研究现状和发展趋势

VSR技术是随着人们对信息量需求的增大而出现的，特别是10Gb/s光传输的网络边缘化，促使VSR技术迅速发展。从CISCO公司2000年底发布第一个产品起，在不过3年的时间里，VSR技术已经成为现在通信领域的一个热门技术。由于这一技术主要面向实际市场应用，因此在国际标准公布的同时，相关产品很快推出。其光收发模块具有低功耗、小封装等特点。例如，廉价的10Gb/s并行VCSEL光收发模块迅速推向市场。EMCORE公司2002年的VSR Transponder产品MTR8500/9500，符合OIF的VSR4-1.0，体积只有56mm×82mm×13.5mm。CoreOptic的2002年的VSR2000-3R2/3/5产品，符合ITU-T

的 VSR2000 标准，速率为 40Gb/s，串行传输。

在光源选择和传输方式上，主要有 850nm 多路空分并行、850nm 单路串行、1310nm 单路串行、1310nm 多路粗波分复用等方式。在传输媒质的选择上，有 62.5/125μm、50/125μm 多模光纤、多模光纤带以及普通单模光纤。对于多模光纤，其带宽一般小于 800MHz·km。但是目前新出现的多模光纤（OM3），通过优化设计，其带宽大于 2GHz·km，完全可以在几百米的距离上传输 10Gb/s 的光信号。

并行光互连是目前 VSR 采用的主流技术——采用点对点的光纤带连接。不仅在承载 SDH/SONET 上使用了多模光纤带，多通道千兆以太网、多通道 XAUI 扩展接口以及 4 通道、12 通道的 InfiniBand 模块均趋向于采用并行光互连技术，每一通道的速率在 1Gb/s 到 3.125Gb/s 之间。随着 VCSEL 调制速率的充分挖掘，单通道速率将向 5Gb/s 到 10Gb/s 发展，系统总带宽将超过 120Gb/s。

并行光互连技术不仅可以在几米到几公里的距离上实现高速信息的传送，还可以在更短的距离上实现信息传递，例如，芯片内部、芯片和芯片之间的光互连，即“光到芯片”技术[2]。这种技术在实现上采用了二维、三维的光互连，传输介质为光波导或者空间光互连。这种多维的光互连部分可以通过倒装焊工艺（flip-chip）实现和 CMOS（Complementary Metal-Oxide-Semiconductor，互补型金属氧化物半导体）电路的耦合，并进一步集成在印刷电路板（PCB，Print Circuit Board）上。目前已有 6×12 通道的并行光互连技术实现每通道 3.4Gb/s，总速率 245Gb/s 的互连，其光源为 850nm 的 VCSEL 阵列。

多路空分并行和 CWDM 串行是进一步提高系统容量的两种较有竞争力的技术方案。二者在技术上并没有优劣之分。多路并行方式对光源的要求低，但是光纤带的成本要高一些；而粗波分复用串行方式虽然采用一根光纤，但是波分复用器件的使用也提高了系统的复杂性和成本。究竟采用哪种方式取决于二者的可靠性和成本，需要由市场应用决定。

廉价的 VCSEL 收发器和多模光纤的组合是目前 VSR 技术的主要工作方式。这种组合可以胜任 10Gb/s 到 40Gb/s 的甚短距离光传输需要。今后 1310nm 和 1550nm 窗口 VCSEL 技术的成熟不仅会对短距离传输带来实质性的变化，而且对于骨干网乃至整个光通信技术都会有重要的影响。

1.2 垂直腔面发射激光器（VCSEL）简介

1.2.1 VCSEL 的产生背景与发展过程

在 VCSEL 诞生之前，传统的边发射激光器一直在光通信中扮演着主要角色。尽管这些年来，边发射激光器在结构优化、制造技术、工作特性以及应用领域方面都取得了巨大进展，但仍存在一些不足。比如在芯片解理之前，不能进行单个器件的基本特性测试；光束发散角过大且呈椭圆状；不易构成二维光源阵列；制造成本也仍然偏高。正是在这样的背景下诞生了垂直腔面发射的激光器。VCSEL 是光从垂直于半导体衬底表面方向出射的一种半导体激光器。因为在垂直于衬底的方向上并行排列着多个激光器，所以非常适合应用在并行光传输以及并行光互连等领域。

面发射激光的概念是由日本东京工业大学的伊贺教授实验室于 1977 年提出来的，并于 1979 年发表世界上第一个 VCSEL 元件，其结构如图 1-2 所示[3]。它的有源层材料采用 InGaAsP/InP，双异质结结构，发射波长 1.3μm，反射镜是金锌合金，具有完全的衬底吸收。因此其反射率很低（<80%），低温 77K 下才能激射，阈值电流很高。

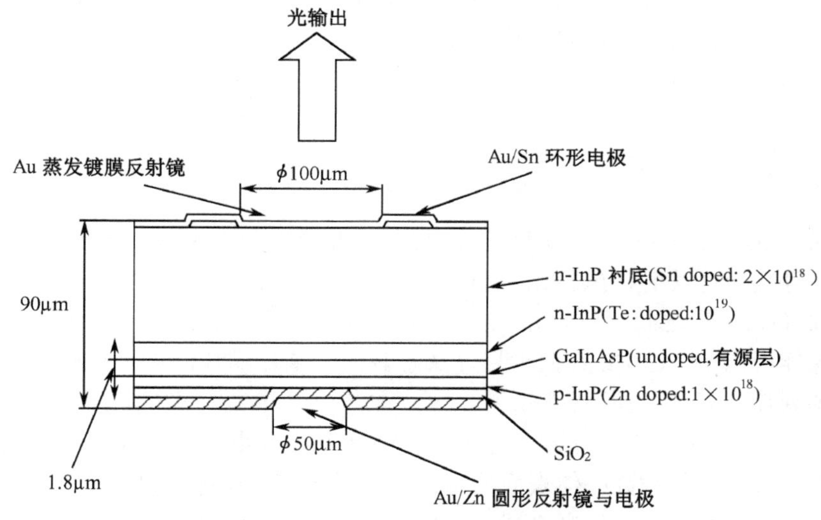

图 1-2　最初的垂直腔面发射激光器结构

1980 年后，人们认识到短谐振腔结构对降低阈值有所帮助，并在低温下实现了低阈值的面发射激光器。第一个室温下的脉冲 VCSEL，是由伊贺实验室在 1984 年做出的[4]。1982 年伯纳姆等人提出了 VCSEL 不同外延结构的专利，其中的某些部分与当今所用的结构已十分相似。但当时的生长工艺还不足以精确到来制造这种结构。以后的大多数工作就是致力于改进有源区内载流子的限制结构和多层介质反射镜或外延生长半导体反射镜，以便获得高的反射率（>95%）。

早期的 VCSEL 有源区都比较厚，这是因为考虑到能获得较大的单程增益。而由于反射镜的反射率还比较低，所以阈值电流密度仍然比较高。为实现降低阈值电流密度，人们不断改进 VCSEL 的反射镜设计，并采用圆形掩埋异质结来有效的限制电流，并于 1988 年实现了 GaAlAs/GaAs 的 VCSEL 室温脉冲激射[5]。1991 年，人们用聚酰亚胺微小圆形台面掩埋的结构实现了 0.7mA 阈值电流下的连续激光[6]。

由于这一成果的激励，VCSEL 的研究取得了快速发展并不断取得鼓舞人心的成就。在降低阈值电流、波长可调谐、VCSEL 与光电探测二极管、MESFET 的单片集成等方面有了很大进展。1996 年以后，VCSEL 的性能有了显著提高，VCSEL 的阈值电流以四年一个数量级的速度减少。到 1998 年，VCSEL 的阈值电流已经达到了微安量级。这样 VCSEL 的特性在低功耗器件领域要比水平谐振腔的边发射激光器高出许多，因此人们对它在需要使用多个器件的并行光电子领域中的各种应用寄予厚望。

1.2.2 VCSEL 的主要特点

在光通信和光互连领域，VCSEL 相对于传统的边发射激光器，有着很多无法代替的特点，包括面发射，易于集成阵列，可在晶片上直接测试，表面的外延生长技术，动态单纵模，较低的工作温度，低阈值电流，并且输出光束也与众不同。

1.2.2.1 面发射

同 LED（Light Emitting Diode，发光二极管）和 LD（Laser Diode，激光二极管）等其他边发射光源相比，VCSEL 光源最特别之处是产生激光的共振腔位于晶面（wafer）之间，所以光束是从硅片的垂直面发射，而不是传统的侧面发射，这样可以使 VCSEL 在尚未切片及封装前，整片晶片即可进行检测，无须经过解理划片，简化了检测程序。

VCSEL 激光器的几何结构的特点使得这个装置很适合构成阵列，包括二维空间阵列。面发射允许晶体表面的测试，这对于应用在并行数据传输领域有着重要的意义。传统的边发射激光器虽然也可以构成一维阵列并且也能通过结合反射镜和光栅转换成面发射，但体积较大而且工艺繁琐，成品率也不高。而 VCSEL 激光器只需占据较小的面积并且不需要过多的步骤。

面发射在封装以及与其他光学器件集成的时候也表现出一定的实用性。VCSEL激光器的普通工作模式是从器件顶端发射。而对于 GaAs 衬底，激射光波长大于 0.85mm 时，对于 InP 衬底，激射光波长大于 1.1mm 时，衬底相对于激射光波长是透明的，这样光也可以从衬底射出。这一特点使得该装置可以将VCSEL的衬底一侧制作出电极，便于和其他电路的电极进行焊接，例如通过倒装焊工艺与硅基的驱动电路集成。而且，通过衬底的出射光允许其与透镜阵列单片集成。

1.2.2.2 通过外延生长构成晶面

在 VCSEL 中，需要大量的经过严格控制的有源层、接触层和外延层，所以与传统的激光器相比需要更多的外延生长工艺。一旦这种外延生长成功，会在很多方面产生重要的意义。例如，不需要再进行解理，窄带反射层会产生一个非常窄的发射光谱，并且具备性能良好的动态单纵模。这样就可以省略了传统激光器中需要结合频率选择光栅的步骤。然而，VCSEL 中的短谐振腔使得其光谱宽度比通过光栅控制的边发射激光器宽一些。就整个晶片来说，不同位置的外延层结构也可以有所不同，根据这个原理，可以构造出发射不同波长的 VCSEL 阵列。

在短波长的激光器中，尤其是 AlGaAs 基的激光器，需要特殊的覆层或工艺来保护解理面。VCSEL 激光器则不需要这样的覆层。与边发射激光器的解理面不同，外延生长的反射镜组所对应的反射峰值波长与温度相关。这个特性可以用来分别调节反射峰和增益峰，以便于阈值电流在很大的范围内几乎与温度无关。另一种降低温度特性的方法是扩大增益带宽。通过 GaAs 生长 AlGaAs 组成的反射镜具有非常高反射率，而在长波长的 InP 基上则很难得到如此高的反射率。因此当前的 VCSEL 工艺更适合短波长（<1mm）方面的应用。

1.2.2.3 低阈值电流

VCSEL 所需的驱动电压和电流很小，这个特点对低功率激光器是非常重要的。在某些应用中，例如，高密度的阵列，智能象素，低温连接等需要降低激光器的驱动功率并降低发热量的应用场合是非常必要的。在大多数应用中，激光器并不需要输出大量的光子来提供充分强劲的系统性能。通常 1mW 的光功率已足够，在许多应用中，光功率限制在 1mW 以下。因此研究的核心就成了如何在光输出功率小于毫瓦级别的情况下提高相应速度并降低功耗。答案就是使阈值电流远远低于 1mA，并且在工作电流处有着高转换效率。这方面 VCSEL 要比传统的激光器表现的好。VCSEL 在低的工作电流下能实现高效率主要取决于两个因素：首先是 VCSEL 的串联电阻的降低；其次是在 VCSEL 半径缩小的同时，保持低的阈值电流密度。

1.2.2.4 输出光的特性

在传统的边发射激光器中都需要采用外延层，这使得垂直于衬底方向的光模式宽度总是非常的小（大约为两个波长的宽度）。带来的结果就是出射光在垂直于衬底的方向发散角很大（一般为 30°甚至更大）。在平行与衬底的方向上，出光孔的宽度通常又比较大，由此产生了非圆形的光束。由于出光孔的宽度被展宽了几个波长，产生了多个光传输模式，并且光束变得高度不对称以及没有了衍射限制。与之相反，带有圆形出光孔的 VCSEL 激射的是圆形的光束，这简化了后面与其他光学组件的耦合工艺。VCSEL 出光孔仅为几个波长宽度，相比传统的激光器出射光孔径要小很多。

随着 VCSEL 出光孔尺寸的增加，也相应产生了更多的横模，无法再保持单横模，光束分成多个横向模式。VCSEL 的横模几乎都是 TEM 模，这是因为激光器的横向尺寸总比等效腔长大的多。虽然准确的模分析结果表明，VCSEL 的横模并非准确的 TEM 模，但纵向场分量很小。在计算模限制因子和光束发散时，实际上可以采用 TEM 模。大尺寸的 VCSEL 很多特性与 LED 比较相象，而相比之下 VCSEL 速度更快，且转换效率更高。

VCSEL 同时还具有良好的动态单纵模特性，纵模间隔满足下列关系式：

$$\Delta\lambda = \lambda^2 / 2Ln_g \tag{1-1}$$

式中，L 是谐振腔长度，n_g 是群折射率。若 $L = 7\mu m$，则对 $0.87\mu m$ 的 AlGaAs/GaAs器件，$\Delta\lambda = 13.5nm$；对于 $1.6\mu m$ 的 InGaAsP/InP 器件，$\Delta\lambda = 46nm$。由此可见，对于 VCSEL，基模与相邻纵模之间的模间隔较大，使得它们之间具有较大的增益差，从而实现稳定的动态单纵模工作。

VCSEL 激光器具有对称的圆形谐振腔，所以输出光有两个简并的偏振态。为了使工作时能有很低的噪声，必须避免偏振的开关和涨落效应。目前提出了集中偏振控制的方法，如利用偏离衬底晶向某一角度的各向异性应力或应变量子阱的办法。

在光纤通信系统中，LED 的调制速率仅能达到 600MHz，传输距离非常短。在几公里内，LED 虽然便宜，但使用场合有限。相比之下，VCSEL 的调制速率可达数 GHz，并且价格像 LED 那样便宜。虽然传统边发射 LD 调制性能优良，但价格较为昂贵，且发光的效率远差于 VCSEL。

1.2.2.5 与光纤的耦合

VCSEL 的一大优点就是与光纤的耦合既方便又高效。从顶部发射的 VCSEL 激光器与单模光纤耦合的最高效率可达 90%。耦合效率如此高的原因是模式匹配特别好。对于底部发射的 VCSEL 激光器，由于衬底的厚度，激光光束的发散角为 5°～7°，所以与单模光纤耦合要困难一些。这可以通过在衬底背面腐蚀出一个坑来解决。至于多模光纤的耦合，VCSEL 所发出的光点大小适中，非常适合耦合导入多模光纤中。

VCSEL 与光纤阵列的耦合是目前研究的热点，主要难点是光纤的固定、分开并封装。

从以上 VCSEL 的特点可以看出，VCSEL 同传统的边发射激光器在结构、物理性能上有很大的不同。表 1-1 是 VCSEL 与边发射激光器的主要物理参数比较。

表 1-1　VCSEL 与边发射激光器的物理参数比较

参数	符号	边发射激光器	VCSEL
有源层厚度	d	0.01～0.1μm	0.008～0.5μm
有源层面积	S	3μm×300μm	5μm×5μm
有源层体积	V	$60\mu m^3$	$0.07\mu m^3$
谐振腔长	L	300μm	≈1μm
反射镜反射率	R_m	0.3	0.99～0.999
光场限制系数	ξ	≈3%	4%
光场限制系数（横向）	ξ_t	3%～5%	50%～80%
光场限制系数（纵向）	ξ_l	50%	≈6%
光子寿命	τ_p	≈1ps	≈1ps
弛豫振动周期（低工作区）	f_r	<5GHz	>10GHz
阈值电流	I_{th}	≈1mA	<1mA

1.2.3　VCSEL 技术的应用范围

前面所述的 VCSEL 的诸多优点，使得其可以广泛的应用在光通信、光互连、光信息处理、光存储、激光打印、显示和照明的领域中[7～9]。

1.2.3.1　并行光通信

并行光通信是 VCSEL 激光器应用最多，且实际效果最好的一个领域。这主要取决于两个因素：

（1）随着计算机网络应用的快速发展，高分辨率图像、视频和其他大容量的数据类型已普遍开始通过网络进行传输，促使对带宽的需求日益增长，且传输的距离又相对比较短。需求数量巨大，需要考虑到合适的性能价格比。

（2）VCSEL 激光器与现有网络设备接口有着很好的兼容性。

随着通信距离的缩短，VCSEL 激光器、传统的边发射激光器以及金属线电连接究竟哪一个更适合于目前的需求，这就要经过严格的性能价格比较，比如速度、封装、串扰的分析，甚至包括了相关连接器的设计。短距离通信的成本很大程度上取决于封装的成本。而 VCSEL 激光器与多模光纤阵列容易耦合极大的提高了它的实用性。目前来说，基于 VCSEL 激光器的并行光通信在成本上与基于金属导线的电连接相比已经不是很高了。

最早的投入商业应用的光互连技术是依照长距离光纤通信技术研制的。其基本原理如图 1-3 所示，称之为第一代短距离光传输技术。并行的电信号先被复用成高速的串行信号，再通过高速的光发射机转换成光信号，经单根光纤传送到光接收机。由于需要增加复用及解复用的设备，背离了短距离、低成本的要求，因此迫切需求一种新的适用于短距离高速并行光传输的新技术。

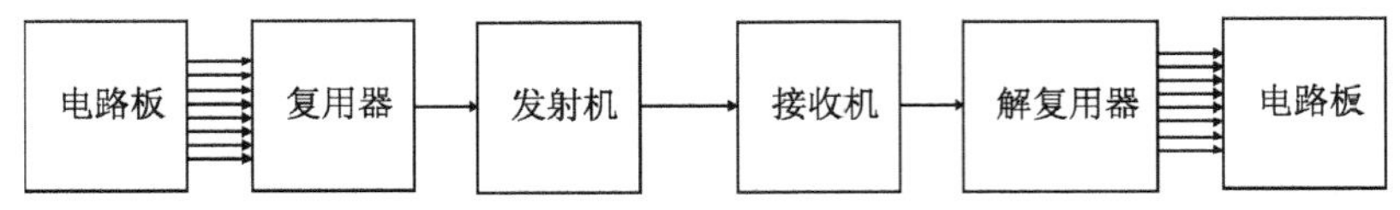

图 1-3　第一代串行光传输方案

根据 VCSEL 的特性，人们设计并实现了短距离并行光传输的方案，即第二代短距离光传输技术，如图 1-4 所示。高速的驱动电路芯片输出的电流信号足以驱动低阈值的 VCSEL。VCSEL 驱动电路和激光器被封装在一起构成混合光电集成器件。在接收端，另一个光电集成电路的任务是将接收到的信号放大并恢复成原来的逻辑电平，此外还包括时钟恢复，数据的解调以及相关的网络协议处理。

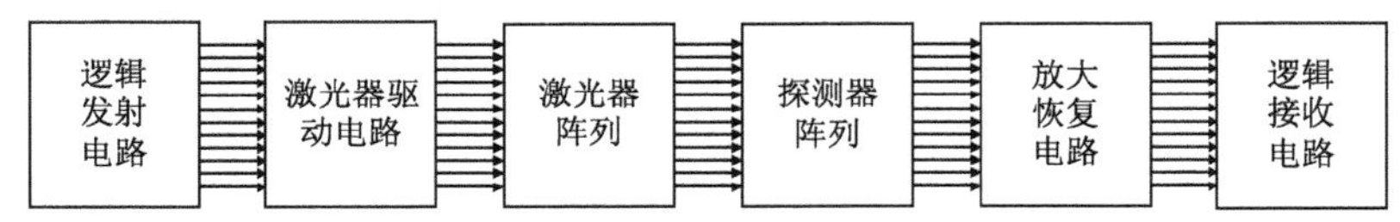

图 1-4　第二代并行光传输方案

与串行光传输方案相比，第二代的并行光通信技术降低了每个光信道的传输速率，也相应地降低了技术的实现难度，并且低速并行信号的时钟提取也相对简单得多，信道复用的工作量大大减少甚至可以省略掉复用器。把上述所有因素结合起来考虑，并行光传输具备最低的成本，因此非常适用于短距离互连网络。

例如，在数字信号处理（DSP，Digital Signal Processing）领域，不同的 DSP 芯片之间需要传送的信息量比较大，特别是不同机盘之间需要通信时，总线宽度比较小，传输速率比较低时，可以采用传统的串口或者并口进行电连接。当速率继续提高时，可以采用串行的光传输方案。当 DSP 总线宽度逐渐发展成 64 位时，每个 DSP 要传送几吉比特的信息，上述两种方法实现起来都有一定的困难。VCSEL 阵列的出现适时解决了这一问题。目前 VCSEL 技术，已经可以将 64 个 VCSEL 做在一个阵列上，DSP 芯片通过驱动电路驱动低阈值的 VCSEL 阵列，通过几米长的多模光纤带实现机盘间的并行通信。如果传输距离在几厘米、几十厘米范围内，甚至可以不用光纤互连，VCSEL 阵列和探测器阵列可以做在同一块电路板上，实现空间并行光互连。这种并行光传输方案的总吞吐量和速率远远大于电互连，不需要串行光互连中电信号的串/并转换，是高速并行计算的最佳传输方案。

在长距离的光传输系统中，使用的是在光纤中损耗最小的波长（1.3μm 和

1.5μm），这一直是边发射激光器的市场。VCSEL 也正在努力尝试着进入这一领域。与传统的边发射激光器相比，单横模的 VCSEL 具备发散角非常小的圆形光束，与光纤耦合的时候具有更高的耦合效率，集成和封装的成本也会有相应的降低。还可以通过将 VCSEL 阵列的每一个激光器设计成不同的波长来实现单芯片的多波长波分复用光源。

对于长波长 VCSEL 的应用主要有两个问题。首先，传统的波长为 1.3μm 和 1.5μm 边发射激光器产业已经得到了长足的发展，生产工艺也已经非常成熟。因此 VCSEL 应用于这一领域，必须在提供相同性能的前提下，具备更低的成本。其次，就是波长 1.3μm 和 1.5μm 的 VCSEL，构成反射镜的 InP 和 GaInAsP 材料的折射率差比较小，因此无法得到足够高的反射率。目前长波长 VCSEL 的制作工艺还不够成熟，不足以取代传统的边发射激光器，不过一旦研发成功，将会使现有的长距离光通信有一个新的飞跃。

1.2.3.2 自由空间光互连

目前所应用的光互连系统中，都是通过光纤来实现光从发射机到接收机的传输。但是随着并行链路的增多，一维的光纤带、激光器阵列、探测器阵列以及光连接器的安装也变得越发困难。采用二维的光互连技术可以解决这一瓶颈。VCSEL出射的激光具有高度同调性与对称性，具有易于构成平面阵列的特性，非常适合于二维的自由空间光互连应用。

现有的短距离空间光互连可以应用的场合主要集中在背板级层面上。通常情况下背板之间的电信号传输速率上限要低于板内的传输速率，背板的速率无法跟上需求。基于 VCSEL 的高速率并行光互连成为解决板级互连的最佳方案，这对未来的高速计算机结构体系设计有着非常大的影响。

板级的光互连可以采用光纤连接的方式。随着光互连与电路集成的完善，互连距离的缩短，并行信号的增加，并行光纤互连的耦合以及封装的成本使得自由空间的光互连更加具有吸引力。现在已经开发出板内和板间点对点的二维光互连和光子器件与电路芯片大规模集成技术。现在也有人利用二维光互连技术构成具有几个逻辑处理功能的组件，具有精密的光互连，光器件与逻辑门采用混合集成，叫做“智能像素”[10]，如图 1-5 所示。

智能像素的二维特性使得它适合应用在许多领域中，包括数据分类、图像处理、模式识别、智能背板、海量数据并行处理系统、信号处理和新型智能存储系统等等。

另外，VCSEL 阵列实现并行空间光互连，除了可以提高系统吞吐量和传输速率外，还没有阻抗匹配和信号互相干扰的问题，这大大简化了高速 PCB 板设计中需要解决的高频干扰问题，减少了 PCB 板的层数和布线的复杂性，从而降低了系统开发成本。

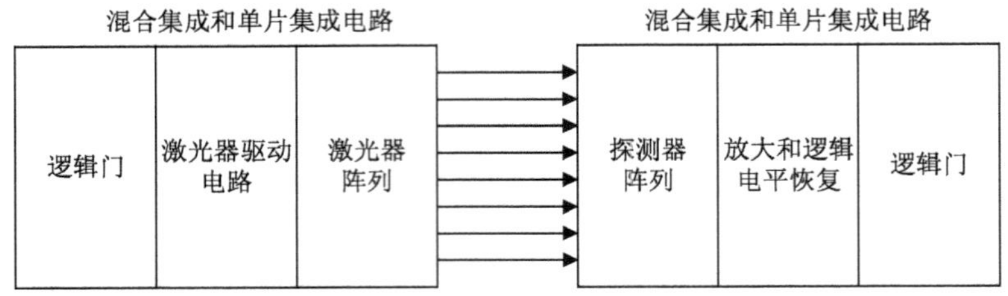

图 1-5　智能像素的功能原理图

1.2.3.3　光打印

激光打印机中的多边镜等光扫描技术的电子化是多年未能解决的课题，随着技术的发展，已逐步得到改善。如果采用 LED 阵列，电能消耗是个瓶颈，而导入 VCSEL 阵列则可以解决这个问题。采用数千个 VCSEL 构成的阵列形式的多光束将可能成为取代多边镜扫描的最好方式。相比过去的单个激光管，VCSEL 的阵列集成结构可以同时进行多行的扫描。这可以大大提高激光打印机的扫描速度并相应延长其使用寿命。例如，最初都采用大体积的氦氖气体激光器，通过分光镜和声光调制器来耦合。目前的激光打印机采用的波长为 680nm 的边发射激光器，最高的打印速度为 120 页/分。随着打印量的增加，扫描速率已经跟不上需求，而 VCSEL 由于其特殊的阵列集成特性，成为取代现有激光打印模式的最佳选择。

1.2.3.4　光显示

通常的显示器都是利用红、绿、蓝三元色发光管构成的，如果能够制成具有红、绿、蓝三元色的激光器，则可以应用在大型显示器的技术领域中。目前，波长范围从蓝色覆盖到紫外波段的 GaN 系列激光器正处在研究阶段。这个系列的 VCSEL 是解决未来图像显示的有力技术。

1.2.3.5　照明

VCSEL 的电光转换效率达到 50%以上，远远高于目前的照明光源。如果它的波长能从紫外波段覆盖到可见光区，可以期待它在照明领域里面也能有着广泛的应用前景，实现白光照明。例如，可调节光线强度的室内照明，笔记本电脑的背景灯，交通指示灯以及户外照明灯等许多方面。

1.2.4　VCSEL 技术的发展前景

在光纤通信系统中，1.3μm 和 1.55μm 的长波长激光光源是不可缺少的关键性器件，主要由边发射的FP及DFB半导体激光器占领市场。目前投入到实际应用的VCSEL主要集中在波长850/980nm范围内，适合于短距离传输。人们正在将目光更多集中到长波长VCSEL的研制中，希望能将波长为1.3μm和1.55μm的VCSEL应用到并行光通信领域中，实现长距离的并行光传输。但是这种激光器采用的GaInAsP/InP材料有着以下的缺点：

（1）俄歇吸收及价带间吸收比较大。

（2）构成布拉格反射镜的材料GaInAsP和InP的折射率差异较小，无法实现高反射率。

（3）GaInAsP和InP系在导带上的势垒很小，在载流子浓度较高的时候很难有较好的温度特性。

（4）1.3μm波长所使用的GaInAsP材料的温度特性较差，阈值只有60K左右。

1996年日本日立公司提出InGaNAs材料可以生长在GaAs基底上，阈值可达150K，有潜力以低成本技术制造出长波长VCSEL，被认为是制作长波长VCSEL的重要技术趋势之一。InGaNAs/GaAs具有较高的温度特性，可直接将DBR和活性层生长于GaAs基底上。目前这种材料的VCSEL波长已达1.294μm，且是室温连续操作，但是输出功率仅有60μW，离商品化目标尚有一段距离。

在长波长VCSEL研制中，反射镜的制作一直是难以克服的问题，也是整个激光器效率提高的关键。在连续工作时，反射镜的散热也是困扰实验人员的一大难题。

GaAlAs/GaAs基VCSEL作为覆盖0.78～0.85μm波长带的激光器，其研究与开发也在取得不断进展。近来通过利用倾斜反射镜的组成与掺杂及优化设计，在亚微安阈值电流下，获得了10mW的输出功率。

利用AlAs的选择氧化法限制住电流与光，可使阈值电流进一步下降。德克萨斯大学将此氧化工艺第一次引入到VCSEL的制作，成功实现了低阈值电流的器件。这种铝氧化膜的折射率比较小，为1.5，所以会产生透镜般的聚光作用，可以大大降低光的衍射损耗。并且由于这样的结构，有源层与空气隔开，使光与电子同时被限制在微小区域内，实现双重限制，一举解决了表面复合与散射损耗等问题。利用这种窄氧化膜构造，电光转换效率可达57%。用这样的低阈值器件，可在低工作电流的条件下实现高速调制，用1mA的电流已经实现了超过10GHz的调制速率。这种高转换效率与低功耗在光通信方面的应用非常重要。

一般情况下，构成更短波长激光器比较困难。波长0.63～0.67μm的红色激光器对应的AlGaInP/GaAs结构，因为成分中含有Al，导致结晶生长困难、氧化、p型掺杂等问题。在边发射激光器中这些问题已经基本解决，并在数字式光盘中被实用化。但对VCSEL来讲，这种工艺不是很简单。美国的圣地亚哥国立研究所在这方面获得很大的进展，取得了亚毫安的阈值电流、11%的转换效率、

8mW 的输出功率。若能做出更短波长的 VCSEL，则可以进一步扩大面发射激光器的应用范围。对应从蓝色到绿色的 ZnSe 系列首先被应用，并有可能实现 1000 小时的连续工作。

GaN 系列作为覆盖从紫外到绿色宽短波长段的半导体材料，其研究活动非常活跃。对此波长的 VCSEL 研究开始于 1997 年，反射镜的构成、p 掺杂、腐蚀等工艺取得了不少进展。虽然工艺难度很大，但是应用前景非常诱人。

VCSEL 的提出到现在已有 20 多年。迄今为止的研究表明，VCSEL 的很多性能都超越了现有的半导体激光器。波长由已成熟的 850nm 及 980nm，逐渐向长波长和 630nm 的短波长发展。1.3～1.5μm 的 VCSEL 的实用化已成为人们重点攻关的课题。二维和三维 VCSEL 阵列及其与电子器件的集成化，以及波长可调谐和单横模输出等方面的研究也在不断的进展中。随着光器件技术的不断进步，可以预期 VCSEL 将在更广泛的领域内得到应用。

第二章 VCSEL 的原理和制作工艺

2.1 VCSEL 的设计与分析

VCSEL 的基本工作原理与其他的半导体激光器相类似,都是通过将电流注入到有源区,并在有源区内提供足够的增益,将光模式激发出来。VCSEL 中光子的寿命只是略短于边发射激光器,与边发射激光器不同的是其极短的腔长以及反射镜极高的反射率。

不过,一些在边发射激光器中应用的近似方法就无法在分析 VCSEL 的工作原理时继续使用,正是因为如此,才得以发现一些 VCSEL 与边发射激光器所不同的特点。比如,边发射激光器的轴向限制因子通常都是根据谐振腔的长度来近似计算的,但是用同样的方法来计算 VCSEL 这样极短的谐振腔时就不再适用。由于驻波的影响,轴向限制因子就会有很大的改变。如果将一个很薄的有源区设在驻波的波峰处,则轴向限制因子几乎要加倍计算。而且,对于边发射激光器来说,增益和自发辐射都是在假定大体积、连续的光模式密度的情况下计算的。但是,如果光谐振腔尺寸在某一方向减小,就必须要考虑光模式密度的分立特性,就像在有源区小尺寸范围内考虑电子态密度一样。

2.1.1 VCSEL 的理论分析

2.1.1.1 速率方程

与其他激光器一样,VCSEL 的工作原理也主要分为以下三部分:载流子注入到有源区,有源区内载流子的复合产生光子以及谐振腔内的光发射。这些原理都可以用一系列载流子和光子的动态方程来表示。通过这些方程,可以对激光器的基本参数进行清楚的定义,并通过这些参数来描述 VCSEL 的特性。参考图2-1的 VCSEL 结构,有源区半径为 a,有源区和谐振腔的有效腔长分别为 L_a 和 L。先假定一个轻微掺杂的有源区和相对较高的注入电流,构成一个空穴密度与电子密度相等区域,这样只需要计算一个载流子密度速率方程。为了进一步简化计算,同时假定输出光的模式只有一种,这样光子密度速率方程也只需要一个。在两个方程中,密度的增加速率等于生长的速率减去复合的速率。需要说明的是,在光子密度方程中,光子密度的增加来自于载流子的自发复合和受激复合。其中光子密度为 N_{p},载流子密度为 N。

因此,在有源区内,可以得到如下方程[11]:

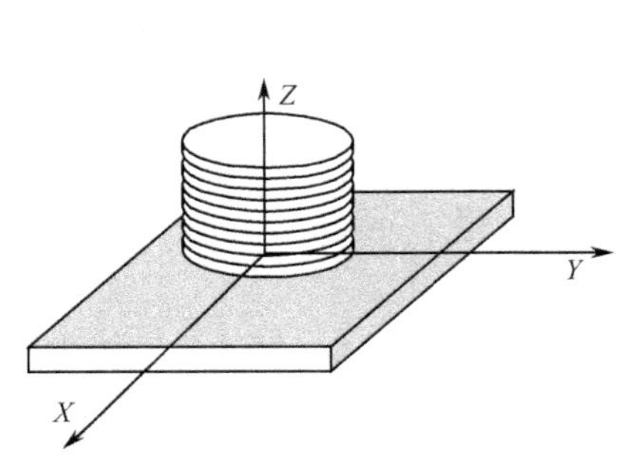

(a) VCSEL 坐标系示意图

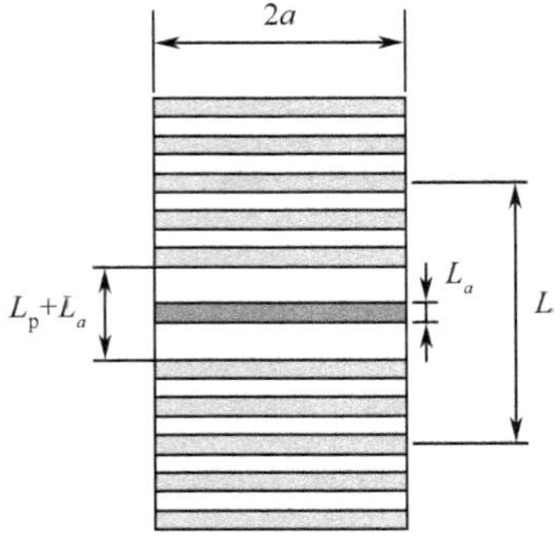

(b) VCSEL 有源区厚度及有效腔长截面示意图

图 2-1 VCSEL 原理示意图

$$\frac{\mathrm{d}N}{\mathrm{d}t} = \eta_{\mathrm{i}} \frac{I}{qV} - R_{\mathrm{sp}} - R_{\mathrm{nr}} - g v_{\mathrm{g}} N_{\mathrm{p}} \tag{2-1}$$

和

$$\frac{\mathrm{d}N_{\mathrm{p}}}{\mathrm{d}t} = \Gamma g v_{\mathrm{g}} N_{\mathrm{p}} + \Gamma \beta_{\mathrm{sp}} R_{\mathrm{sp}} - \frac{N_{\mathrm{p}}}{\tau_{\mathrm{p}}} \tag{2-2}$$

其中 η_{i} 为注入效率(有源区内复合的载流子),I 为终端电流,q 表示电荷,$V=\pi a^2 L_a$ 为有源区的体积,R_{sp}是载流子的自发复合速率,R_{nr}为非辐射的复合速率,$g v_{\mathrm{g}} N_{\mathrm{p}}$ 是受激复合速率,g 为有源区内的光增益,v_{g} 为方程中模式的群速度,Γ 是三维的模式限制因子,β_{sp}为自发辐射因子,τ_{p} 为腔内的光子寿命。

2.1.1.2 模式增益和限制因子

限制因子是光模式和增益分布的叠加。在光密度的生成项里面,需要用限制因子来说明光子在有源区内产生的过程。限制因子是通过计算光模式的净增益(也叫做模式增益$\langle g\rangle$)得到的。然后用有源区内平面波的净增益去除,在器件的不同区域,电磁场 $E(r,\theta,z)$和增益 $g(r,\theta,z)$也可能有很大的不同:

$$\langle g\rangle = \frac{\int E^*(r,\theta,z)\tilde{g}(r,\theta,z)E(r,\theta,z)\mathrm{d}V}{\int \left|E(r,\theta,z)\right|^2 \mathrm{d}V} \tag{2-3}$$

如果假定在有源区内增益是常数,$\tilde{g}=gn/\tilde{n}$,并且假定 VCSEL 内有一个大的轴向驻波,可以得到

$$\langle g\rangle = g\Gamma = g\Gamma_{xy}\Gamma_z = g\left[\frac{n}{\tilde{n}} \frac{\int_0^{2x}\int_0^a \left|U(r,\theta)\right|^2 r\mathrm{d}r\mathrm{d}\theta}{\iint \left|U(r,\theta)\right|^2 r\mathrm{d}r\mathrm{d}\theta}\right]\frac{L_a}{L}\xi \tag{2-4}$$

其中 n 表示反射率，$\tilde{n}$ 是导模的有效折射率，$U(r,\theta)$是标准化的横向电场模式。最后一个系数 ξ 表示轴向增强因子。

当在 DBR(分布布拉格反射器，Distributed Bragg Reflectors)中，用一个指数衰减的正弦波来近似电磁场时，可以得到

$$\xi = e^{-z_{DBR}/L_{eff}}\left[1 + \cos(2\beta z_s)\frac{\sin(\beta L_a)}{\beta L_a}\right] \tag{2-5}$$

这里 $\beta = 2\pi\tilde{n}/\lambda$ 是轴向的传播常数，z_s 是有源层中心和驻波波峰的偏移量，z_{DBR} 是有源层到 DBR 之间的距离，L_{eff}是光能向 DBR 内的渗透深度。典型的器件结构中，有源区位于 DBR 反射镜的中间，$z_{DBR} \equiv 0$。如前面所述，当有源层的中心与驻波的波峰重合时，ξ 达到最大值 2。如果有源层的中心处波的幅值为 0，则 ξ 也为 0。

受激辐射因子 β_{sp}是指在有源区内受激辐射载流子的比率。受激辐射产生很多光模式，这其中包括了谐振腔的特征模式，也就是说在产生的所有光模式中，有用的只是一小部分。比如，一个直径为 3～6μm 的 VCSEL，β_{sp}只有 0.001～0.01。需要明确的是，β_{sp}和 R_{sp}并非独立的参数，需满足下面的关系：

$$\beta_{sp} R_{sp} V = \Gamma g v_g n_{sp} \tag{2-6}$$

其中 n_{sp}为粒子数反转系数，由准费米能级的距离决定；$n_{sp} = f_2(1 - f_1)/(f_2 - f_1)$，$f_1$ 和 f_2 分别表示导带和价带的能级。

光子寿命 τ_p 是由腔内的光损耗决定的：

$$1/\tau_p = v_g(\langle\alpha_i\rangle + \alpha_m) \tag{2-7}$$

式中$\langle\alpha_i\rangle$是内部模式功耗，$\alpha_m = (1/L)\ln(1/R)$是在反射镜内的损耗。因此，反射镜的功率反射系数可以表示为 $R = |r_1 r_2|$，其中 r_1 和 r_2 是振幅的反射系数。

在稳态条件下，阈值模式增益等于模式损耗：

$$\Gamma g_{th} = \frac{1}{v_g \tau_p} = \langle\alpha_i\rangle + \alpha_m \tag{2-8}$$

考虑到 β_{sp}的限制，式(2-2)表明在有限的光子密度条件下，实际的增益总是要略微低于损耗。而式(2-8)则被看作是对阈值增益的定义。随着 $\beta_{sp} \to 1$，阈值$\to 0$，此时的光发射特性更接近于一个 LED。

2.1.1.3 功率与电流的关系

令式(2-2)左边的微商等于 0，就可以得到一个稳态的结果。如果假定载流子复合速率和增益与载流子的密度满足单一对应关系，那么当电流超过阈值 I_{th}(对应于 g_{th})的时候，可以通过令 $R_{sp} + R_{nr} = \eta_i I_{th}/qV$，代入式(2-1)，求出 N_p。还可以得到在激射光通过一个反射镜的发射功率：

$$P_{01} = F_1 \frac{hv}{q}\eta_d(I - I_{th}) \tag{2-9}$$

$$\eta_d = \eta_i \frac{\alpha_m}{\langle \alpha_i \rangle + \alpha_m} = \eta_i \frac{T_m}{A_m + T_m} \tag{2-10}$$

其中各项参数分别为光模式的体积 V/Γ,光子能量 $h\upsilon$,反射镜的损耗 $\upsilon_g\alpha_m$,反射镜 1 的功耗 F_1,微分效率 η_d,$T_m = \ln(1/R)$,$A_i = \langle \alpha_i \rangle L$,$T_m$ 是在忽略损耗的情况下对实际出射光近似,A_i 则是对损耗的近似。

为了计算方便,由相同的原理,对模式功率增益 G 进行近似。如果明确定义一个厚度为 L_w 的多量子阱结构,增益为 g,可以得到

$$G = \Gamma_{xy} g \xi N_w L = \Gamma g L = T_m + A_i \tag{2-11}$$

在式(2-11)中,一定要选择合适的系数 ξ,才能保证量子阱 N_w 恰好位于驻波的波峰处。

即使在增益峰、模式波长、横向泄漏电流、尺寸相关损耗以及动态发热等参数并不理想的情况下,式(2-9)中所给出的 P-I 特性依然是有效的。然而若要正确地使用它,必须明确相应的实际参数。此外,这些常数和关系式都与工作电流有着直接或间接的关系。因此,阈值电流、注入效率、增益系数和损耗会随着终端电流的增加而变化。

2.1.1.4 增益、反射镜及有效谐振腔尺寸模型的建立

通常情况下,增益与光子能量 E 以及温度 T 的关系可以表示为

$$g(E,T) = K(E,E_g(T))\rho_r(E,L_w,E_g(T))[f_2(E,E_{F1}(T),T) - f_1(E,E_{F2}(T),T)] \tag{2-12}$$

其中 K 是一个正比于转换矩阵的系数,ρ_r 是态接合密度,f_2 和 f_1 分别为导带和价带的费米函数,E_g 和 E_{F1}分别是带隙宽度和准费米能级。在量子阱的情况下,态密度可用一个阶梯函数来表示,初始值,$\rho_{r1} = m_r^* /(L_w \pi h^2)$,$m_r^*$ 为载流子有效质量。导带和价带的费米函数由 $f_i = [\exp((E_i - E_{Fi})/kT) + 1]^{-1}$给定。准费米能级则由导带和价带中的载流子密度所决定,载流子密度的表达式为 $J = \eta_i I/\pi\alpha^2$。

因此,在适当的泵浦下,可以由式(2-12)得出,增益开始的时候增加比较快直到增益峰值,然后由于费米微分函数($f_2 - f_1$)中的衰减开始缓慢的降低。随着泵浦电流的增加,增益峰值也增加,并且高阶衰减也放缓。

在某些波长和温度条件下,一个简单的二维变量的对数函数就可以表示增益与电流密度的关系。对于比较复杂的,需要用到三维变量,但是大多数情况都不需要。因此,可以如下定义增益:

$$g = g_0 \ln \frac{J}{J_0} \tag{2-13}$$

其中 g_0 是增益参量,J_0 是穿透电流密度。通过采用近似参量,由式(2-13)可以得到非辐射的复合效应。比如 InGaAs/InP 材料的俄歇复合效应就非常的显著。表

2-1给出了 300K,最大增益波长的几种情况下的 g_0 和 J_0。

表 2-1　不同材料下增益与电流密度的关系

	有源层材料	$J_0/(A/cm^2)$	g_0/cm^{-1}
$J_{sp}+J_{bar}+J_{Aug}$	Bulk GaAs	80	700
	GaAs/Al0.2Ga0.8As 80ÅQW	110	1300
	In0.2Ga0.8As/GaAs 80ÅQW	50	1200
J_{sp}	Bulk GaAs	75	800
	GaAs/Al0.2Ga0.8As 80ÅQW	105	1500
	In0.2Ga0.8As/GaAs 80ÅQW	50	1440
J_{sp}	Bulk In0.53Ga0.47As	11	500
	InGaAs 30ÅQW(+1%)	13	2600
	InGaAs 60ÅQW(0%)	17	1200
	InGaAs 120ÅQW(−0.37%)	32	1100
	InGaAs 150ÅQW(−1%)	35	1500
$J_{sp}+J_{Aug}$	InGaAs/(Q1.25) 70ÅQW	81	583

对于 VCSEL 的短谐振腔,轴向模式间隔 $\delta\lambda=\lambda^2/(2n_gL)$ 要大于增益带宽。这是在单纵模的工作状态下得到的结果,但是也非常适用于模式波长与增益峰不同的情况。增益随着温度变化的效应也非常重要,这样即使周围环境的温度保持不变,器件的自身发热也会改变有源区的温度。

2.1.1.5　VCSEL 的反射

由于极短的谐振腔,VCSEL 必须有着很高的反射率。通过表 2-1 以及式(2-11)和式(2-13),可以看出光子每次经过三层量子阱结构,增益仅为 1%。如果想得到 50%的微分效率,反射镜的损耗不能超过 0.5%,腔内的损耗也不能超过 0.5%。由于反射效率低于 99%的器件无法应用,所以必须设计出高反射率的反射镜。

若要提供如此高的反射率的反射镜,必须采用不同材料按照折射率高—低—高—低的形式交叠在一起,而金属反射镜的最高反射率仅有 95%。

DBR 反射镜中,在单个介质层厚度为 1/4 波长时,可以得到最大的反射率。假定一个经过 m 对层叠的反射镜(即 $2m$ 层),两种材料的折射率分别为 n_1 和 n_2,$n_1<n_2$,得到反射率为

$$r_{gm}=\frac{1-\left(\frac{n_1}{n_2}\right)^{2m}}{1+\left(\frac{n_1}{n_2}\right)^{2m}}\approx\tanh\left(\frac{m\Delta n}{\tilde{n}}\right) \tag{2-14}$$

式中 $\Delta n=(n_2-n_1)$，$\tilde{n}=(n_1+n_2)/2$。求解式(2-14)，首先要假定内外介质有相同的折射率，在 n_1 和 n_2 之间。因为有 $2m$ 层，所以就有 $2m+1$ 个界面，第 i 个界面两端的介质折射率分别用 n_{Li}（低折射率层）和 n_{Hi}（高折射率层），那么反射率就可以表示为：

$$r_{gm}=\frac{1-b}{1+b} \qquad b=\prod_{0}^{2\pi}\frac{n_{Li}}{n_{Hi}} \tag{2-15}$$

$i=0$ 处表示 DBR 与内层介质的界面，$i=2m$ 处表示 DBR 与外层介质的界面。

表 2-2 给出的是各种常用的半导体材料的折射率。

表 2-2 各种常用的半导体材料的折射率

III-V 族化合物	n@Eg	n@λ/μm
GaAs	3.62	3.52(0.98)
AlGaAs	3.64	3.45(0.87)
AlAs	3.2	2.98(0.87)
InGaAs	3.6	
InP	3.41	
InGaAsP(1.3μm)	3.52	3.40(1.55)
InGaAsP(1.55μm)	3.55	
InGaAsP(1.65μm)	3.56	
InAs	3.52	
GaP	3.5	
AlP	2.97	
AlSb	3.5	
GaSb	3.92	
InSb	3.5	
GaN(六边形)	2.67	2.33(1eV)
AlN(六边形)		2.15(1eV)

2.1.2 VCSEL 的总体结构设计

图 2-2 是垂直腔面发射激光器的结构示意图。其有源区由多量子阱组成，有源区上下两边分别由多层四分之一波长厚的高低折射率交替的外延材料形成的

DBR,出射光方向可以是顶部或衬底,这主要取决于衬底材料对所发出的激射光是否透明以及上下 DBR 究竟那一个取值更大一些。

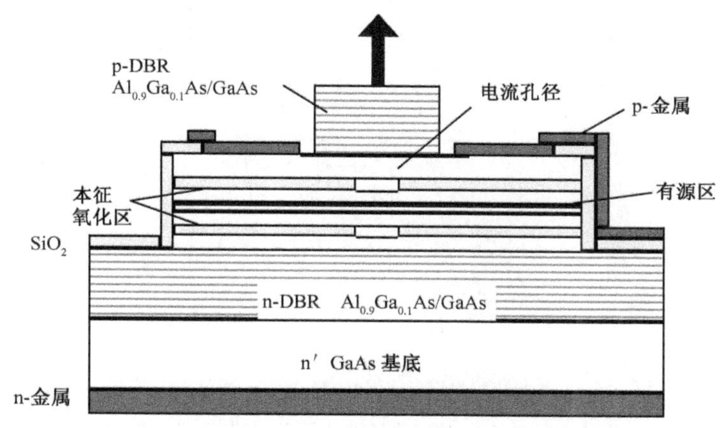

图 2-2 垂直腔面发射激光器结构示意图

由于垂直腔面发射激光器的这种独特结构,使得研制高性能的 VCSEL 的关键在于以下几点:

(1) 由于 VCSEL 的腔长较短,只有数个等效波长的量级,因而其相邻模式的间距很大,一般为几十纳米。这要求材料的增益谱峰值波长,多层高反膜即 DBR 的高反射谱中心波长,以及谐振腔的谐振波长三者要完全符合设计长度。它的单程增益长度为量子阱的 Z 方向,只有 10nm 左右。因此要求腔内和腔面反射的损耗很小,增益系数很高,而且位于光场的波峰处才能在多次反射过程中积累光增强效应。这对器件的结构设计和材料生长控制提出了非常高的要求。而且 DBR 的反射率要达到 99%以上,才有可能使器件有较低的阈值电流密度。

(2) 由于掺杂的多层高反射膜 DBR 的各层之间形成了同型异质结,导致串联电阻大,尤其是由于空穴的有效质量较大,致使 p 型 DBR 的阻值更大,发热严重。这需要通过器件的优化设计及后工艺制备,尽量降低器件的串联电阻实现 VCSEL 的室温连续激射。

(3) 采用合理的后工艺流程,形成优化的器件结构和器件尺寸,以限制电流和光场的分布,也是实现垂直腔面发射激光器低阈值室温连续工作以及改善其横模特性和热特性的关键。

2.1.3 VCSEL 中反射镜的设计[3]

VCSEL 中的 DBR 反射镜需要对光场进行纵向的限制。由于谐振腔长度较短,故反射损耗比较高,因此反射率必须要很高,最好能超过 99%。如图 2-3 所示,DBR 反射镜由 1/4 个波长厚度的高反射率和低反射率的介质材料交替组成。将

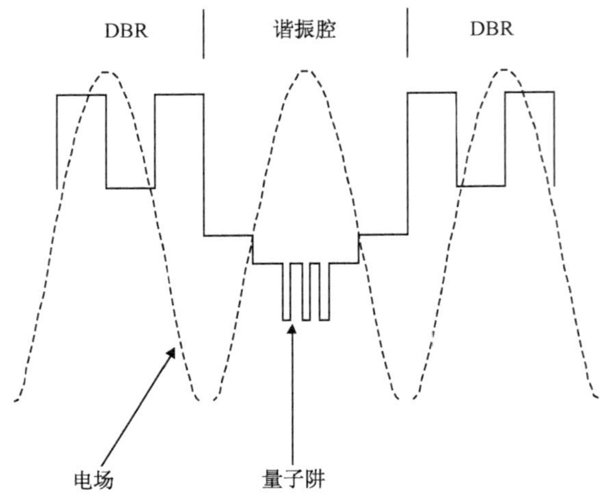

图 2-3　腔长为 1 个波长的量子阱 VCSEL 结构

多个这样的交替结构排列起来，所构成反射器的反射率就可以达到 99%。

图 2-4 是一个典型的红外波段 F-P 腔结构 VCSEL 的计算反射率示意图。在反射谱中波长为 850nm 处有一个下跌，正好在反射镜高反射带的中间处，与光腔的谐振波长相同。反射镜的反射率和高反射带与 DBR 中材料的折射率差成正比。

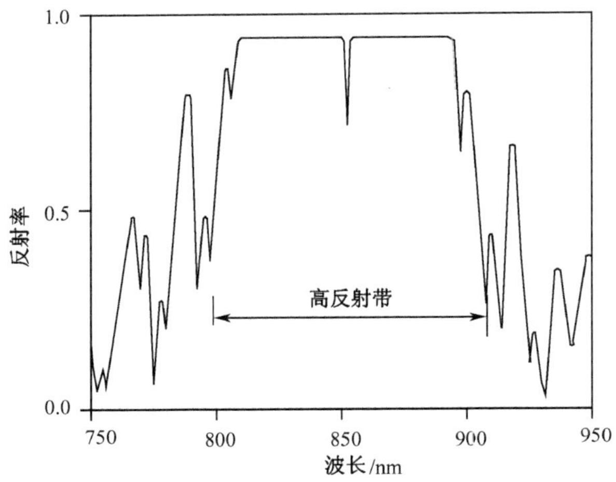

图 2-4　VCSEL 的波长与反射率关系图

绝缘材料的 DBR 反射镜的优点是不同介质之间的折射率差较大，可以得到高的反射率，所需要的 DBR 反射镜对数也就越少，并且有着很大的高反射带宽度。比如采用 5 对 $ZnSe/CaF_2$ 构成的 DBR 反射镜可以得到 99% 的反射率；而 $Al_2O_3/$

AlAs 构成的 DBR 反射镜更是只需要 4 对就足够了，并且有着 460nm 的高反射带宽度。但其最大的缺点就是 DBR 反射镜与有源层材料不同，无法用统一工艺完成，只能通过后序工艺集成在一起，制作过程非常复杂。

为了解决这一问题，人们设计出基于全半导体材料的 DBR。反射镜与光腔在外延生长的过程中一起完成，简化了 VCSEL 的制作工艺，并且电流可以通过反射镜注入到有源区内。当然，全半导体 DBR 的缺点就是其反射镜的折射率差并不很高，需要多个 DBR 对才能得到高反射率。比如，850nm 的 VCSEL，GaAs/AlAs 构成的 DBR 需要 20 对才能得到 99.86％的反射率。DBR 层的组成材料必须有着足够的折射率差，并且对激射光波长透明。

VCSEL 对应不同的波长，其 DBR 的构成材料也不尽相同，出射光 980nm 的采用 GaAs/AlAs，650nm 的为 $Al_{0.5}Ga_{0.5}As/AlAs$。对于长波长的 InGaAsP/InP 系列来说，折射率差非常小，需要将 GaAs/AlAs 的 DBR 反射镜组分别生长，然后再与 InGaAsP 的有源区集成。

各种波段所对应的材料(包括半导体材料和绝缘材料)如表 2-3 所示。

表 2-3　不同波段 VCSEL 的反射镜所用材料

光谱范围	波长/nm	半导体反射镜	绝缘或氧化材料反射镜
紫外	363	AlGaN	
蓝/绿	496		SiO_2/HfO_2
	520		SiO_2/TiO_2
红	650～690	AlGaAs/AlAs	SiO_2/Nb_2O_2
		InAlP/In(AlGa)P	$InAlP/Al_xO_y$
深红	760～780	AlGaAs/AlAs	
近红外	840～850	AlGaAs/AlAs	SiO_2/Si_3N_4
			SiO_2/TiO_2
	980	GaAs/AlAs	SiO_2/Si_3N_4
		GaAs/AlGaAs	$ZnSe/CaF_2$
			Si/SiO_2
			SiO_2/TiO_2
			SiO_2/ZrO_2
			MgF/ZnSe
			$GaAs/Al_xO_y$
	1300,1550	GaAs/AlGaAs	Si/SiO_2
		In(GaAs)P/InP	Si/CaF_2
		AlGaAsSb/AlAsSb	ZnSe/MgF
		AlGaInAs/AlInAs	$GaAs/Al_xO_y$
中红外	2900	GaSb/AlAsSb	

尽管构成 DBR 反射镜的材料折射率差越大，反射率也就越高，但这同时意味着大的能带偏移。阻抗和价带的不连续性将会阻碍载流子的传输，导致高的串连电阻。为了克服这一问题，DBR 异质界面处掺杂分布需要逐级变化。目前已经有了很多相关报道，包括台阶型、线性、抛物线型的异质界面掺杂分布。但是由于自由载流子的光吸收，还无法实现任意掺杂浓度的生长。为了减少光吸收，整体式 VCSEL 中的掺杂分布经过特制，以使光吸收可以在光场最大处最小。

2.1.3.1 全半导体布拉格反射镜

对于近红外波段的 VCSEL，使用的基本都是全半导体 DBR 反射镜。如表 2-2 所示，基于 AlGaAs 材料的 DBR 应用的最为广泛，在波段 650～690nm，近红外的 850nm 和 980nm，长波长 1.33μm 和 1.55μm 都有应用。在 650～690nm 段，采用的是 $AlAs/Al_xGa_{1-x}As$ 基 DBR。为了避免光吸收，需 $x>0.4$。对于 780nm 的 VCSEL，铝的组分要减少为 $x=0.25$，同理对应于 850nm 的 $x=0.15$。980nm 的 VCSEL 选用的是 GaAs/AlAs 或 $GaAs/Al_{0.96}Ga_{0.04}As$ 基 DBR。

理想的 VCSEL 需要拥有最大的反射率和良好的散热性。与绝缘材料的 DBR 相比，全半导体 DBR 的折射率差要小许多，因此要达到 99% 的反射率，需要更多的 DBR 周期结构，并且还会在反射过程相位变换中导致较高的色散。理想的全半导体 DBR 在垂直方向应该有着非常小的串连电阻，顶部发射 VCSEL 的环形电极还应有非常高的横向电导率。但是因为构成 DBR 的两种材料的价带不连续，造成了 p 型 DBR 的高串连电阻，发热十分严重。

在过去的几年中，人们在研究如何降低 VCSEL 的工作电流方面有了实质性的进展，其基本原理都是通过改变 DBR 的异质界面的掺杂分布来改善价带的不连续性。早期的尝试是采用一种超晶格结构使异质界面按线性渐变分布：在 AlAs/GaAs 的异质界面处进行突变型重掺杂，然后在界面朝向有源区一侧进行突变掺杂，增加带隙宽度。在已经报导的各种异质界面结构中，以台阶式和调制掺杂式最为典型。另一个研究方向是采用线性梯度和两个 δ 掺杂层来实现能带的弯曲，提高隧穿几率，同时降低载流子重掺杂引起的吸收。最近正在研发的一种结构是将线性渐变的 p 型 DBR 和台阶型结构的 n 型 DBR 复合在一起。还有一种降低串连电阻的方法就是利用抛物线型渐变和突变掺杂方法，将界面的能带不连续处趋于平缓。与台阶型相比，双抛物线型异质界面结构（渐变层由两个反向的抛物线渐变结构串连起来）明显降低了价带上的尖峰，两种结构的价带如图 2-5 所示。

然而，用抛物线渐变方法来实现不同带隙材料之间价带的平滑过渡，原有的 DBR 层必须考虑到这段渐变结构所带来的影响，这时候已经不再是完整的 1/4 波长厚度，反射率明显降低。采用单抛物线渐变结构，只是使带隙宽度较大的材料价带平滑过渡，这种结构也叫做单抛物线型结构，用来区别前面所提到的双抛物线型结构。这种结构的主要优点在于减小了渐变区域的厚度，提高了反射率。

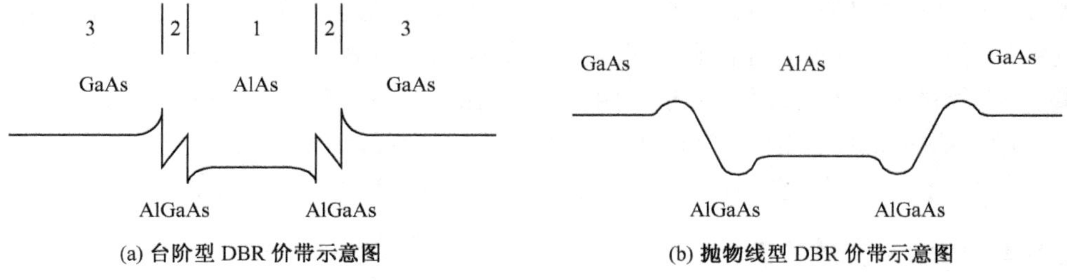

图 2-5　台阶型及抛物线型 DBR 价带示意图

另外一种选择是用高反射率的绝缘材料 DBR 代替半导体 p 型 DBR。VCSEL 里有一个量子阱有源区，两边是缓变折射率的包层。下 DBR 选用的是 n 型 GaAs/AlAs结构，通过外延生长实现。上 DBR 选用的是 Si_3N_4/SiO_2(氮化/氧化)绝缘材料，通过溅射—沉积工艺实现。这与下面所提到的同质氧化方法有些相似。

2.1.3.2　同质氧化反射镜

近来，用横向湿法氧化工艺生长的 Al_xO_y 半导体结构 DBR 被用来实现低阈值、高效率的 VCSEL。氧化物/半导体 DBR 的 VCSEL 结构方案也被提出。这种结构的 DBR 的特点如下：折射率差高，高反射率波段范围宽，反射相位变换平滑。上述特点减小了光场在 DBR 中的渗透深度，这样也相应减小了谐振腔的有效腔长，减少了谐振腔所产生的光模式，提高了激射效率。

采用 Al_xO_y/GaAs 的 DBR 有一个技术难点就是在异质界面处 Ga 和 O 的键合力太小。受热或受压都有可能引起 DBR 的断层。为了解决这一问题，在异质界面间插入一个渐变或者均匀的 AlGaAs 层，来提高键合强度。这样，该 DBR 结构除了原有的两个层之外，还增加了两个 AlGaAs 缓冲层，因此通常将氧化层的厚度设计的略薄于 1/4 波长。这样就构成了一个缓变且非对称的 DBR。它的温度特性与全半导体 DBR 具有可比性，这表明 Al_xO_y 对有源区散热并没有太多影响。

2.1.3.3　用于长波长的反射镜

对于长波长(1.3μm 和 1.55μm)的 VCSEL，到现在还没有找到十分适合的全半导体 DBR。InGaAsP/InP 是最常用的选择，但是效果并不理想。首先两种材料的折射率差太小($\Delta n = 0.5$，只有 GaAs/AlAs 系列的一半左右)，因此要达到足够的反射率需要非常多的 DBR 对。其次，InGaAsP 的热导率比较低，在器件 DBR 很厚的情况下，散热问题非常严重，导致了有源区的工作温度升高。迄今为止，最成功的解决方案就是采用 InP/GaAs 的 DBR 结构，在室温条件下实现了 1.55μm 波长的连续工作。

与在 980nm 的 VCSEL 上的 DBR 生长相似，在 InP 基有源区上生长 GaAs/

AlGaAs的DBR也采用了抛物线型渐变和突变掺杂方法。尽管这样可以得到良好的结果,但是由于DBR材料和有源区材料的晶格不匹配,整个VCSEL的制作需要在三个衬底上生长,然后再分两步融合在一起,步骤繁琐,成品率低。AlGaAsSb/AlAsSb的DBR有着非常高的反射率($\Delta n=0.54$),并且可以在InP衬底上直接生长,因此只需要考虑一次融合工艺(另一侧的DBR构成是AlGaAs/AlAs)。

2.1.4 VCSEL光腔的设计

在多对DBR结构中,若中间区域某一层的厚度偏离1/4个波长,则在该结构中会形成驻波。最简单的情况是将中间的间隔设定为半波长,这样可以与两边的DBR层一起,构成了一个小的F-P谐振腔。VCSEL的光腔厚度约为一个波长左右,如图2-3所示。光腔中的有源层两边围着高带隙的包层。低带隙的有源层和高带隙的包层材料中的导带和价带的偏移,限制了载流子的移动。为了在谐振腔里提供光增益,制作多量子阱结构,F-P腔的光场最大值就在中心处。将量子阱位置与光场最大值处交叠,量子阱就可以提供最大的增益。例如,对应于发射波长650nm,780nm,850nm,980nm和1300nm,其量子阱材料分别为InGaP,AlGaAs,GaAs,InGaAs和InGaAsP。

VCSEL的激射需满足谐振腔模式增益条件:

$$g_{\mathrm{th}}=\alpha_{\mathrm{ac}}+\alpha_{\mathrm{ex}}+\frac{1}{\Gamma}\ln\left(\frac{1}{R_1R_2}\right)+\alpha_{\mathrm{d}} \tag{2-16}$$

在VCSEL中由于短谐振腔,与普通的边发射激光器有很大的不同。这里定性地引入一个增强因子r,表征由于谐振腔中自发发射的自相干效应导致的增益增强,于是上式修正为

$$rg_{\mathrm{th}}=\alpha_{\mathrm{ac}}+\alpha_{\mathrm{ex}}+\frac{1}{\Gamma}\ln\left(\frac{1}{R_1R_2}\right)+\alpha_{\mathrm{d}} \tag{2-17}$$

其中α_{ac}和α_{ex}分别为有源区和包层的吸收损耗,R_1、R_2分别是上、下DBR的反射率,α_{d}为衍射损耗。

为定量地探讨VCSEL的激射条件,光限制因子r采用近似公式$r=2d/L_{\mathrm{eff}}$来计算,其中L_{eff}是VCSEL的等效腔长。

VCSEL激射的相位条件为

$$\theta_{\mathrm{n}}+\theta_{\mathrm{p}}-2K_0\bar{n}L=-2m\pi \tag{2-18}$$

上式中θ_{n}和θ_{p}是波长为λ的光在n型及p型DBR高反膜中引起的反射相移。

量子阱VCSEL由于其光腔长度只有1～2μm,其光波模式间隔有50～100nm,而量子阱增益谱线宽度远小于50nm,因此在进行光腔设计时,首先要考虑VCSEL的谐振腔膜与量子阱材料的波长匹配问题;其次为了降低器件的阈值电流密度,还要考虑整个光腔中的驻波场分布。通过调节空间层的厚度,使量子阱材料位于驻波场的峰值位置,以提高模式的光限制因子,增大模式增益系数。

VCSEL 中注入电流密度与模式增益的关系与普通量子阱激光器相同：

$$g_{\mathrm{mod}} = g_{\mathrm{w}}\left(\ln\left(\frac{J}{N_{\mathrm{w}}J_{\mathrm{w}}}\right)+1\right) \tag{2-19}$$

其中 N_{w} 为量子阱数。增加有源区量子阱数目，可以使光增益提高，降低阈值电流。但是，当量子阱的数目增大到一定的数值时，将出现三个因素对器件的阈值电流密度产生影响。量子阱具有一定的宽度，不能使所有的量子阱都与驻波的峰值相对应，因此离峰值越远的量子阱增益效率越低，从而无法提高光增益的效果。

总的穿透电流与量子阱的数目是成正比的，每增加一个量子阱就会使总的穿透电流增加，而穿透电流则是构成整个器件阈值电流的一部分，因此阈值电流也会随着穿透电流的增加而增加。

综合考虑上述因素，对于腔长为 λ 的 GaAs/AlGaAs 基 VCSEL，量子阱数的最佳值为 3。随着 DBR 反射率的增加，所需阱数越来越少，阈值电流密度越来越低，垂直腔面发射激光器的腔长很短，注入面积可做得很小，有源区体积极小，动态调制频率有很大的提高。在相同的阈值电流密度下，注入面积越小，阈值电流越小，但是当注入面积接近衍射波长尺寸时，衍射损耗加大，又使阈值电流迅速上升。注入面积太大易使注入电流分布不均匀而产生高阶模。

2.2 VCSEL 的工艺及其制备

垂直腔面发射激光器由于其独特的结构，不仅要求有源区的发光效率高，而且两个 DBR 高反射膜的反射率也要达到 99% 以上，还要求 DBR 高反射膜的中心波长，F-P 谐振腔的谐振波长及量子阱材料增益谱的增益波长相匹配，以保证模式有足够高的增益。不同材料交替生长时还要能获得平整陡峭的内界面，因而对生长的精度控制要求非常严格。考虑到器件生长工艺的复杂性，最好能是一个连续的生长工艺。在生长的同时进行检测并在刚生长的材料处继续稳定的生长，会对 VCSEL 的特性非常有利。

用外延生长工艺来制作 VCSEL 是一个非常重要的应用，可以大大提高器件生长的精度和均匀性。所谓外延是指在一定条件下，使某种物质的原子（或分子）有规则排列，定向生长在经过仔细加工的晶体（衬底）表面上。所得到的是一种连续、平滑并与衬底结构有对应关系的单晶层。这个单晶层称为外延层。而生长外延层的过程叫做外延生长。

最早的 VCSEL 并不是完全通过外延工艺完成的，而是在外延生长的有源区两边通过融合技术集成了两个绝缘的 DBR。为了简化工艺流程，人们设计出完全通过外延工艺生长 VCSEL 的方案。如图 2-6 所示，可以直接通过外延工艺生长的 DBR 向有源区注入电流，相应降低器件的制作成本，提高了成品率。

外延生长技术粗略的可以分为四类[12]：传统的气相外延（VPE，Vapor-Phase

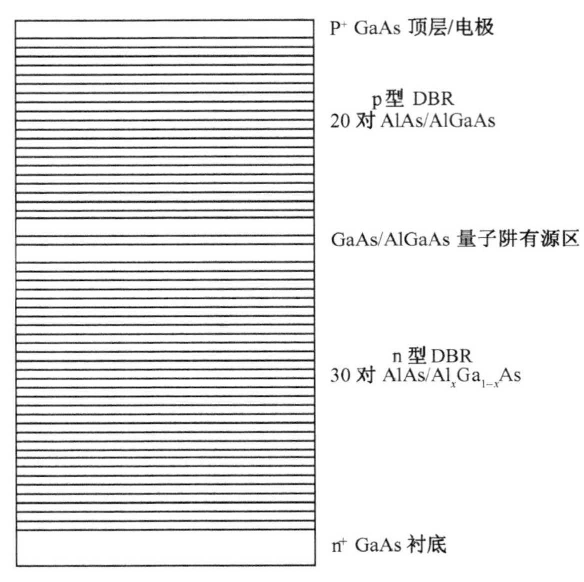

图 2-6　AlGaAs 基 VCSEL 的外延生长示意图

Epitaxy)，液相外延（LPE，Liquid-Phase Epitaxy），金属有机化学气相沉积(MOCVD)和分子束外延(MBE)。VPE 是将含有所需元素的化合物以气相的形式通入反应室，在加热的衬底表面反应生长外延层的一种方法。LPE 是将饱和了所需溶液的液相溶液与晶体衬底直接接触，在熔点下析出固体而生长外延层的方法。MOCVD 方法是用液态的金属有机化合物(II 族、III 族)和气态的氢化物(V 族、VI 族)作为原材料，以热解化学反应方式在衬底上进行外延的一种方法。MBE 是在超高真空下($P<10^{-10}$torr)条件下，由一种或几种热原子束或分子束在加热的衬底表面发生反应生长外延层的工艺，它广泛的用于超薄层异质外延材料。MOCVD 和 MBE 技术由于可以进行原子量级的超薄层微结构材料的生长，并且可以灵活控制组分和掺杂剂的种类与数量，便于生长各种多层结构的超薄层异质外延材料，同时，还具有重复性好、均匀性好、层间过渡陡峭等优点，得到了广泛的应用和快速的发展。

下面将重点介绍目前 VCSEL 制作中应用最多的两种外延生长工艺：MBE 和 MOCVD。目前波长为 1.3μm 及 1.55μm 的 InGaAsP/InP 材料的 VCSEL 的生长采用 MOCVD 技术，波长在 0.85μm 的 GaAs/AlGaAs 和波长为 0.98μm 的 InGaAs/GaAs 系列的 VCSEL 多采用 MBE 进行生长。

2.2.1　MBE 工艺

MBE 工艺在外延生长的应用非常广泛，具有以下优点：

(1) 生长速率低。一般情况下其生长速率为 1μm/h = 1 个单层/秒，理论上可以在原子尺度改变组分与掺杂。

(2) 生长温度低。如生长 GaAs 时的衬底温度约为 550～650℃，这样就可以忽略生长层中的相互扩散作用。

(3) 可以通过掩模的方法对材料进行三维的控制生长。

(4) 由于生长工艺在超高真空中进行，因此可以在生长室中安装各种分析设备，这样就可以在生长的整个前后过程对外延层进行在位测量和分析。

(5) 在现代 MBE 生长系统中，生长过程可以用计算机进行自动化控制。

上述优点使得 MBE 可以生长出只有几个原子层厚度的多层单晶体结构，得到超晶格和量子阱结构的光电子器件，如：双异质结构激光器、量子阱激光器、分布反馈激光器、光学干涉虑光片和光探测器等等。对于 VCSEL 这样的多层外延结构，采用 MBE 进行外延生长也是非常理想的，使得 VCSEL 的光、电性能得到了很大程度的提高。

MBE 的结构原理如图 2-7 所示。整个生长过程需要在超真空环境下进行，从加热的克努森池中产生的分子束流在一个加热的单晶衬底上反应形成晶体。在每一个克努森池里的坩埚中装有生长层所需要的一种元素或化合物，将坩埚设定到合适的温度，使得分子束流正好能在衬底的表面形成所期望的外延组分。为了保证组分的厚度和均匀性，坩埚在衬底周围以圆形排列，并在衬底生长的过程中可以进行旋转。在生长时，组分和掺杂的连续性变化可以由连续改变各个坩埚的温度来实现，组分的突变则是通过在每一个坩埚入口处机械阀门的开、关来实现。在生长过程中，坩埚和衬底的附近需要有液氮冷凝装置，以减少生长层中的非故意掺

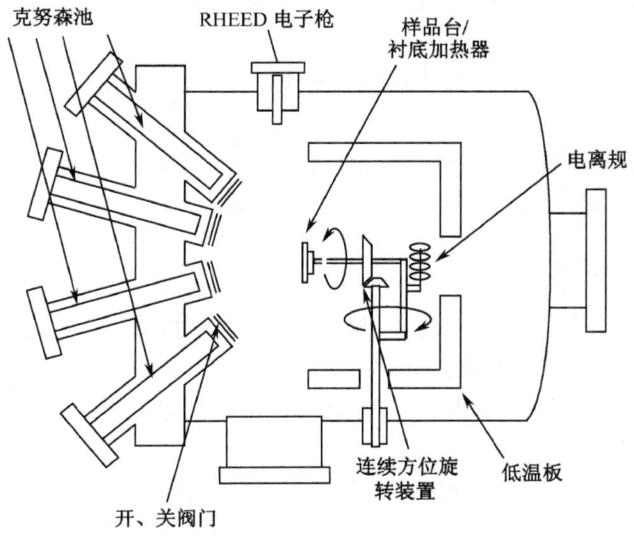

图 2-7　分子束外延设备的结构示意图

杂,即减少生长室中的本底掺杂浓度。

MBE的真空系统由三个相互隔开的真空室(生长室、预备室和速装室)组成。在将衬底样品材料和样品台由外界装入生长室的过程中,首先要进入速装室,在100℃加热10个小时以上,以去掉大部分衬底和载体上所吸附的气体。之后,将衬底和样品台送入预备室,在400℃加热2个小时以上,去掉残留气体。当预备室内气压降至 $P<10^{-10}$torr(1torr=1.333 22×10^2Pa)时,再送入生长室中进行外延生长。

衬底加热器可以给样品台提供一个稳定、均匀而且重复性很好的温度场。当衬底加热器两次测量的温度相同时,衬底的实际温差控制在±5℃之内。衬底加热器在垂直于分子束流的平面上旋转,以确保外延层生长均匀。为了防止在生长方向上的成分起伏,需使衬底的旋转周期与单层的生长时间相对应,这就要求转速要高于60转/分。

在生长过程中,需要随时了解材料的生长状况,并在此基础上进行调整。在衬底加热器的背面装有一台电离规,可以对各个原材料在衬底处的分子束流强度进行在位测量。电离规本质上是一个浓度指示器,用它可以在生长前得出III族、V族源在衬底处的相对压力比。反射式高能电子衍射仪(RHEED)用于观察生长层表面的微观结构。使用RHEED时,电子枪出射的高能电子束($E=10\sim15$keV)与衬底表面的夹角为1°~2°,与坩埚产生的分子束流近乎垂直,这样可以保证在生长时也使用RHEED,而且还可以保证电子射到材料的表面时,进入1~2层之后就会被反弹出来。如此可以获得大量的表面信息。因此可以用这种方法监视材料生长初期的生长速率。

RHEED的作用总结为以下几点:

(1) 在生长前,监视生长层表面的氧化物解吸附过程,校准衬底加热器的热电偶。

(2) 通过观察生长层表面的再构(2×4)→(4×2)的相变,确定生长时所需要的III/V比。

(3) 在生长过程中利用RHEED的强度振荡校准生长速率。

(4) 生长后观察生长层表面的结构与平整度。

2.2.2 MOCVD工艺

MOCVD设备将II或III族金属有机化合物与IV或V族元素的氢化物相混合后通入反应腔,混合气体流经加热的衬底表面时,在衬底表面发生热分解反应,并外延生长成化合物单晶薄膜。与其他外延生长技术相比,MOCVD技术有着如下优点:

(1) 用于生长化合物半导体材料的各组分和掺杂剂都是以气态的方式通入反应室,以通过精确控制气态源的流量和通断时间来控制外延层的组分、掺杂浓度、厚度等,可以用于生长薄层和超薄层材料。

(2) 反应室中气体流速较快，在需要改变多元化合物的组分和掺杂浓度时，可以迅速进行改变，减小记忆效应发生的可能性。这有利于获得陡峭的界面，适于进行异质结构和超晶格、量子阱材料的生长。

(3) 晶体生长是以热解化学反应的方式进行的，是单温区外延生长。只要控制好反应源气流和温度分布的均匀性，就可以保证外延材料的均匀性。因此适于多片和大片的外延生长，便于工业化大批量生产。

(4) 通常情况下，晶体生长速率与 III 族源的流量成正比，生长速率调节范围较广。较快的生长速率适用于批量生长。

(5) 使用较灵活。原则上只要能够选择合适的原材料就可以进行包含该元素的材料的 MOCVD 生长。可供选择作为反应源的金属有机化合物种类较多，性质也有一定的差别。

(6) 由于对真空度的要求较低，反应室的结构较简单。

(7) 随着检测技术的发展，可以对 MOCVD 的生长过程进行在位监测。

实际上，对于 MOCVD 和 MBE 技术来说，采用它们所制备的外延结构和器件的性能没有很大的差别。MOCVD 技术最吸引人的地方在于它的通用性，只要能够选取到合适的金属有机源就可以进行外延生长。而且只要保证气流和温度的均匀分布就可以获得大面积的均匀材料，适合进行大规模工业化生产。

MOCVD 技术的主要缺点大部分均与其所采用的反应源有关。首先是所采用的金属有机化合物和氢化物源价格较为昂贵，其次是由于部分源易燃易爆或者有毒，因此有一定的危险性，并且反应后产物需要进行无害化处理，以避免造成环境污染。另外，由于所采用的源中包含其他元素(如 C，H 等)，需要对反应过程进行仔细控制以避免引入非故意掺杂的杂质。

通常 MOCVD 生长的过程可以描述如下：被精确控制流量的反应原材料在载气(通常为 H_2，也有的系统采用 N_2)的携带下被通入石英或者是不锈钢的反应室，在衬底上发生表面反应后生长外延层，衬底是放置在被加热的基座上的。在反应后残留的尾气被扫出反应室，通过去除微粒和毒性的尾气处理装置后被排出系统。MOCVD 工作原理如图 2-8 所示。

一台 MOCVD 生长设备可以简要的分为以下的四个部分：

1. 气体操作系统

气体操作系统包括控制 III 族金属有机源和 V 族氢化物源的气流及其混合物所采用的所有的阀门、泵以及各种设备和管路。其中，最重要的是对通入反应室进行反应的原材料的量进行精确控制的部分。主要包括对流量进行控制的质量流量控制计(MFC)，对压力进行控制的压力控制器(PC)和对金属有机源实现温度控制的水浴恒温槽。

2. 反应室

反应室是 MOCVD 生长系统的核心组成部分，反应室的设计对生长的效果有

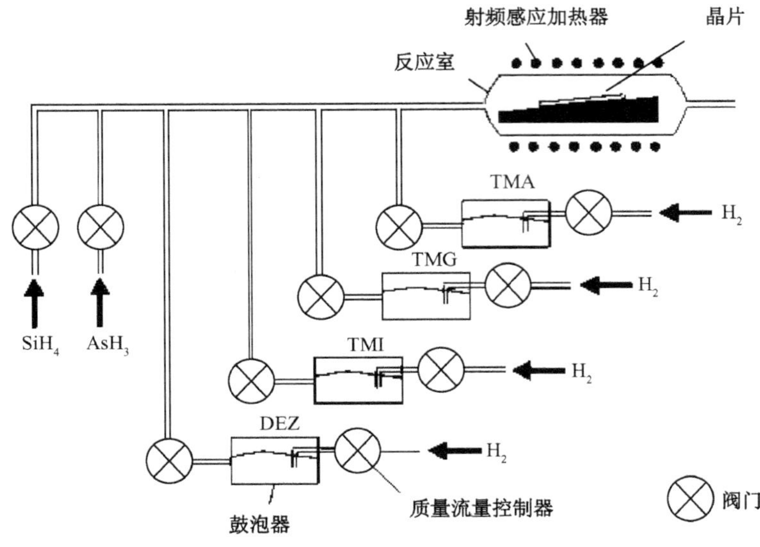

图 2-8 MOCVD 的工作流程图

至关重要的影响。不同的 MOCVD 设备的生产厂家对反应室的设计也有所不同。但是,最终的目的是相同的,即避免在反应室中出现离壁射流和湍流的存在,保证只存在层流,从而实现在反应室内的气流和温度的均匀分布,有利于大面积均匀生长。

3. 加热系统

MOCVD 系统中衬底的加热方式主要有三种:射频加热,红外辐射加热和电阻加热。在射频加热方式中,石墨的基座被射频线圈通过诱导耦合加热。这种加热形式在大型的反应室中经常采用,但是通常系统过于复杂。为了避免系统的复杂性,在稍小的反应室中,通常采用红外辐射加热方式。卤钨灯产生的热能被转化为红外辐射能,石墨的基座吸收这种辐射能并将其转化回热能。在电阻加热方式中,热能是由通过金属基座中的电流流动来提供的。

4. 尾气处理系统

由于 MOCVD 系统中所采用的大多数源均易燃易爆,而其中的氢化物源又有剧毒,因此必须对反应过后的尾气进行处理。通常采用的处理方式是将尾气先通过微粒过滤器去除其中的微粒(如 P 等)后,再将其通入气体洗涤器采用解毒溶液进行解毒。另外一种解毒的方式是采用燃烧室。在燃烧室中包括一个高温炉,可以在 900～1000℃下,将尾气中的物质进行热解和氧化,从而实现无害化。反应生成的产物被淀积在石英管的内壁上,可以很容易的去除。

2.3 几种典型的 VCSEL 结构及其制作工艺

VCSEL 的性能很大程度上是由其外延结构和制作工艺决定的。比如，在VCSEL的发展过程中，研究人员一直在探索降低 VCSEL 阈值电流的方法，设计一个合理的结构及制作工艺来提高对载流子的横向限制有着非常重要的意义。在第一章中曾经介绍了几种 VCSEL 的基本结构，在此基础上人们又研制出一些具体的结构，可以对光子或电子进行横向限制，如图 2-9 所示[13]，分别为刻蚀空气柱型、离子注入型、再生长型和选择氧化型。这几种结构需要不同的制作技术并且具有不同的光电及热学特性。

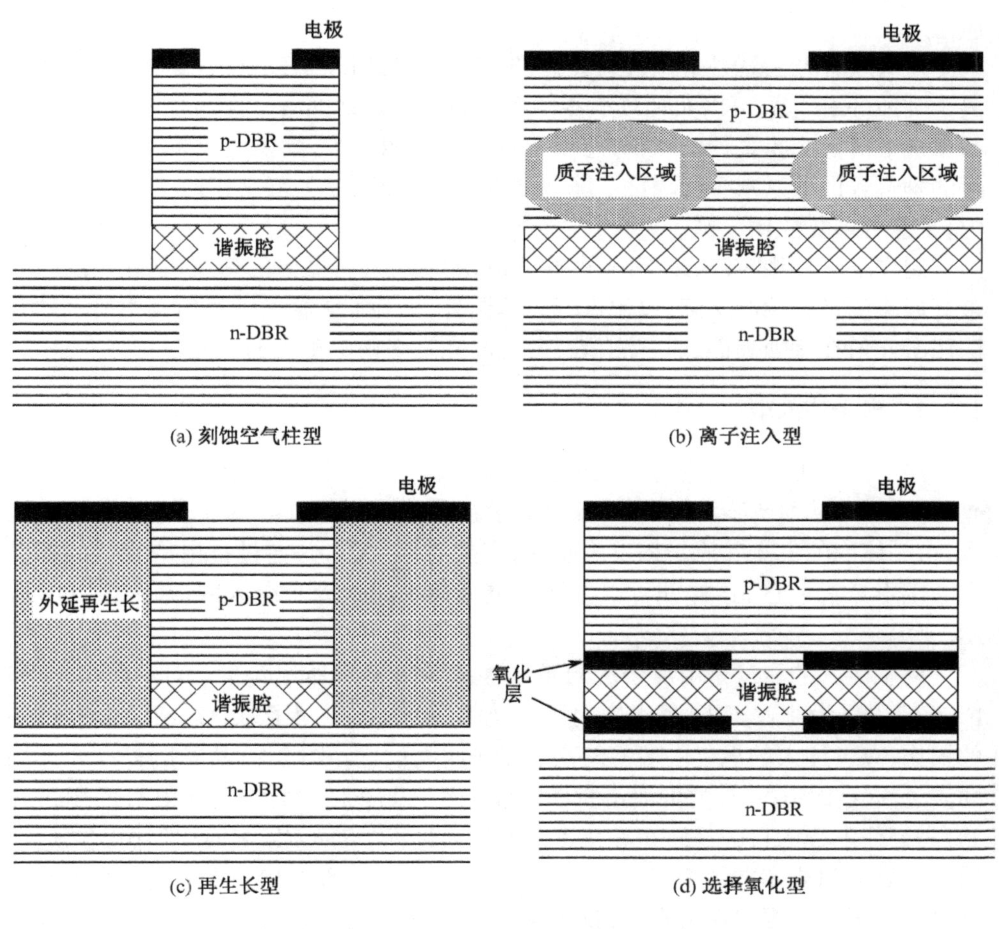

图 2-9　几种能对光子或电子进行横向限制的 VCSEL 结构

2.3.1 刻蚀空气柱型

对载流子进行横向限制，最简单的方法就是将器件的谐振腔及上 DBR 刻蚀成柱型结构，如图 2-9(a)所示。最早的全半导体 VCSEL 就是采用的这种结构。为了除去谐振腔外层的材料，通常都采用湿法腐蚀或者干法腐蚀的工艺。在湿法腐蚀中，为了严格控制腐蚀的深度，通常采用较为温和的磷酸溶液作为腐蚀液，并且磷酸对 GaAs 和 AlAs 的腐蚀没有选择性。按照一定的浓度配比，例如 $H_3PO_4:H_2O_2:H_2O=1:1:10$，进行各向同性的湿法腐蚀。一般湿法腐蚀的腐蚀深度比较难控制，刻蚀后在柱的底部有凹槽，这限制了器件直径的进一步减小。另外一个缺点就是工艺的可重复性较差，腐蚀液的配比、腐蚀时间和腐蚀温度都会影响到表面的质量。

还有一种办法就是采用各向异性的干法刻蚀，如离子束刻蚀(CAIBE)和反应离子刻蚀(RIE)等，可以实现减小器件直径的目的。刻蚀后柱面的垂直性很好，表面也很平滑。光腔直径的减小，意味着有源区体积减小，阈值电流也随之降低，平滑的垂直表面可以减少光损耗。除此之外，用干法刻蚀工艺制作的空气柱刻蚀均匀，工艺可重复性比较好。

制作空气柱型 VCSEL，可先做好电极，然后再进行器件的刻蚀。刻蚀过程中，最好能够测量刻蚀的深度，以便进行工艺调整，提高加工精度。目前常用的一种办法用激光射在刻蚀表面，通过测量反射光的光强来确定刻蚀的深度。

2.3.2 离子注入型

离子注入工艺就是用高能离子注入设备把具有一定能量的带电粒子掺入到半导体材料中，从而改变半导体材料的电学性质和光学性质。离子从上 DBR 处注入，与晶体内的电子和原子核发生碰撞，产生晶格空位，并通过自由载流子的补偿在周围形成高阻区，这样就可以使注入电流集中注入到有源区内，如图 2-9(b)所示。

离子注入的能量是由离子的质量和注入深度要求所决定的。H^+、O^+、N^+ 和 F^+ 都可以作为注入离子，其中应用最广泛的还是 H^+。为了避免对有源区有过多的损伤，离子注入的深度一般都略高于量子阱的位置。图 2-10 所示的是一个详细的离子注入型 VCSEL 的剖面示意图。注入型 VCSEL 通常都是从电极的制作开始，先制作电极的目的是防止在接下来的注入过程中对 DBR 表面的损伤。然后在出光孔处采用掩模来防止离子的注入，保护光腔。在图 2-10 的结构中，将原有的金属电极延展并覆盖住出光孔，就构成了金属的注入掩模，只是注入后的金属剥离比较麻烦，因此人们又引入了光掩模的技术，使用相对简单，而且剥离也比较方便，得到了广泛的应用。

有源区附近的离子注入区域对载流子的横向限制起主要作用。这个区域的形成主要是通过注入离子的横向渗透来实现的，这是因为注入离子与晶体内的原子核碰撞，会在掩模下面产生横向的扩散。在确保电流能注入到有源区的前提下，横向扩散越大，即高阻区越大，注入电流的面积就越小，阈值电流也随之降低。与重离子相比，质子注入的横向扩展效果要好的多。这种横向扩散的大小一般情况下取决于注入质子的能量、剂量以及掺杂浓度。对应于 850nmVCSEL（20 对 $Al_{0.16}Ga_{0.84}As$/AlAs DBR），在 $4\times10^{14}/cm^3$ 剂量下，300keV 的质子就可以在有源区附近形成 2.6μm 厚的高阻区。

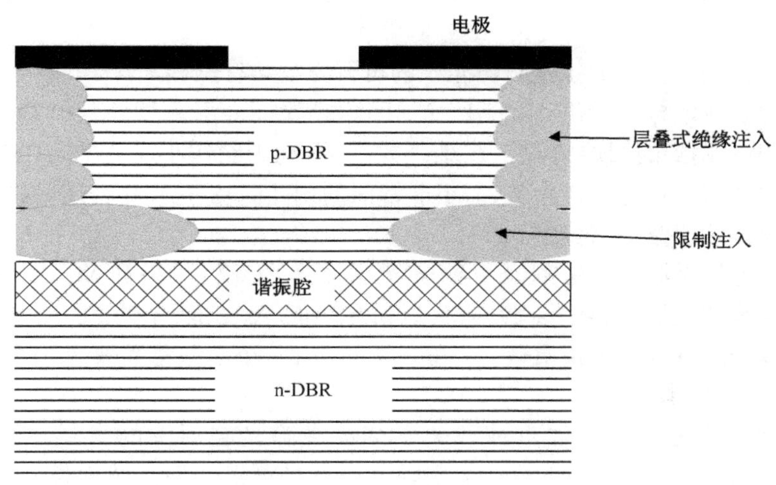

图 2-10　采用了叠层式注入的 VCSEL 剖面结构图

注入离子的分布与入射方向也有关系，如果入射方向与某个晶轴或者晶面的方向符合，就会发生沟道效应，离子的纵向渗透距离会大的多。为了减小沟道效应，需要将方向错开，以非沟道角度入射。

为了使 VCSEL 与相邻器件之间有着良好的电绝缘特性，引入了多重层叠式注入工艺，控制注入离子的能量逐渐降低。VCSEL 电极外侧边缘处为层叠注入区域，从谐振腔到 DBR 上表面构成了高阻绝缘区。深质子注入和浅 O^+ 注入的复合可以有效的实现横向绝缘。

总体来说，离子注入工艺是一种非常有效的横向限制方法，工艺简单，热稳定性良好，在加工过程中可以独立控制掺杂浓度，并且其均匀性好，适合大面积加工，成品率高。

2.3.3　再生长型

制作折射率导引型结构的 VCSEL，需要改变光腔周围的折射率。这可以通过刻蚀/再生长工艺来实现，其基本原理就是在光腔周围生成一个新的半导体材料

(折射率也随之变化),起到光场的横向限制作用,如图 2-9(c)所示。具体步骤为先制作刻蚀掩模(SiO_2,SiN_x),将光腔刻蚀成柱型,然后在刻蚀掉的地方通过再次外延工艺生长出新的材料。

刻蚀/再生长结构除了对出射光有着良好的限制作用外,还可以对注入电流进行有效的横向限制,并且钝化有源区的侧面以及有着良好的热沉特性。然而,由于构成 DBR 的 AlGaAs 非常容易受到诸如化学工艺、离子轰击以及空气氧化等因素的影响,这些都会对外延生长造成影响。尤其是 AlGaAs 表面氧化层非常难去除。因此在进行外延生长工艺之前,需要进行特殊的清除及刻蚀处理,并避免将器件暴露在空气中。

高 Al 组分的 VCSEL 上进行再生长的可行方法共有三种。

第一种是掩埋异质结型 VCSEL,先用干法刻蚀,再用液相外延(LPE)生长。只是 LPE 中所用到的回熔清除工艺难以控制,不利于制作小尺寸的 VCSEL。而且 LPE 只能再 GaAs 上外延生长,需要非常深的刻蚀($\geqslant 8\mu m$),并且还要再生长几个微米的材料才能覆盖谐振腔。

第二种方法是原位干法刻蚀和 MBE 再生长。将刻蚀设备和 MBE 的生长室用一个超高真空环境的传送装置连接,以避免 AlGaAs 表面与空气的接触。采用此工艺可以得到良好的生长质量。不好的方面是,整个设备都需要置于真空环境中,操作复杂且成本较高。

第三种方法是先用干法刻蚀和化学刻蚀去除光腔周围的材料,然后再用 MOCVD 外延生长。MOCVD 的一个主要优点就是可以选择区域生长,因此被看作是一个理想的制作平台。然而,用 MOCVD 在高 Al 组分 AlGaAs 上再生长,需要预先进行严格的非选择性和控制性良好的刻蚀工艺。比较好的办法就是在干法刻蚀完成后,再用湿法刻蚀去掉氧化层,之后立刻送入 MOCVD 反应室。

2.3.4 选择氧化型

选择氧化技术最初是应用于边发射激光器领域中,后来才被引入到 VCSEL 的制作中,如图 2-9(d)所示。其原理是将高 Al 组分的 $Al_xGa_{1-x}As$ 在 350~500℃下与水汽反应生成化学性质稳定、绝缘性能良好且折射率低的氧化层。由于这种结构,光子和电子的都能进行有效的横向限制,因此得到了广泛的关注。

构造选择氧化型 VCSEL,要预先设计好氧化后各层的组成及分布情况,以此来决定氧化的速率,而且希望在临近谐振腔的 AlGaAs 层上能够得到大的氧化范围,即小的氧化孔径,如图 2-11 所示。

通过在 VCSEL 中进行 Al 组分的选择氧化,构成一个或者多个掩埋氧化层,利用氧化层良好的绝缘性以及低的折射率特性,有效的约束了光子和电子的横向扩散范围。

在 MOCVD 的选择氧化型 VCSEL 制作流程的第一步是制作电极,然后用硅

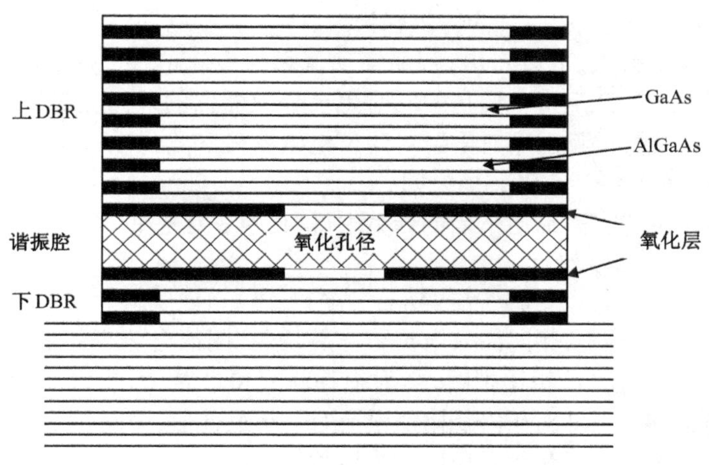

图 2-11　选择氧化型 VCSEL 剖面图

的氮化物掩模将电极覆盖住进行下一步的刻蚀。通常采用反应离子束刻蚀法(RIE),将 VCSEL 刻蚀成一个台面结构,露出氧化层。氧化层的面积由该层的组分结构以及氧化的时间所决定。比如,在 440℃ 下,$Al_{0.98}Ga_{0.02}As$ 氧化速率在 1μm/min 左右。氧化完成后要氮化物掩模除去,以便进行激光的性能测试。

2.4　VCSEL 的特性分析

2.4.1　VCSEL 的稳态特性分析

2.4.1.1　阈值特性

在前面已经对 VCSEL 的阈值特性作过简要的描述。

由式(2-16)可以得出阈值电流密度:

$$J_{th} = \frac{edN_{th}}{\tau_{sp}} = \frac{edB_{eff}}{\eta_i} \cdot \frac{1}{A_0} \cdot \left[\alpha_{ac} - \alpha_{ex} + \frac{L}{d}\alpha_{ex} + \frac{1}{2d}\ln\left(\frac{1}{R_1 R_2}\right) + \alpha_d \right] \tag{2-20}$$

其中 τ_{sp}为载流子寿命,η_i 为内量子效率,B_{eff}为有效辐射复合系数。由此可以计算出半径为 a 的阈值电流:

$$I_{th} = J_{th}\pi a^2 + I_{ld} + I_{ls} \tag{2-21}$$

其中 I_{ld}为泄漏电流,I_{ls}为过剩电流项。

外微分量子效率可以通过下面的公式确定:

$$\eta_d = \eta_i \frac{\ln\left(\frac{1}{R_1 R_2}\right)}{\ln\left(\frac{1}{R_1 R_2}\right) + 2\langle \alpha_I \rangle L_{eff}} \tag{2-22}$$

其中$\langle \alpha_I \rangle = \alpha_{ac} + \alpha_{ex} + \alpha_d$，$L_{eff}$为等效腔长。

根据上面的公式，可以得出，若要实现低阈值电流的 VCSEL，DBR 的反射率应尽量高，但是 DBR 反射率增高的同时也会导致器件的外微分量子效率的下降。因此，在设计 DBR 的反射率时需要对阈值电流密度和输出功率进行综合考虑，选取最优值，一般在 99%～99.5%之间。

谐振腔内的光子寿命由下面的计算求得，其中 c 为光速。

$$\frac{1}{\tau_p} = \frac{c}{n_g}\left(\frac{1}{2L_{eff}}\ln\left(\frac{1}{R_1R_2}\right) + \langle \alpha_I \rangle\right) \tag{2-23}$$

VCSEL 器件尺寸越小，侧向注入电流分布越均匀，阈值电流也越低。但器件直径减小到可以与激射波长相比拟时，衍射损耗就变得非常大，导致阈值电流反而升高。综合考虑器件尺寸对于降低阈值电流有一个最佳值，一般在 2～3μm。

激光器谐振腔的质量用品质因数来评估：

$$\begin{aligned} Q &= \frac{\Gamma_t}{\left|1 - \sqrt{R_1R_2}\mathrm{e}^{-\alpha_{cav}-L\Gamma_t-j\Phi}\right|^2} \\ &\approx \frac{\Gamma_t}{1 + R_1R_2\mathrm{e}^{-\alpha_{cav}-L\Gamma_t}[1 - 2\cos(\phi_1 - \phi_2 - 2\beta L)]} \end{aligned} \tag{2-24}$$

品质因数的线宽反映了谐振腔的选模能力，它也对应自发发射进入激射模式的线宽。其最大值 $Q = \dfrac{\Gamma_t}{1 - R_1R_2\mathrm{e}^{-\alpha_{cav}-L\Gamma_t}}$定义为品质因子。对于具有一定阈值增益的量子阱有源区，振腔必须满足一定的 Q 值。若谐振腔吸收损耗大，Q 值小或厚度偏差大，反射率低，都有可能导致 VCSEL 无法激射。

2.4.1.2　横模特性

在进行横模分析时，假设光场被限制在横向半径为 a 的区域里，对离子注入型和选择氧化型 VCSEL，a 分别代表离子注入和选择氧化工艺形成的有源区限制孔径。约束区和周围包层的有效折射率分别是 n_c 和 n_s，包层内径向折射率大小遵从平方率分布。

VCSEL 的近场强度分布可以表示为

$$S_{lp} \propto |E_{lp}(r,\phi)|^2 \propto \left(\frac{2r^2}{\omega_0^2}\right)\left[\mathrm{L}_{p-1}{}^{(l)}\left(\frac{2r^2}{\omega_0^2}\right)\right]\begin{bmatrix}\cos^2(l\phi)\\ \sin^2(l\phi)\end{bmatrix}\exp\left(-\frac{2r^2}{\omega_0^2}\right) \tag{2-25}$$

因此有着较大限制孔径的 VCSEL 容易引起多个高阶横模的同时激发。对于质子注入型或者选择氧化型结构的 VCSEL，需要分别将限制孔径设计成 8～10μm 和 2～4μm 才有可能实现基横模的工作。但限制孔径小的器件空间增益和辐射模式场分布的交叠量会减小，使得效率降低。VCSEL 的基模场为高斯函数分布，基模与次模的波长间距与芯层半径大小成反比，并且任意两个横模的波长间隔都是这一数值的整数倍。

对选择氧化型 VCSEL,有效折射率差近似与氧化限制层的厚度及它在谐振腔纵向光场中增强因子成正比。因为工艺技术和截断电压的限制,氧化层厚度一般为 20～30nm,为了使折射率差减小,就必须减小氧化限制层与驻波场的交叠。这可以通过设计和生长 VCSEL 结构时,使氧化层处在光场驻波分布的节点位置来实现。

2.4.1.3 纵模特性

根据等效腔长 L_{eff}和模式群折射率 n_g,纵模间隔可以表示为

$$\Delta\lambda = \frac{\lambda^2}{2L_{\mathrm{eff}}n_g} \tag{2-26}$$

由于 VCSEL 具有很短的谐振腔长,一般小于几个微米,所以纵模间距非常宽,可以达到几十个纳米,主模和相邻纵模获得的增益系数差别很大。VCSEL 具有高的主边模抑制比,可以实现稳定的动态单纵模工作。

2.4.1.4 自发发射因子

半导体激光器的自发发射因子,为自发发射进入激射模式的功率和总自发发射功率的比值。普通边发射激光器的自发发射因子很小,大概在 10^{-4}～10^{-5}量级,而 VCSEL 由于腔体积小,自发发射谱变窄,模式减少,R_{sp}显著增加。直径 3～6μm 的 VCSEL,$R_{\mathrm{sp}}=0.01$～0.001。随着自发发射因子增大,激光器的主边模抑制比提高,材料的自发发射速率变小。若非辐射复合寿命很大,阈值电流密度将会降低,同时激光器 L-I 曲线越来越平滑。理论上随着腔长进一步缩短,R_{sp}逐渐提高,直至最大值 1。这时所有自发发射都耦合进入激射模式。如果不需考虑非辐射复合,则阈值为 0,L-I 特性为一条直线,但光谱很宽,就像高效率的发光二极管。

2.4.1.5 模式竞争

如果光子在有源层共平面内的振荡受到激发极大增强,可能会抑制光子垂直于平面方向的振荡和辐射,即存在两个方向的模式竞争。如果器件有源区尺寸太大,一些边发射模式的超辐射将会占主导地位,这种共平面的超辐射现象会对器件的表面发射量子效率造成极大损害。因此在实际应用中应根据具体情况对有源区的尺寸进行限制。

2.4.1.6 功率特性

图 2-12 表示的是一个常用的 1×12 的 VCSEL 阵列的光输出特性。可以看出,在工作温度范围内,单个激光器的阈值电流都稳定在 4mA 以下。当工作电流为 8mA 时。输出光功率约为 1mW 左右,驱动电压控制在 2V 以内。激光器的串联电阻为 40Ω 左右,而内阻上的功耗通常占总输入功率的 40%左右。其他方面的

功耗包括有衬底的光泄漏、载流子的逃逸与内部吸收以及在 DBR 反射镜和有源区内部的散射等等。不过总体上看来,各激光器的输出功率基本一致,也使得其非常适合应用于并行光通信领域[14]。

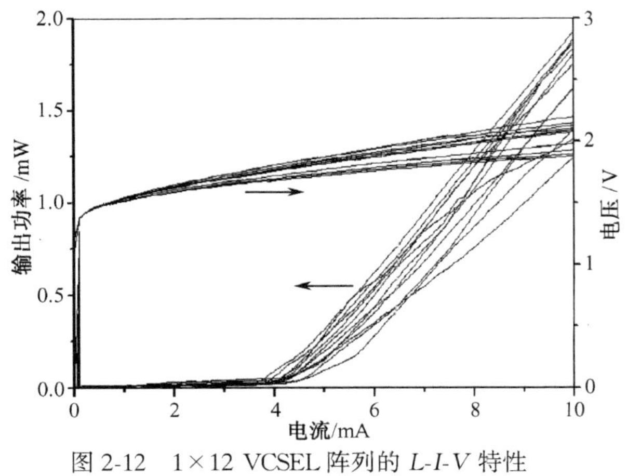

图 2-12　1×12 VCSEL 阵列的 L-I-V 特性

2.4.1.7　温度特性

一般串联电阻较大的 VCSEL,连续工作状态下结温会明显上升,这对注入电流载流子浓度、量子阱增益和谐振腔的模式波长等都会产生影响。

VCSEL 由于模式半宽窄,纵模间距宽,激射波长一般由落在增益谱内的一个腔模位置决定,所以它的热特性主要受热效应导致的折射率变化和半导体材料热膨胀造成轻微体积变化的影响。

VCSEL 的腔模波长与增益谱中心波长的相对位置十分关键。由于发热引起带隙收缩,使得 InGaAs 量子阱增益谱峰值波长随温度的红移速率较大,为 $\lambda_{\mathrm{peak}}/T\approx0.32\mathrm{nm/K}$;而发热使折射率变化引起的谐振腔模式波长随温度红移速率为 $\lambda_{\mathrm{lp}}/T\approx0.07\mathrm{nm/K}$。很明显,VCSEL 腔模与增益峰值的相互耦合将随着温度变化而变化。如果腔模与增益峰在室温下对准,即 $\delta\lambda_{\mathrm{g}}=0$,模式增益将随温升持续降低;如果 $\delta\lambda_{\mathrm{g}}>0$,随着注入电流增大和温度升高,模式增益会增加,这能够补偿发热引起的增益峰值衰减和有源层内发热相关的损耗,将有利于 VCSEL 实现在 70～80℃范围内工作阈值电流对温度的不敏感性。

激光器的发热特性可以用热阻来描述 $Z_T\Delta T/P_{\mathrm{diss}}$,其中 ΔT 是温度变化量,P_{diss}表示耗散功率,为注入电功率与输出光功率之差。热阻一般遵从关系 $Z_T=(4as_T)^{-1}$,其中 a 是有源区半径,s_T 是紧挨着有源区结构的热传导系数。如果器件注入电流分布均匀,刚好满足阈值条件激射时的温度升高值就表示为

$$\Delta T = Z_T P_{\mathrm{diss}} = ZU_{\mathrm{th}}I_{\mathrm{th}} = \frac{\pi a}{4\sigma_T}U_{\mathrm{th}}J_{\mathrm{th}} \tag{2-27}$$

2.4.2 VCSEL 的动态特性

动态单纵模工作和高调制带宽使 VCSEL 成为光通信、光互连应用中的理想光源。高速数据传输对 VCSEL 器件的动态特性和噪声特性提出了更高的要求，这可以根据描述激光腔中电子和光子相互作用的速率方程分析得出。动态特性主要由小信号电流调制传输方程反映。噪声特性源于自发发射，它的统计性能由具有 Langevin 线型的载流子和光子的速率方程表达。为简化分析，假设 VCSEL 均为单一模式激射。

2.4.2.1 速率方程

VCSEL 的速率方程与其他半导体激光器类似，只是结构参数有很大不同。另外，VCSEL 具有一定的微腔效应，自发发射因子的影响比较明显。

假设量子阱中势垒体积 V_b，势阱体积 V_w，腔体积 V，电流 I 均匀注入面积为 A_{act} 的有源区，势垒和势阱中电子浓度分别为 n_b，n_w，光子密度为 N_p，τ_s 和 τ_e 分别为电子的传输时间和发射时间，τ_{sp} 和 τ_p 代表载流子寿命和光子寿命，v_g 为群速度。电子在有源区势垒和势阱中的速率方程及光子的速率方程分别为[11]

$$\frac{dn_b}{dt} = \frac{n_b}{\tau_s} + \frac{n_w(V_w/V_b)}{\tau_e} + \frac{I}{qV_b} \tag{2-28}$$

$$\frac{dn_w}{dt} = \frac{n_b(V_b/V_w)}{\tau_s} - \frac{n_w}{\tau_{sp}} - \frac{n_w}{\tau_e} - \frac{v_g\xi g(n_w)N_p}{1+\varepsilon N_p} + F_{nw} \tag{2-29}$$

$$\frac{dn}{dt} = \gamma_{sp}\frac{V_w}{V_p}\frac{n}{\tau_{sp}} - \frac{N_p}{\tau_p} + \frac{V_w}{V_p}\frac{v_g\xi g(n_w)N_p}{1+\varepsilon N_p} + F_N \tag{2-30}$$

考虑到光子浓度很高时会出现增益饱和，在受激发射项里引入 $(1+eN_p)^{-1}$，增益抑制因子 $\varepsilon = \dfrac{\lambda^2 c\tau_{intra}^2}{2\pi\,\overline{n^3}\,\tau_{sp}}$，c 为真空中光速，带内弛豫时间 τ_{intra} 一般为 100fs。

具有高增益的单模激光器，载流子浓度的变化主要由进入激射模式的光子浓度的变化所决定。其他由自发发射进入非激射模式的光子引起的载流子变化效应可以忽略不计。这种情况下载流子的损耗和光子的产生相等，即 $V_wF_{nw}(t) = -V_pF_N(t)$，并且 Langevin 线型平均值也相等，$\langle F_{nw}(t)\rangle = \langle F_N(t)\rangle = 0$，$\langle F_N(t)F_N(t+\tau)\rangle = \langle \widetilde{F}_N^2(t)\rangle\delta(\tau)$。由此得到

$$\langle \widetilde{F}_N^2(t)\rangle = 2\langle N_p\rangle\gamma\frac{V_w n_w}{V_p\tau_{op}} = 2R_{sp}\langle N_p\rangle \tag{2-31}$$

其中 $\langle N_p\rangle$ 是光子平均浓度，R_{sp} 是自发发射速率。

2.4.2.2 小信号电流调制

激光器的小信号电流调制，通常都是在激光器上叠加一个阈值以上的直流偏

置和各种频率为 ν 的正弦信号。忽略噪声影响，令 $\widetilde{F}_{\mathrm{N}}(\nu)=\widetilde{F}_{\mathrm{nw}}(\nu)=0$，则反应电流调制到光功率输出的传递函数为

$$M(\nu)=\frac{\Delta N_{\mathrm{p}}(\nu)}{\Delta I(\nu)/q}=\frac{1}{1+2\pi I\nu\tau_{\mathrm{s}}}\frac{A}{4\pi^2(\nu_t^2-\nu^2)+2\pi I\gamma\nu} \tag{2-32}$$

在实际测量中，器件的串连电阻和电容对频率传输的特性也要被考虑进去。若 RC 时间常数较小，测量激光器的调制传输函数为

$$\begin{aligned}M_{\mathrm{meas}}(\nu)&=\frac{1}{1+2\pi I\nu\tau_{RC}}\frac{1}{1+2\pi I\nu\tau_{\mathrm{s}}}\frac{A}{4\pi^2(\nu_t^2-\nu^2)+2\pi I\gamma\nu}\\&=M_{\mathrm{par}}(\nu)M(\nu)\end{aligned} \tag{2-33}$$

质子注入型 VCSEL 在不同偏置电流下具有不同输出功率（0.28～1.03mW），其频率传输响应如图 2-13。实线为测量曲线，10GHz 以上时调制响应急剧下降，这主要是因为发热太多导致输出的降低，即高阶横模的受激激射。虚线为拟合曲线，是近似 $2\pi\nu\tau_{\mathrm{s}}\ll1$ 和 $2\pi\nu\tau_{RC}\ll1$ 的情况下计算得出的。2～6GHz 范围内拟合结果与实验结果的偏差是因为没有考虑到载流子输运和电路参数的影响。

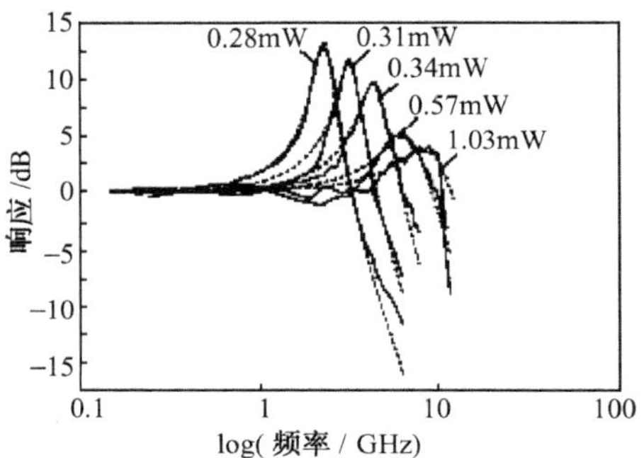

图 2-13 VCSEL 小信号的电流调制响应

衰减因子 γ 和谐振频率 ν_{r} 的关系为

$$\gamma=K\nu_{\mathrm{r}}^2+\frac{1}{\chi\tau_{\mathrm{sp}}} \tag{2-34}$$

其中 $K=4\pi^2\left(\tau_{\mathrm{p}}+\dfrac{\varepsilon}{\nu_{\mathrm{g}}\xi A_0/\chi}\right)$。最大调制带宽表示为 $\nu_{\max}=\dfrac{2\sqrt{2}\pi}{K}$。

弛豫振荡间接反应了激光器的调制响应特性。

$$\begin{aligned}f_{\mathrm{r}}&=\frac{1}{2\pi}\left[\eta_{\mathrm{i}}\frac{\Gamma\nu_{\mathrm{g}}}{qV}\frac{\partial g}{\partial N}(I-I_{\mathrm{th}})\right]^{1/2}\\&=\frac{1}{2\pi}\left[\eta_{\mathrm{i}}\frac{\Gamma\xi\nu_{\mathrm{g}}}{qL}\frac{\partial g}{\partial N_{\mathrm{p}}}(J-J_{\mathrm{th}})\right]^{1/2}\end{aligned}$$

$$= \frac{1}{2\pi}\left[\frac{\Gamma_{xy}\xi A_0 P}{\eta\omega\eta_d V}\right]^{1/2} \tag{2-35}$$

由式(2-35)可知,通过增加驱动电流来提高输出功率,以及减小有源区体积,都有助于提高响应频率。

2.4.2.3 噪声分析

光谱的相对强度噪声定义为

$$\begin{aligned}\mathrm{RIN}(\nu) &= 2\frac{\left\langle\left|\Delta\widetilde{N}_p(\nu)\right|^2\right\rangle}{\langle N_p\rangle^2} = 2\frac{\left\langle\left|\Delta\widetilde{P}(\nu)\right|^2\right\rangle}{\langle P\rangle^2} \\ &= 2\frac{\left\langle\left|\Delta\tilde{I}_{\mathrm{phot}}(\nu)\right|^2\right\rangle}{\langle I_{\mathrm{phot}}\rangle^2}\end{aligned} \tag{2-36}$$

其中 $\Delta\widetilde{N}_p(\nu)$是光子密度的光谱分量,$\Delta\widetilde{P}(\nu)$是输出功率,$\Delta\tilde{I}_{\mathrm{phot}}(\nu)$是探测器光电流,其平均值大小分别是$\langle N_p\rangle$,$\langle P\rangle$,$\langle I_{\mathrm{phot}}\rangle$。将式(2-28)~式(2-30)作线性傅里叶变换,再令 $\Delta\tilde{I}(\nu)=0$,将得到的 F_N。F_N 表达式代入式(2-36)得到

$$\mathrm{RIN}(\nu) = \frac{4\tilde{\beta}_{\mathrm{sp}}\Gamma n_{\mathrm{w0}}}{\tau_{\mathrm{sp,w}}\langle N_p\rangle}\frac{4\pi^2\nu^2+\gamma^{*2}}{16\pi^4(\nu_r^2-\nu^2)+4\pi^2\gamma^2\nu^2} \tag{2-37}$$

其中修正衰减因子 $\gamma^* = \frac{1}{\chi\tau_{\mathrm{sp.w}}}+4\pi^2\nu_r^2\tau_p$,若 ν_r 比较小,则 $\gamma^*\approx(\chi\tau_{\mathrm{sp}})^{-1}$。在 $\nu\ll\nu_r$ 时,可以得到 $\mathrm{RIN}(\nu)\propto\langle N_p\rangle^{-3}\propto\langle P\rangle^{-3}$;当 ν_r 较大,且 $\nu\gg\nu_r$ 时,有 $\mathrm{RIN}(\nu)\propto\langle N_p\rangle^{-1}\propto\langle P\rangle^{-1}$。

图 2-14 所示的是一个具有高边模抑制比的单模激射 VCSEL 在不同注入电流下的 RIN 特性测量结果和理论拟合结果。当工作电流超过阈值电流时,噪声随着电流的增加而显著降低。电流若继续增高,则会激发高阶模式,产生模式竞争,从而使噪声水平增加。

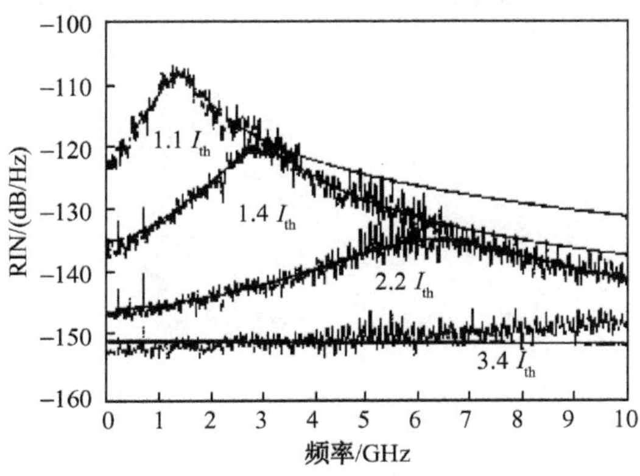

图 2-14 单模 VCSEL 不同注入电流下的噪声特性

2.5 VCSEL 的中间测量技术

由于 VCSEL 的材料生长难度大,制作周期长。为此人们建立了一套完整的中间测量手段,大大提高了材料的利用率,缩短了器件的制作周期。通过中间测量可以得到以下参数:DBR 反射谱、模式波长、模式反射率、生长均匀性、生长层厚度偏差、增益谱峰值波长、串连电阻和发光效率等信息。

2.5.1 微区光反射谱测量法

VCSEL 的研制过程中,模式波长和模式反射率的确十分重要。由于生长的非均匀性,在外延片上需要非常精确的挑选出与模式波长和增益谱峰值波长相吻合的区域。一般的测量方法有双光束反射谱测量、透射测量等。虽然可以很容易得到反射率,但是由于受到反射率本身的误差限制,对于极高反射率的测量不够准确。另一方面,其测试面积过大,在中心波长连续的外延片上用大光束测量只能得到光学特性的平均值。通过建立微区光反射谱测量系统对外延片及器件进行测量,可以准确得到各点反射率形貌及中心波长的分布的情况。同时对反射谱模式波长谱线半宽的测量,结合等效腔长,可以比较准确的得出反射率的大小。

2.5.2 VCSEL 的边发射测量

一种非常有效的办法是利用 VCSEL 的外延边制作边发射激光器,通过测量边发射激光器的激射特性来检验 VCSEL 外延片的增益谱峰值波长、有源区发光效率以及串连电阻。VCSEL 中由于 DBR 结构的存在,在平行于解理面的方向上,光限制因子、阈值电流密度、光束发散角等与普通双异质结的边发射激光器有很大区别,在垂直于解理面方向两种结构是相同的。利用这种结构上相同的地方,可以测量出边发射的激射波长、阈值电流、发光效率以及串连电阻。

第三章 10Gb/s VSR 的基本功能结构

VSR 技术由于在不同的应用场合，所承载的具体业务类型不同，其功能和接口规范也各不相同。目前已经规范化并且得到众多厂商支持的标准是 OIF 的 VSR 系列。这一系列规范包括了从 10Gb/s 到 40Gb/s 的各种可行方案，是 VSR 技术在 SDH/SONET 上较好的应用规范。本章在介绍该系列规范的基础上，详细介绍具有代表性的 VSR4-1.0 规范[15]。

3.1 OIF-VSR 的接口和应用范围

3.1.1 OIF-VSR 的接口分类

OIF 针对 SDH/SONET 信号，制定了详细的通用输入/输出电接口（CEI，Common Electrical I/O）和光接口规范，各个接口所处的位置和相互关系如图 3-1 所示：

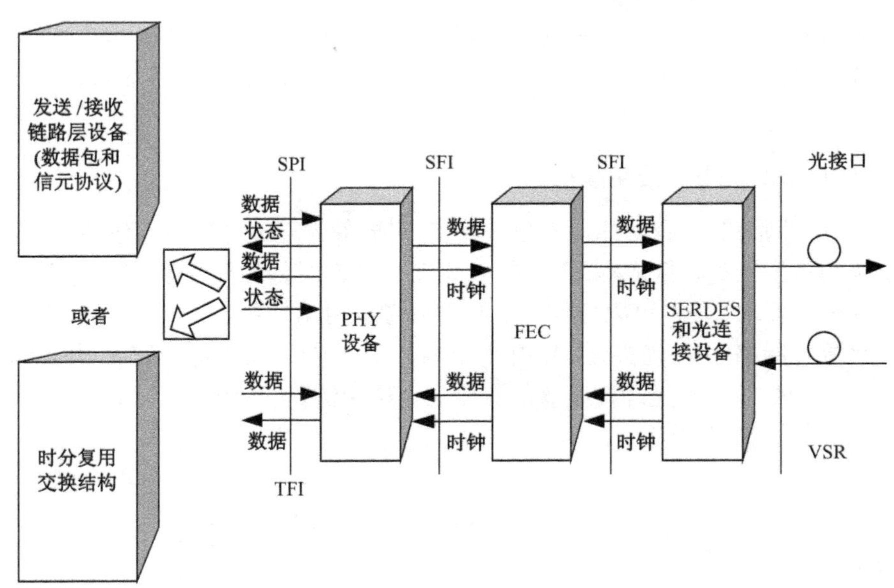

图 3-1 OIF 的 VSR 接口规范

根据不同的位置和工作速率，其电接口可以分为串并转换成帧器接口（SFI，SERDES Framer Interface）、系统数据包接口（SPI，System Packet Interface）和时分复用交换接口(TFI,TDM Fabric Interface)等。光发射接收模块与光纤带的接口称为并行光接口(POI,Parallel Optics Interface)。

每一个电接口包括总线的物理标准、通信用信令协议和数据格式等功能规定。SFI 定义了 SDH/SONET 成帧器和高速并串/串并转换(SERDES, Parallel-to-Serial/Serial-to-Parallel)逻辑之间的电接口。TFI 和 SPI 是两个并行的电接口标准。TFI 针对物理层设备、时分复用交换设备之间的接口;SPI 针对物理层设备、包交换设备之间的接口。具体如表 3-1 所示:

表 3-1 VSR 通用输入/输出电接口

	速率等级	接口位置
SPI-3	STM-16/OC-48(≤2.5 Gb/s)	物理层和链路层之间
SPI-4	STM-64/OC-192(10 Gb/s)	
SPI-5	STM-256/OC-768(40 Gb/s)	
TFI-5	STM-16/OC-48~STM-256/OC-768(2.5~40 Gb/s)	
SFI-4	STM-64/OC-192(10 Gb/s)	SDH/SONET 成帧器与 SERDES 之间
SFI-5	STM-256/OC-768(40 Gb/s)	

另外,对于 40Gb/s 的 SFI 和 SPI,OIF 还附加了 SxI5(此处 x 通指 F 和 P),规范了高速情况下对抖动和斜移等指标的要求。

系统接口规范包括 VSR4 和 VSR5 两个系列,即 10Gb/s 和 40Gb/s 的 SDH/SONET 甚短距离光传输规范。

3.1.2 OIF-VSR 的参考应用模型

由于一个网络节点容纳的设备越来越多,需要的光互连器件也相应增多,为了保证系统的稳定性和降低成本,需要严格规定光互连器件的数目和应用场合。对于不同的链路要求,VSR 可以分为以下几种参考应用场合:

(1) 局内网络设备直接连接,连接距离在 2~100m 之间,链路光功率代价 4dB,没有光纤配线板和光纤接续盒的直接局内连接链路,如图 3-2 所示。

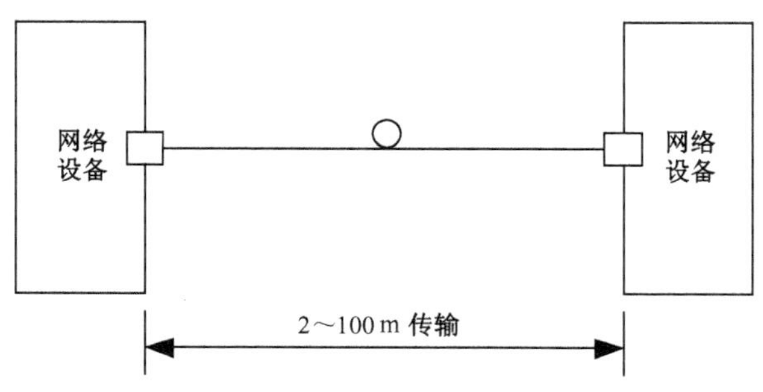

图 3-2 VSR 参考应用模型 1

(2) 局内网络设备通过 0～2 个光纤配线板连接,连接距离在 2～300m 之间,链路光功率代价 4dB,如图 3-3 所示。

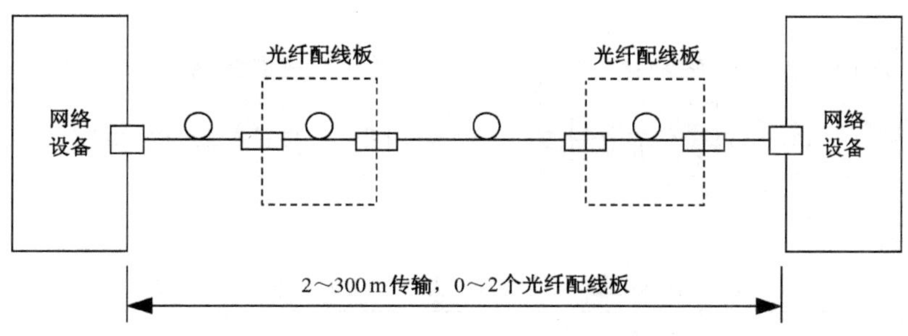

图 3-3　VSR 参考应用模型 2

(3) 局间网络设备通过 0～2 个光纤配线板连接,连接距离在 2～600m 之间,链路光功率代价 4dB,如图 3-4 所示。

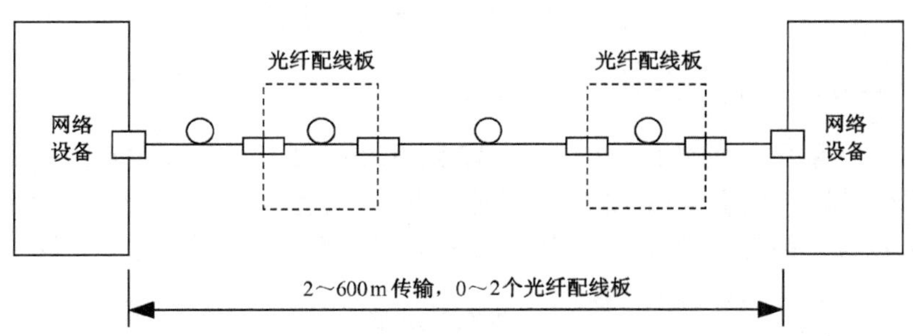

图 3-4　VSR 参考应用模型 3

(4) 局内网络设备之间通过一个光交叉连接(PXC,Photonic Crossconnect),以及 0～4 个光纤分线箱连接,连接距离在 2～600m 之间,链路光功率代价 11dB,如图 3-5 所示。

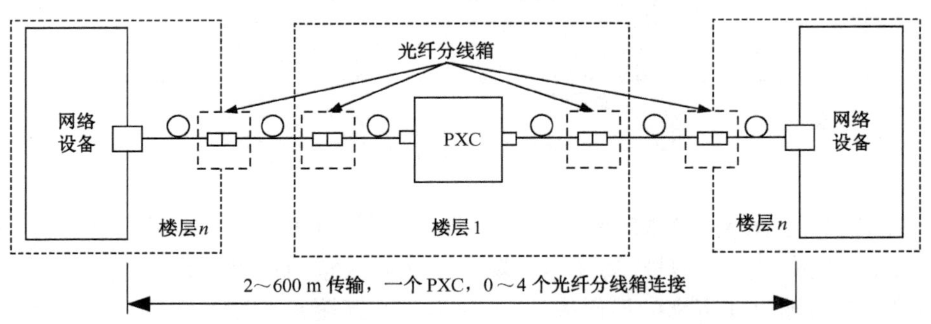

图 3-5　VSR 参考应用模型 4

(5) 局间网络设备通过 0～4 个光纤配线板连接,连接距离在 2m～2km 之间,允许两个光纤接头,链路光功率代价 12dB,如图 3-6 所示。

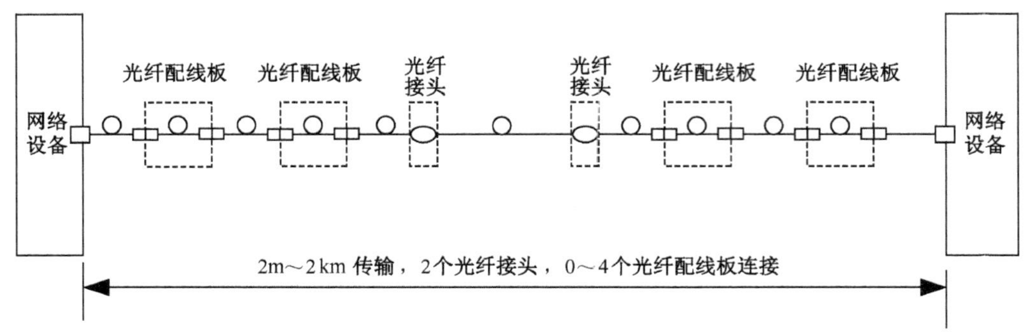

图 3-6　VSR 参考应用模型 5

3.2　VSR4 的主要规范和功能结构

3.2.1　VSR4-1.0 规范

VSR4-1.0 采用并行光传输的技术,12 路 850nm 的 VCSEL 激光器阵列作为光源,在每个传输方向上采用 12 芯多模光纤带,每路光纤中的信号传输速率达到 1.25Gb/s,传输距离超过 300m。适用于参考应用模型 1 和 2,如图 3-7 所示[15]。

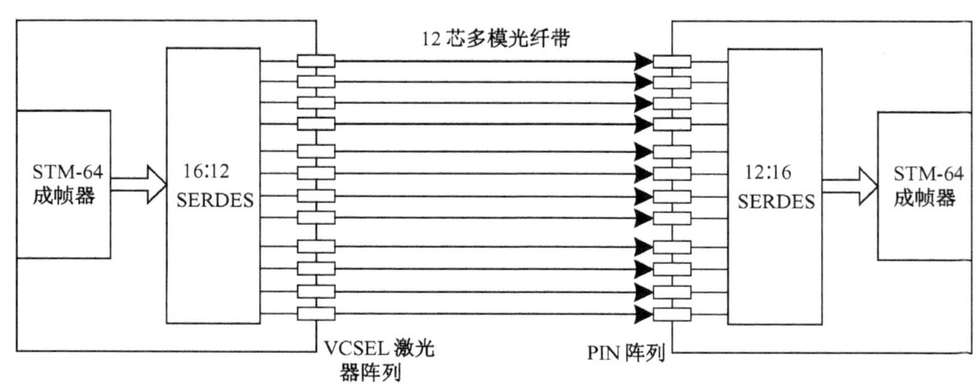

图 3-7　VSR4-1.0 规范

STM-64 的 16 路 622M 信号经过 16 到 12 的 SERDES 转换后,成为 10 路 1.244Gb/s 速率的并行信号,其具体实现方法在后续章节中将详细介绍。为了降低多路并行传输可能带来的误码率增加,SERDES 还附加了两路相同传输速率的冗余信息。第 11 路为第 1 到第 10 路信息的保护信道,第 12 路为其余 11 路的

CRC 校验,附加的两路实现检错和纠错的功能,可以检出 10 路光纤信号中的任一路错误。通过后续电路处理,还支持现场终端,即判断并纠正 12 芯光纤带是否出现了对称交叉。

光源中心波长 850nm,允许波长漂移范围 830～860nm,每路光源均方带宽为 0.85nm,采用直接调制的方式,发射功率要求 −10～−3dBm。通过并行方式降低每根光纤上的传输速率,降低对光纤链路的要求,并且可以继续提高每路光纤中的传输速率,以支持更高的系统容量,如 40Gb/s 传输规范。

光接收器采用多路集成的 PIN 光电二极管。

通过采用以上这些方法,在保证系统传输容量和传输质量的前提下,可以大大降低成本。

3.2.2 VSR4-2.0 规范

该规范基于 ITU-T 的 G.691《单信道 STM-64、STM-256 系统和具有光放大器的其他 SDH 系统光接口》。它实际上是一种串行的传输方式,适用于参考应用模型 1、2 和 3,如图 3-8 所示[16]。

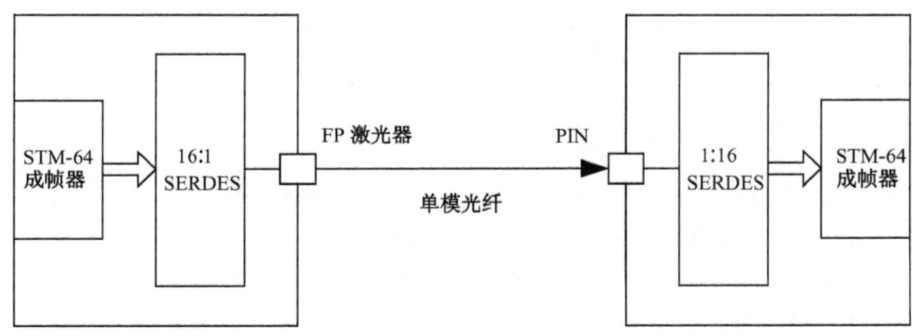

图 3-8 VSR4-2.0 规范

16 路 622Mb/s 的 SDH/SONET 信号通过 SERDES 被复用为 1 路 10Gb/s 的串行信号,该信号直接调制中心波长为 1310nm 的 F-P 腔激光器。激光器波长漂移范围为 1260～1360nm,其均方带宽 3nm,平均发射光功率为 −6～−1dBm,无需制冷。传输媒质为双向两根普通单模光纤,传输距离受色散的限制,上限为 600m。接收端采用普通光电探测器 PIN,通过对称的反变换恢复 16 路 SDH/SONET 信号。

这种运行方式实际是通过降低对 SDH/SONET 短距离传输接口要求来实现的,例如传输距离缩短,降低了对色散的要求,从而可以采用成本较低的光器件。

由于运营商可以在原有设备和器件的基础上,比较方便的实现这种方案的甚短距离光互连,因此该规范的应用较多。VSR4-2.0 规范目前已经被包含在

VSR4-5.0 之中,作为其 4dB 功率代价链路选择。

3.2.3 VSR4-3.0 规范

VSR4-3.0 与 VSR4-1.0 有相似的地方,均采用并行光传输方式——12 芯多模光纤带作为传输媒质,但是它只用了其中的 8 芯多模光纤进行双向传输,而其余 4 芯没有使用。在两个传输方向上只需一条多模光纤带,用 8 根光纤实现双向传输,适用于参考应用模型 1 和 2,如图 3-9 所示[17]。

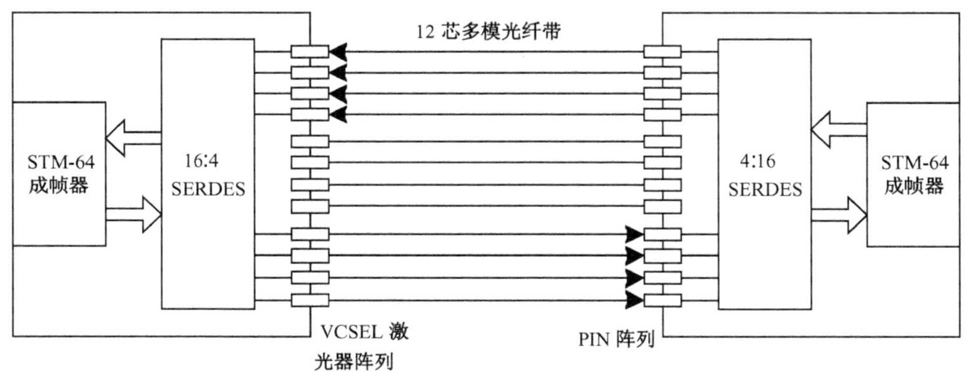

图 3-9 VSR4-3.0 规范

16 路 622Mb/s 的 SDH/SONET 信号通过 SERDES 被转换为 4 路 2.488Gb/s 的并行信号,直接调制 4 路 VCSEL 激光器阵列。由于每路信号速率提高到了 2.488Gb/s,为了达到传输 300m 的要求,多模光纤带的要求有所提高——由 VSR4-1.0 中芯径 62.5μm,带宽为 400MHz·km 的多模光纤变为芯径 50μm,带宽为 500MHz·km 的多模光纤。

对光源和接收器的要求同 VSR4-1.0 基本相同,最小发射光功率提高到 −8dBm。

VSR4-3.0 的这种采用 4 芯光纤传输,每路在 2.488Gb/s 的工作方式同美国国家标准协会建议的光纤通道以及 Infiniband 技术具有一定的相似性,对光功率和抖动等参数的要求基本相同。

SERDES 功能实现比 VSR4-1.0 要相对简单一些。通过将 SDH/SONET 帧信号的每两个字节一组进行分解,直接将 16 路 622Mb/s 的 SDH/SONET 信号映射成 4 路 2.488Gb/s,不产生检错和纠错信道,也不进行帧字节的替换。接收端通过每一路中的 48 个 A1A2 字节来进行同步,并实现去斜移,即 4 路信号的对准。由于 VSR4-3.0 仅依靠 SDH/SONET 帧信号中的 A1A2 字节去斜移,因此在后续的 VSR4-3.1 中,对去斜移的功能实现有了较详细的规范。

3.2.4 VSR4-4.0 规范

VSR4-4.0 是一种串行传输规范，其 SERDES 等电路实现同 VSR4-2.0 相同，只是在串行传输方式上有所不同，适用于参考应用模型 1 和 2，如图 3-10 所示[18]。

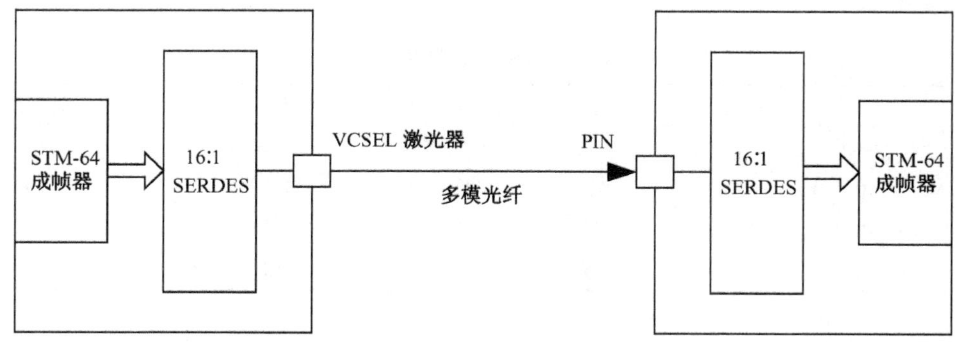

图 3-10 VSR4-4.0 规范

VSR4-4.0 的光源采用一路中心波长为 850nm 的 VCSEL 激光器，允许波长漂移范围 840～860nm，光源均方带宽为 0.35nm，发射功率提高为 -4～-1.3dBm。传输媒质为单根多模光纤。由于传输速率较高，当采用芯径 62.5μm，带宽为 160MHz·km 的多模光纤，传输距离仅为 25m；如果采用芯径 50μm，带宽为 500MHz·km 的多模光纤，传输距离可以达到 85m；采用新型的芯径 50μm，带宽为 2000MHz·km 的多模光纤，传输距离达到 300m。

该工作方式同 IEEE 802.3ae 制定的万兆以太网标准中采用 850nm 的光接口实现 10Gb/s 串行传输相似。

3.2.5 VSR4-5.0 规范

VSR4-5.0 是 VSR4-2.0 规范的扩展，在 VSR4-2.0 的基础上增加了链路光功率代价为 11dB 的工作方式，适用于 1～4 参考应用模型，平均发射光功率由 -6～-1dBm 提高到了 -1～+2dBm。链路光功率代价为 11dB 的工作方式适用于参

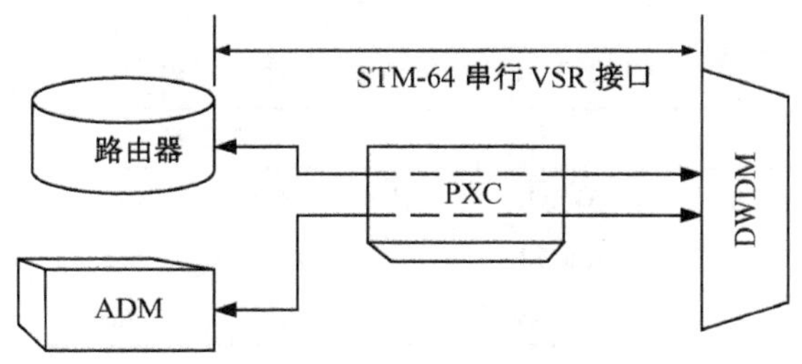

图 3-11 VSR4-5.0 规范应用于参考应用模型 4

考应用模型4,即达到600m的一根普通单模光纤链路,该链路上含有一个无源光交叉连接PXC,如图3-11所示[19]。

VSR4的四种工作方式(VSR4-2.0和VSR4-5.0属于同一种工作方式)的主要区别如表3-2所示:

表3-2 VSR4的四种工作方式

	传输距离	光纤类型	光纤数量(单向)	激光器	波长	应用模型
VSR4-1.0	300m	多模	12芯并行	1×12VCSEL	850nm	1、2
VSR4-2.0/5.0	600m	单模	1根串行	FP	1310nm	1~4
VSR4-3.0	300m	多模	4芯并行	1×4 VCSEL	850nm	1、2
VSR4-4.0	300m	多模	1根串行	VCSEL	850nm	1、2

VSR4-1.0和VSR4-3.0采用并行传输的方式,在不改变系统容量的前提下,通过降低每根光纤中的传输速率,可以采用低成本的器件和相对简单的结构,发挥了并行传输的优势。VSR4-2.0/5.0采用的是单模光纤的10Gb/s串行传输方式,成本相对较高,但是应用场合较广,可以在现有的设备基础上升级实现。VSR4-4.0采用了多模光纤的双向传输方式,实现起来比较复杂,成本也较高。VSR4的几种工作方式各有优缺点,具体采用哪种工作方式,要根据实际的环境和条件来决定。

3.3 VSR4-1.0规范的功能实现

3.3.1 SDH/SONET的一些基本概念

OIF制定的VSR系列规范与SDH/SONET信号密切相关。VSR4主要针对STM-64信号,即10Gb/s的速率等级,包括16路622Mb/s的STM-4信号;VSR5针对40Gb/s速率等级的STM-256信号。SDH/SONET信号速率等级如表3-3所示。

表3-3 SDH/SONET信号速率等级

等级 N	速率 R/(Mb/s)	等级 N	速率 R/(Mb/s)
STM-0/OC-1	51.840	STM-16/OC-48	2488.320
STM-1/OC-3	155.520	STM-64/OC-192	9953.280
STM-4/OC-12	622.080	STM-256/OC-768	39813.12

SDH/SONET帧结构属于一种块状帧,其具体结构如图3-12所示[20]。

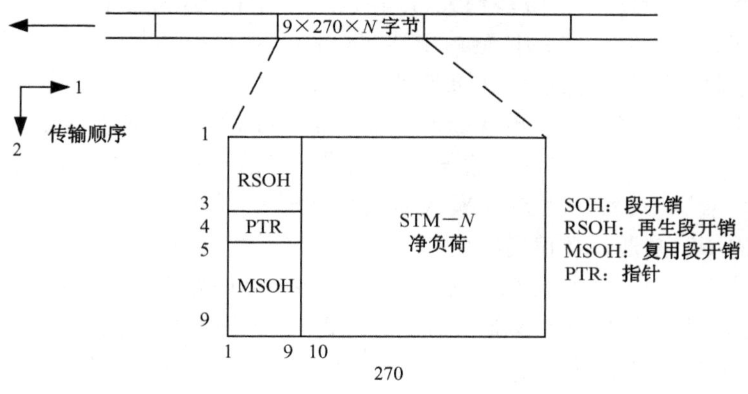

图 3-12 SDH/SONET 的帧结构

STM-N/OC-N(N 为 4 的倍数)的帧长度 $F=9\times270\times N$ 字节,不同速率等级传送一帧所用时间相同,为 $T=F\times8/R=125\mu s$,每秒传送 8000 帧。

段开销(SOH,Section Overhead)是指 STM 帧结构中为了保证信息净负荷正常灵活传送所必须的附加字节,主要是供网络运行、管理和维护使用的字节。段开销共 $72\times N$ 个字节,其中再生段开销 RSOH 为 $27\times N$ 个字节,复用段开销 MSOH 共 $45\times N$ 个字节。

净负荷为每个 SDH/SONET 帧所承载的用户信息,共 $2349\times N$ 个字节。

指针 PTR 是一种指示符,为 $9\times N$ 个字节,用来指示净负荷的第一个字节在 STM-N/OC-N 帧内的准确位置,以便在接收端正确分解净负荷。

例如,STM-1 信号的帧结构中,RSOH 部分的安排如图 3-13 所示。

A1	A1	A1	A2	A2	A2	J0		
B1	●	●	E1	●		F1		
D1	●	●	D2	●		D3		

图 3-13 STM-1 信号 RSOH 部分的帧结构

图中,A1 和 A2 为帧定位信号,A1＝11110110,A2＝00101000。在 VSR 规范中,充分利用了每一个 STM 帧信号开始的 A1 和 A2 字节实现帧定位、去斜移等功能,A1 和 A2 在 VSR 技术中是比较重要的字节。其余字节的功能此处不作介绍,有兴趣的读者可以参考相关文献。

3.3.2 VSR4-1.0 规范的功能实现

VSR4-1.0 协议内容的核心要点就是采用波长为 850nm 的 1×12 阵列的垂直

腔面发射激光器，通过 1×12 多模光纤带传输，单个信道的传输速率为1.25Gb/s，传输距离在 300m 以上，总的传输速率达 10Gb/s。在选择小范围、短距离内的应用方案时，在保证性能的前提下，需要重点考虑成本因素。与采用边发射激光器相比，VSR4-1.0 方案将 1×12 的 VCSEL 激光器阵列制作在一块芯片上，统一封装，其制作成本远远低于 10Gb/s 的边发射激光器。光信号从光发射模块耦合到 12 条并行的光纤信道中，到达光接收模块后经再次转换以 10Gb/s 的速率发送出去。由于信号的传输是通过多信道完成，分配到每个信道上的速率降低，故这种技术能大大降低的光传输设备的成本，将成为未来网络体系中路由器到路由器、路由器到 DWDM 终端、路由器到光交叉连接设备等短距离传输理想的传送方案。

VSR4-1.0 的协议所包含的是一个双向传输的系统，其功能原理如图 3-14 所示。

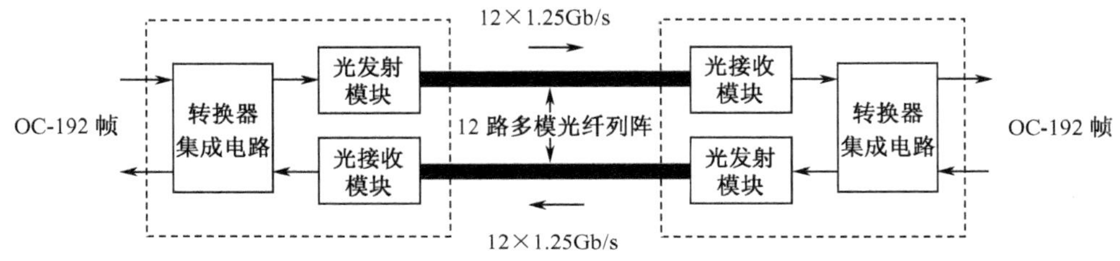

图 3-14　VSR4-1.0 双向传输原理图

虚线内部为 VSR4-1.0 接口，由三个主要的功能模块构成：

1. 转换器集成电路 SERDES

完成 STM-64/OC-192 帧信号和光发射(接收)模块的输入(输出)电信号之间的转换。

2. 光发射模块

核心器件是 1×12 的 VCSEL 阵列和相关的驱动及控制电路，完成光信号的发射，实现电—光信号转换和光输出。

3. 光接收模块

主要由 1×12 的探测器阵列、前置放大器、增益放大器、信号检测电路等组成，完成光信号的接收，实现光—电信号转换和电输出。

转换器集成电路 SERDES 是整个 VSR4-1.0 系统的核心部分，下面就发射和接收两种情形具体阐述转换器集成电路的工作机理。至于并行光发射和光接收模块的工作原理，将在后面的章节中详细说明。

3.3.2.1　发射部分

发射部分的工作原理可以参考图 3-15。转换器的输入接口是 10Gb/s 速率的低压差分信号(LVDS)电平接口。输入端数据总线的工作时钟频率为622MHz,共16路,经过16到10的帧复用器后,转换为10路信号,依次存入寄存器中。接下来进行8B/10B的编码,即将8位码转换成10位码。该编码简单实用,是目前光纤通信中最常用的一种编码。编码之后进行的是并行到串行的转换,这是因为经编码后输出的字节是并行的10位,而在每根光纤中的信号传输形式为单波长的光脉冲,所以需要将10位数据流串行后再一个个地传输。

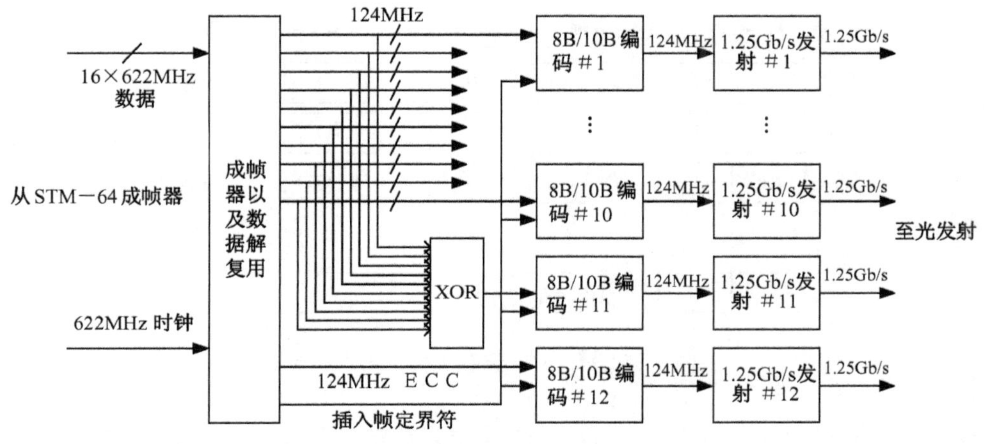

图3-15 转换器功能原理图(发射部分)

经过帧复用器出来共有12路信号。其中信道1～10用作数据传输信道,为了完善整个系统的功能,协议中规定用信道11检测各数据信道的传输状态,信道12校验传输信息的准确性,发现前10路中某一路的误码,由第11路恢复,如图3-16所示。

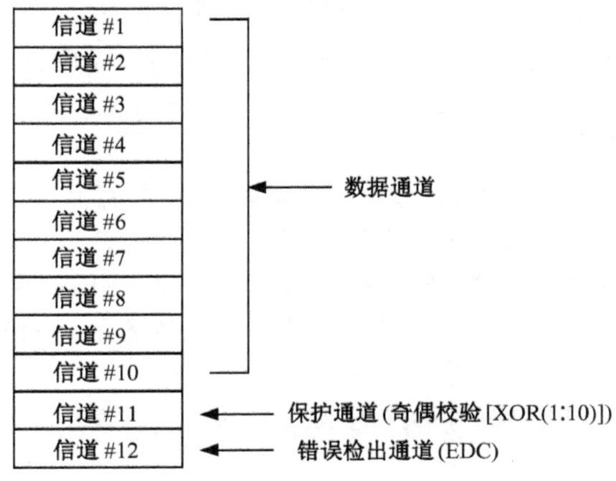

图3-16 VSR4-1.0中1～12路的安排

1. 第 1～10 路数据传输信道

在帧复用器中,先将 16×622Mb/s 的 STM-4 信号以字节为单位读入到帧寄存器中,再按照先入先出的顺序依次映射入 1～10 个信道中,帧 n 的第一个字节 $A1_1$ 从信道 1 传输,后面的字节 $A1_2$～$A1_{10}$依次映射进 2～10 信道,$A1_{11}$再回到信道 1,依照这样的顺序,直到整个帧的映射完成,再进行第 $n+1$ 帧的操作,如图 3-17所示。

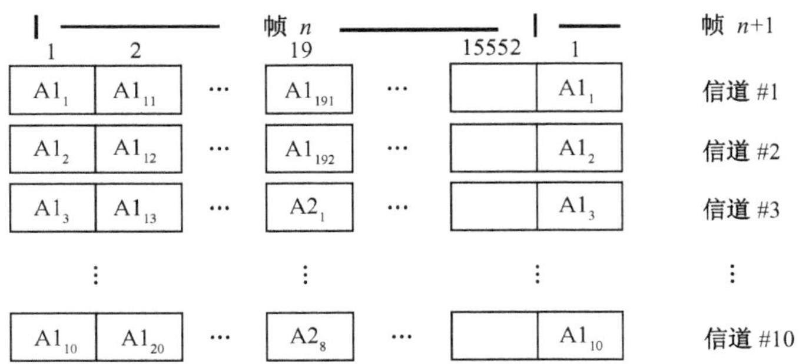

图 3-17　第 1～10 路数据传输信道的形成

16 路 STM-4 信号中,每一路有 12 个 A1 字节,总共有 12×16＝192 个 A1 字节。块状帧 n 的长度为 15552＝270×9×4×16/10 个字节,可以看成是一个 10×15552 字节的矩阵。

8B/10B 编码方案设计有充足的“0”到“1”和“1”到“0”的电平转换。增加数据中的高低电平变换,有利于实现转换前后的时钟同步,实现直流平衡。这是因为数据是用电压表征的,当连续传输大量的“1”或“0”时,电压会长时间地停留在正或负的状态,这样信号通路上的交流耦合元件可能会产生直流充电,影响器件的寿命。通过 8B/10B 的编码,数据码中多余的码位可以用来平衡“1”和“0”的数量,避免长连 0 和 1,从而避免了直流电荷的积累,便于定时恢复,保持直流平衡。该编码中包含有一个唯一的长连“1”和长连“0”码组——K28.5,用以帮助实现快速码组同步和接收端的位对齐功能。

8B/10B 编码的实现方法之一为查表,设计存储器,存储所有可能出现的码组,将输入码组转换为存储地址,查表得到对应的输出编码。

其查表规则为:D 分组(数据字节编码)和 K 分组(特殊控制符号编码)。

8 位数据字节用 ABCDEFGH 从最低位到最高位表示,编码后的 10 位数据字节用 abcdeifghj 表示。表 3-4 是三个常用的编码规则。

编码中的 8 位数据的简写形式为 $D_{x,y}$或者 $K_{x,y}$,其中 x 为 EDCBA 的十进制,y 是 HGF 的十进制。

8B/10B 编码的实现还可以通过逻辑运算直接完成,需要的电路规模较大。

表 3-4 VSR4-1.0 中用到的 8B/10B 编码

	8B(HGFEDCBA)	10B(abcdeifghj)
K28.5	10111100	0011111010
D3.1(1～6 路)	00100011	1100011001
D21.2(7～12 路)	01010101	1010100101

2. 第 11 路保护信道

在帧传输的过程中，为防止某个信道中传输的数据丢失，将 10 个数据信道以字节为单位逐位进行异或(XOR)逻辑处理产生一个奇偶校验位，通过信道 11 传输，如图 3-18 所示。

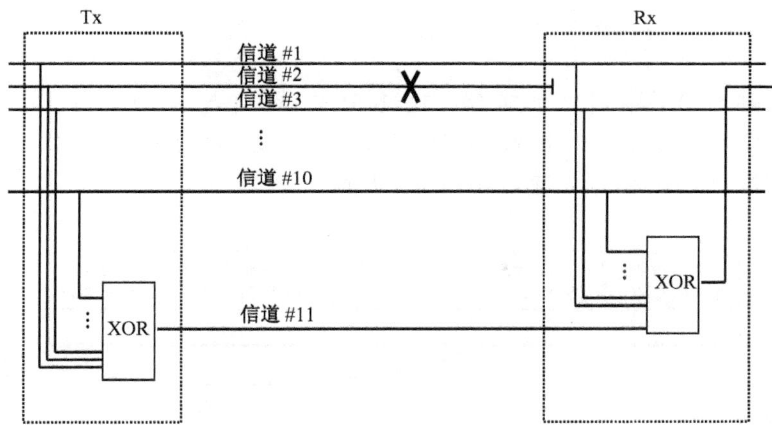

图 3-18 第 11 路保护信道原理示意图

在接收端对 1～10 信道进行相同的异或逻辑处理，将接收端得到的校验结果与从 11 信道传送过来的校验值进行核对。如果校验结果一致表明信道传输正常；若出现差异，就说明某个信道传输失败，于是可在接收端发出指令要求在信道 11 对丢失的数据进行恢复。

3. 第 12 路错误检测信道

LVDS 信号从发射端到接收端要经过电-光、光-电以及串、并行的转换。考虑到转换过程中信号的损耗、时延以及噪声的干扰都会影响最终数据传输的准确性，因此在 VSR4-1.0 协议中，采用循环冗余码校验法(CRC, Cyclic Redundancy Check)对第 1～11 路信道进行校验，并将校验结果由信道 12 传输，信道 12 也被称为错误检测信道。其工作原理如图 3-19 所示。

CRC 校验实际上是利用除法及余数的原理来进行错误检测的。在每个信道中以 24 个字节为单位定义成一个“虚拟数据块”，计算时虚拟数据块作为被除式，

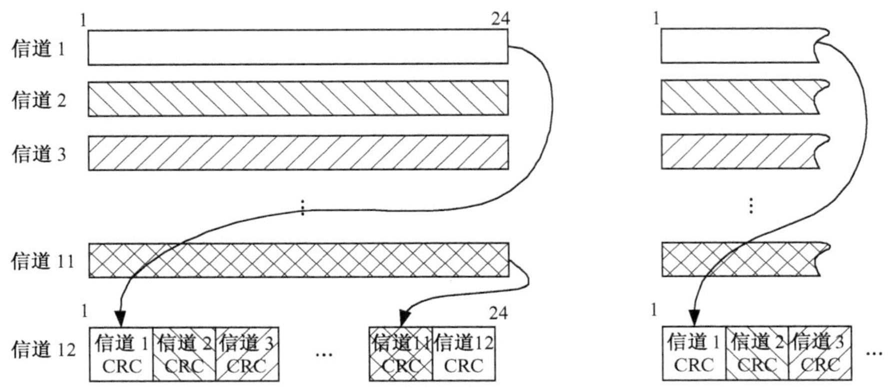

图 3-19　第 12 路错误检测信道原理示意图

校验码(即除式)采用了 CCITT CRC16 多项式($X^{16}+X^{12}+X^{5}+1$),运算后将编码结果(16bit)顺序放入第 12 路,共计 22 个字节,最后的 23 和 24 字节由前 22 个字节再次进行 CRC 编码生成,如图 3-20 所示。

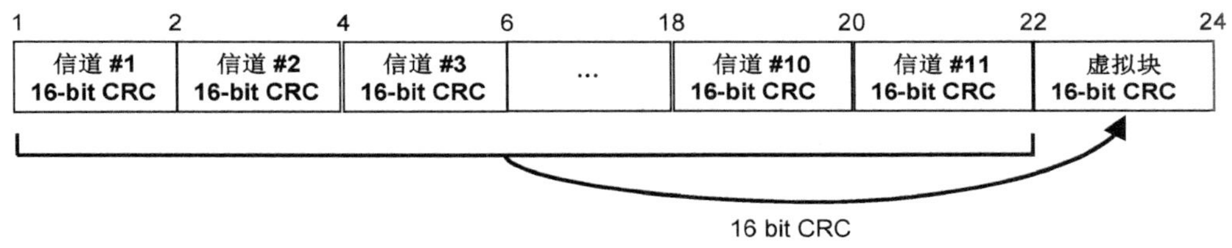

图 3-20　第 12 路错误检测信道中第 23～24 字节的产生

在接收端对接收到的数据进行同样的 CRC 校验,将校验结果与信道 12 传送过来的结果相比较。如果发现差异,说明数据块的传输内容有误,接收端发出指令将错误的数据块通过信道 11 重新传输。在实际应用中,可以根据不同的工作要求,比如在对数据传输的精确度要求不是很高的情况下,有选择的使用信道 11 和信道 12 的功能。

4. CRC 校验原理

CRC 属于线路编码中线性分组码的一种,是一种循环码。首先将传输的信息,进行每 k 个比特的划分,在 k 比特之后,附加 r 个比特,r 个比特完成检错或者纠错的功能,用(n,k)表示,$n=k+r$。其中的 r 个比特由生成多项式产生。

生成多项式是一种规则,输入的 k 比特信息码组,经过生成多项式的作用后,自动生成后 r 个校验比特。以生成多项式 $X^{4}+X^{2}+X+1$ 为例,其实现方式之一是移位寄存器。16 为生成多项式的最高幂次($=r$),上标表示在移位寄存器相应的位置为“1”,如图 3-21 所示。

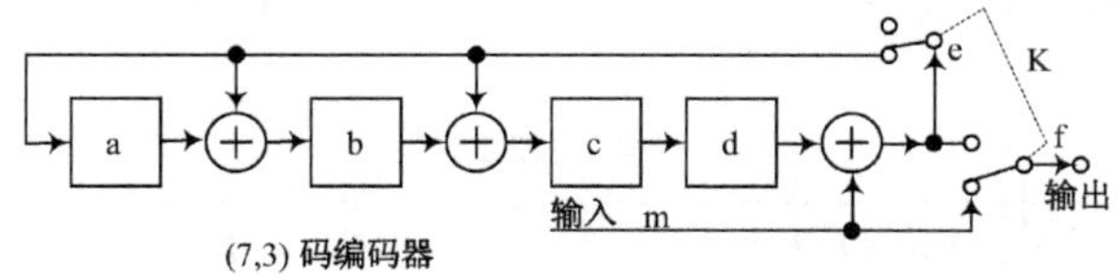

输入	移位寄存器	反馈	输出
m	abcd	e	f
0	0000	0	0
1	1110	1	1 } f=m
1	1001	1	1
0	1010	1	0
0	0101	0	0 } f=e
0	0010	1	1
0	0001	0	0
0	0000	1	1

图 3-21　CRC 校验的实现方法

5．帧的定界符的产生

由于在整个并行传输的过程中，每个信道到达接收模块的时延并不相同，从而产生斜移，因此在每个信道中增加了帧的定界符，可以用来在接收时重新定位——去斜移。每个信道的前三个 A1 字节均替换填充了特殊的经 8B/10B 转换的代码字节来形成一个帧的定界符，以便于接收时的信号识别和提取。第一个 A1 字节用 K28.5 代码字节代替，第二个 A1 字节为 D3.1 或者 D21.2 字节代替，第三个 A1 字节为 K28.5。其中 1～6 路和 7～12 路采用不同的 8B/10B 编码方式，目的在于能够使接收端自动区分传输光纤带是否出现了对称交叉。如果出现对称交叉，接收端通过相应电路，自动调整使得输出的字节按正确的顺序排列。因此使用中可以不考虑光纤带中存在的对称交叉。图 3-22 为 1～6 路和 7～12 路不同的编码替换：

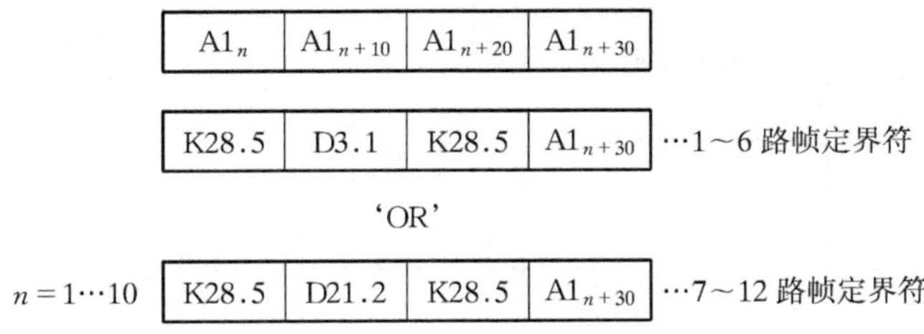

图 3-22　1～6 路和 7～12 路不同的帧定界符编码替换

这样经过8B/10B编码和帧定界符替换之后的12路信号如图3-23所示。

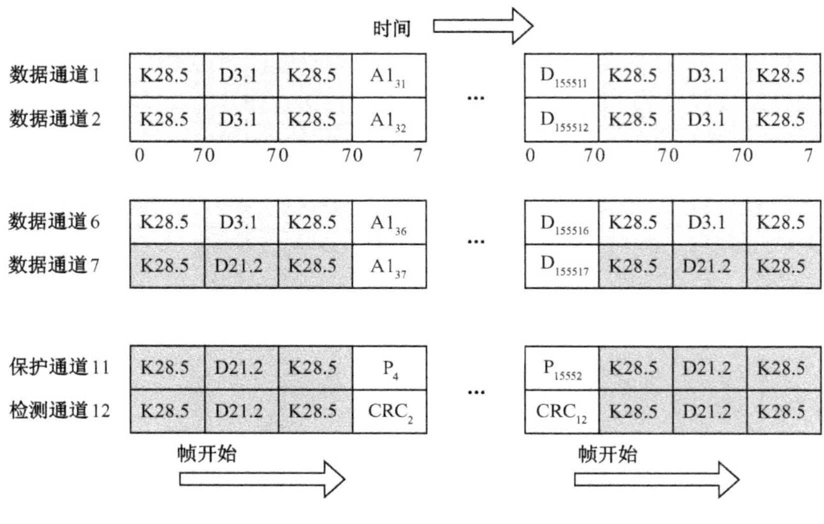

图3-23 帧定界符的示意图

图中P表示第11路保护通道，由于16个STM-4帧共270×9×4×16=155520个字节，附加了第11和第12路之后，一个块状帧共有155520+2×15552=186624个字节。

6. 光发射模块的功能

整个光发射模块的功能如图3-24所示。主要由LVDS电平输入装置(也可以是其他形式的差分信号)、1×12 VCSEL阵列、驱动电路和控制电路组成。将转换器输出的12路电信号先经过LVDS电平转换，得到的低压差分信号传送到驱动电

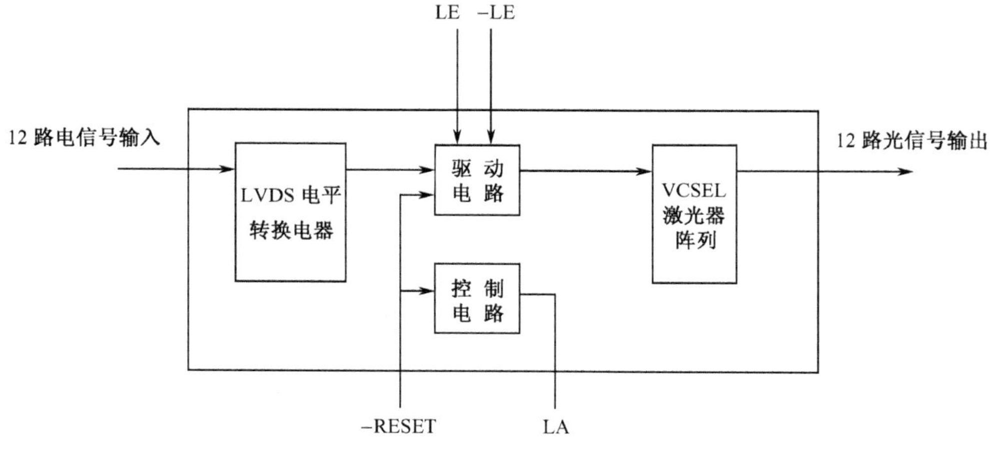

图3-24 光发射模块的功能框图

路用来驱动 VCSEL 激光器发光，光发射模块将 12 路光信号传入 1×12 的光纤阵列中，从而实现信号由电到光的转换。

控制电路的功能是用来控制激光器的发光，-RESET 端置低电平可以禁止所有的激光器输出。在工作电平增加过程中，-RESET 端需要一直保持低电平状态，以禁止激光器的驱动部分和控制部分工作，直到工作电平增加到某一额定值才转换成高电平。并且只有当-RESET 端、LE 端、-LE 端均处于有效电平时，驱动电路方能正常工作。如果检测到某个激光器故障或-RESET 被设置为低电平，都将在控制电路的 LA 端输出低电平。各信道的最大输出功率应 IEC Class 3A（出于眼睛安全）标准，且输入端的电信号到输出端的光信号转换前后的时钟需尽可能保持同步，偏移不能超过 5ns。

3.3.2.2 接收部分

1. 接收部分信号功能实现

接收部分的信号转换电路与发射部分相似，只是信号的转换步骤要逆向进行，即光接收模块将接收到的 12×1.244Gb/s 光信号转换成电信号并输入到转换器。需要注意的是，在接收的时候，各个信道之间的斜移不能超过 80ns。此时每路电信号是串行的比特流，先要经过串并行转换成 10 位字节，再经过 8B/10B 的解码转换成 8 比特的字节。通过帧定界符，消除各个信道之间的信号斜移。这时帧的定界符重新填入 A1 字节，即恢复到 SDH/SONET 帧的初始状态。根据每个信道中的定界符对数据重新排列组合，最终恢复成 16×622Mb/s 的数据总线，如图 3-25 所示。

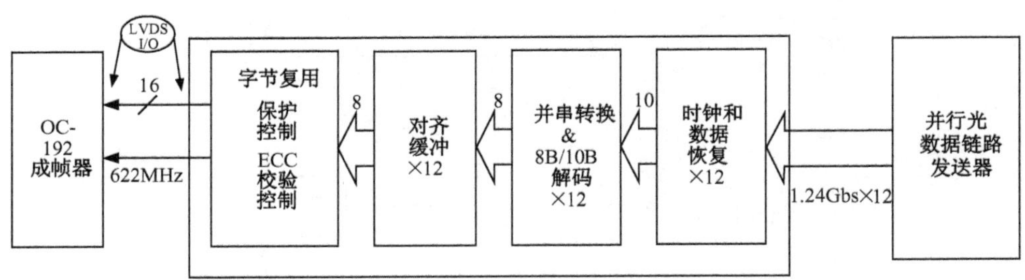

图 3-25 转换器功能原理图（接收部分）

2. 接收部分纠错功能实现

当一个信道传输了无效数据时，一般称之为失步。这时接收部分将会检测每个数据信道的失步情况。保护信道没有启用时，如果在一个或多个信道中检测到失步现象，所有信道中的所有数据都会被填充为“0”，直到失步结束为止。如果保护信道被启用，那么当只有一个信道发生失步时，错误信道可以被还原，并且其他信道中的数据也不用再填充为“0”。第 11 和第 12 信道进行检错纠错的功能是可选的，但是在前 10 个信道中某一路信号丢失的情况下，必须根据保护信道进行恢复。整个保护信道的工作程序如下：

当接收方面检测到某个信道发生失步的时候会启用保护信道。

当某个信道被检测到失步时，该信道中的数据可以通过将保护信道（信道 11）和其他 9 个数据信道经异或算法后恢复。

被恢复的数据，其帧的定界符位置始终填入 A1 字节。

通过采用保护信道，也使得对数据信道的纠错成为可能。通过将接收到的数据进行 CRC 校验，将校验得到的结果再与从发射端错误检测信道（信道 12）传来的数据进行比较，来判断在传输的过程中是否发生了错误。具体过程如下：

接收部分先将错误检测信道中的数据进行 CRC 校验，校验后的结果如果与从发射部分传来的结果一致，那么假定错误检测信道中的数据是正确的，并开始其他信道的检测和错误数据的恢复工作。接下来要对保护信道中的数据进行 CRC 校验。如果仍然与发射部分相匹配，将在其他的 10 个数据信道中进行 CRC 校验以及错误数据的纠正。如果在某个信道中发现错误，这个错误的虚拟块将被从保护信道中通过异或逻辑恢复的虚拟块所代替。

上述的过程可以由图 3-26 表示：

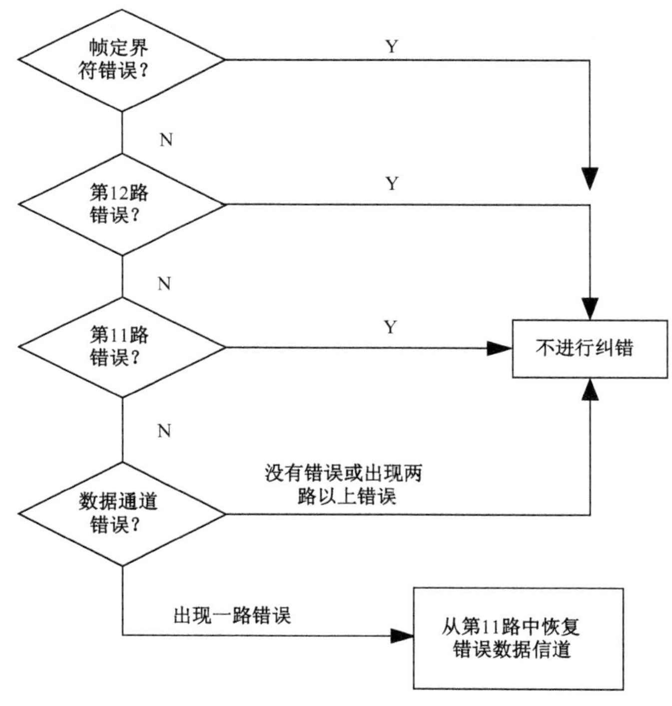

图 3-26　接收部分纠错流程图

当发生以下几种情况时,将无法完成错误数据的纠正:

(1)错误检测信道发现错误。

(2)保护信道中发现错误。

(3)检测出两个以上的信道错误。

3. 光接收模块功能实现

光接收模块的功能如图3-27所示。光接收模块的主要组成包括光电探测器阵列、前置放大器、增益放大器、信号检测电路以及LVDS信号输出设备。光接收模块的工作流程与光发射模块相反,光信号从光纤阵列传输至光接收模块,经耦合器入射到光电探测器阵列的光敏面上。通过光电探测器阵列的识别和提取,转换成随时间变化的电信号,然后再通过前置放大器和增益放大器将微弱的电信号进行放大,其中的前置放大器主要起到减弱或防止电磁干扰和抑制噪声的作用,最后转换成LVDS电平输出。信号检测电路上附加的输出通道(SD1~SD12)表征着从信道1~12的光输入信号是否正在输入。当在ENSD端置低电平时,检测电路停止工作,被禁用的检测电路也将在输出端产生一个有效电平。

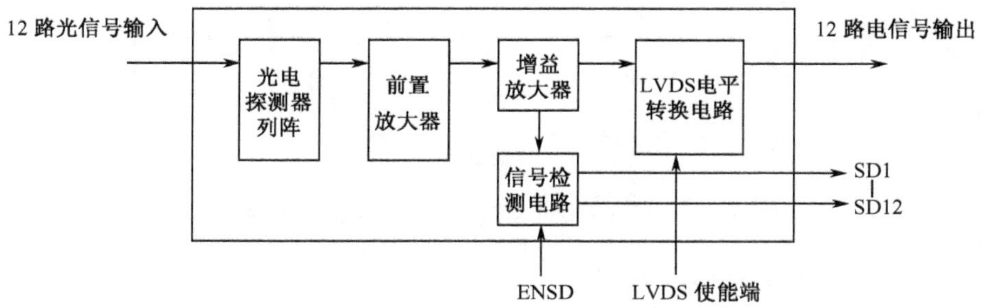

图3-27 光接收模块的功能框图

判断光接收模块性能的最重要的指标是灵敏度。对光接收模块灵敏度的要求是在最小光功率下,误码率$\leqslant 10^{-12}$。为了保证各个信道之间的同步,光接收模块输入端12个信道最大偏移量一般不超过75ns。从光链路传入的光信号与经光接收模块转换后产生的电信号也需要保持同步,最大偏移一般不超过5ns。

3.4 VSR4-1.0的主要性能指标

VSR4-1.0是目前高速并行光传输领域中比较有代表性的技术方案,它在电路实现和光信号的传输上都非常有特色,其性能指标的要求也比较特殊。本节主要详细介绍VSR4-1.0的光、电性能指标,在此基础上读者可以充分了解甚短距离并行光传输技术的特点和技术要求。VSR4-1.0的光接口规范标准主要是OIF-VSR4-1.0,电接口规范主要是OIF-SFI4系列和OIF-SPI4系列。

由于 VSR4 是并行传输，对于 VSR4 的接口测试要比串行方案复杂一些。需要测量光纤信道每一路的平均光功率、光谱宽度、消光比，电接口的抖动、斜移，不同信道间的串扰、同步，以及系统误码率等。

3.4.1 VSR4-1.0 的光接口规范

3.4.1.1 光接口的参考测量点

光接口的参数测量点由图 3-28 的链路模型决定。从图中可以看出，整个链路中最多只允许存在 4 个连接器（#1～#4），光学参数的测量一般在连接器处进行。对于光学参数的测量，需要光谱仪、光功率计以及 SDH 综测仪的配合，并且在所有测试中，示波器和光纤输入至少应有 2.5GHz 的带宽。对光学参数的测量需要通过 2m 的光纤跳线引出。

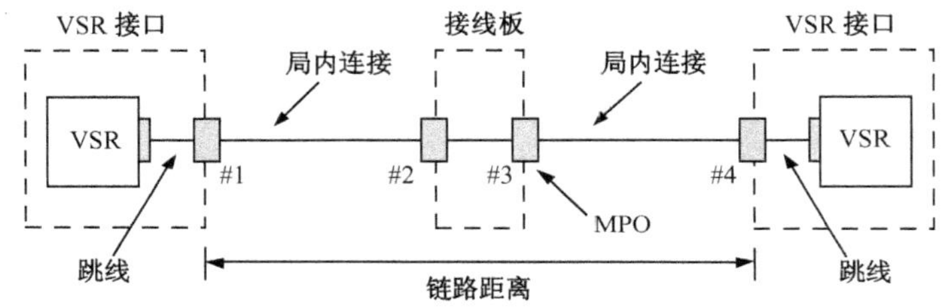

图 3-28　VSR4-1.0 光学接口测试参考链路连接模型

3.4.1.2 光发射机规范

VSR 链路的光发射机使用 12 个独立的 VCSEL 激光器将调制的光信号同时发送到扁平光纤带中 12 条独立的多模光纤之中。每路激光器必须独立的满足表 3-5 中列出的各种规范要求。

表 3-5　光发射机特性

参数	最小值	最大值	单位
数据传输速率	1.244160±20ppm		Gb/s
输出功率 P_{out}	−10	−3	dBm
光波长 λ_c	830	860	nm
消光比	6		dB
$\Delta\lambda_{rms}$		0.85	nm
上升/下降时间（20%～80%）		260	ps
RIN		−117	dB/Hz
发送端斜移		5	ns

对于光发射机的测试，为保证有足够的平均输出光功率，SDH 帧中的信息数据由综测仪产生 127 比特重复一次的伪随机序列填充。使用光谱仪在 #1 连接器处测量上表中的各个参数。

VSR 对链路中光发射模块的出光强度有一定安全要求。国内外的相关部门都按照激光系统对眼睛的安全程度将其进行分类。经过测试的产品都有固定的标识和使用手册。国际电工委员会(IEC)也出台了国际激光器安全标准。IEC 的 3A 级产品被认为可以用肉眼观看，使用的波长范围为 400～700nm 可见光波段。在其他波长下对肉眼的危害都参考 IEC 的一级标准。

整个并行光链路的功率预算范围也是参照人眼的安全范围作标准的。阵列的一致性和功率的随温度、电压和时间变化都分布在整个发射模块的输出功率范围内。在链路中，发射模块的输出功率和损耗必须与接收机的动态范围相符合。通过在发射机中采用反馈技术和链路功率预分配来减少输出功率的变化。这样由温度、电压和时效引起的变化可以通过调节光功率进行有效的补偿。

3.4.1.3 光接收机规范

VSR 链路的接收机拥有 12 个独立的接收单元，每个单元接收一路光纤中的光信号，并转变成电信号。该阵列中的每一个接收机都应符合表 3-6 中列出的规范要求。其中接收机的灵敏度定义为：误码率 BER$\leqslant 10^{-12}$时，所需要的最小输入光功率，同时应考虑包含了光传输链路代价(包括连接器引起的 2.0dB 损耗)的最坏情况消光比，以及最大的串扰可能性。最大的串扰可能性定义为，被串扰的一方工作在接收灵敏度极限状态，而两个串扰方的输入功率超出 6dB。

表 3-6 接收机特性

参数	最小值	最大值	单位
数据传输速率	1.244160±20ppm		Gb/s
输入功率 P_{in}	−16	−3	dBm
光波长 λ_c	830	860	nm
反射损耗	12		dB
接收灵敏度	−13.65		dB
眼图垂直闭合代价	2.6		dB
接收电路 3dB 截止频率		1.500	GHz
信号探测——肯定		−19	dBm
信号探测——否定	−26		dBm
信号探测迟滞	1	4	dB
输入斜移		75	ns
接收端斜移		5	ns

表3-6中，信号探测——肯定/否定是指信号当全部12路信道都被激活时才可以被肯定，而当并行信道中有一路或者多路信号的功率降到阈值以下时，信号将被否定。接收端斜移指12条通道上由光接收模块引起的从光信号输入到电信号输出的最大时间差为5ns。

3.4.1.4 链路功耗预算及代价

此规范是基于单信道数据传输速率为1.244160Gb/s，并能够保证最大300m的传输距离。表3-7中给出了计算结果。

表3-7 最坏链路参数中的链路功耗预算及代价

参数	规范
光纤	62.5μm多模光纤
光纤最大衰减	3.75dB/km
最小模式带宽	400MHz·km
链路功耗预算	6.0dB
最大链接器个数	4
最大链接器损耗	0.5dB
最小工作范围	2～300m
链路功耗预算中的未分配空间	0.60dB

3.4.1.5 抖动规范

VSR链路的抖动规范与千兆以太网的抖动规范相同，需要测量两种抖动：随机抖动和确定抖动。随机抖动出现在所有信号中，而确定抖动则依赖于比特流的重复形式。例如，K28.7编码(0000011111)中，没有确定抖动，只能测得随机抖动，所以可以在上升沿和下降沿零交叉处提取一眼图来测量随机抖动。实际的比特波形是不断变化的，发射机和接收机在响应这些比特波形和变化时将产生确定抖动。在表3-8中给出了图3-28所示链路模型的抖动值。

表3-8 图3-28中所示模型的抖动规范

参考点	总的抖动UI	确定性抖动UI
#1	0.431	0.200
#1～#4	0.170	0.050
#4	0.510	0.250

3.4.1.6 光纤及连接器规范

VSR链路使用并行传输方式，光纤为12路并行的多模光纤。每一路多模光纤都满足IEC793-2标准对A1b型62.5μm多模光纤的技术要求。各路并行光纤之间容许的最大斜移为100ps/m。

VSR光纤端点采用MTP/MPO型连接器与并行光发射/接收模块相连接，如图3-29左图所示。该型连接器是为并行光纤传输设计，拥有12路多模光纤端点，每一路的接头损耗不超过0.5dB，端点的取向满足IEC1754.7标准的要求。MTP/MPO是专门为并行光纤带设计的连接器，目前提供4芯、8芯和12芯的连接方式，12芯连接方式是最常用方式。VSR4－3.0只使用了12芯中的1～4和9～12芯，中间的4芯没有使用。同传统的单芯光纤连接头相比，例如SC/FC，如图3-29右图所示，原先由12根光纤通过12个SC连接器在配线板上进行互连的方式被简洁的一个MTP/MPO连接器替代。这种连接器大大节省了空间，降低了连接成本。

图3-29中，MTP/MPO连接器通过MTP/MPO适配器进行互连。为了防止连接时出现光纤带对称交叉连接的情况(即使出现了对称交叉，VSR4-1.0规定接收端也可以在电路上，通过帧定界符来恢复)，MTP/MPO连接器有“阴”、“阳”之分，通过定向槽和定向块来区分，保证只能在一个方向上连接，反向无法插入。

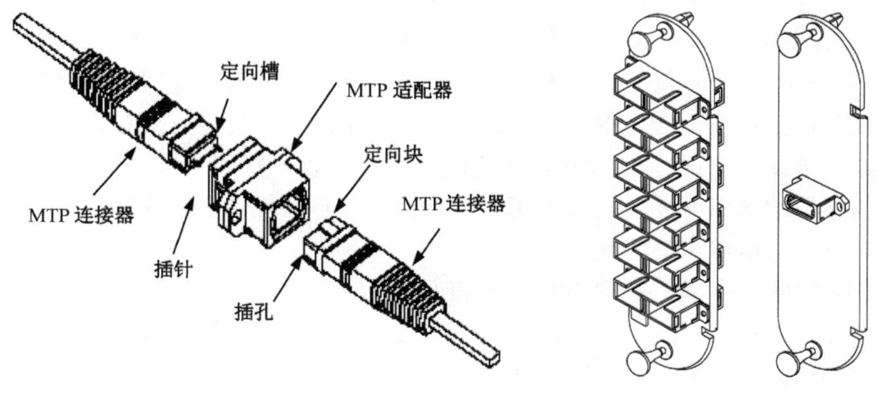

图3-29 并行光纤带采用的MTP/MPO连接器，以及同SC连接器的比较

3.4.2 VSR的电接口标准

VSR的电接口部分采用SFI串并转换成帧器接口(SFI，SERDES Framer Interface)、SPI系统数据包接口(SPI，System Packet Interface)和TFI时分复用交换接口(TFI，TDM Fabric Interface)标准，如图3-30所示。

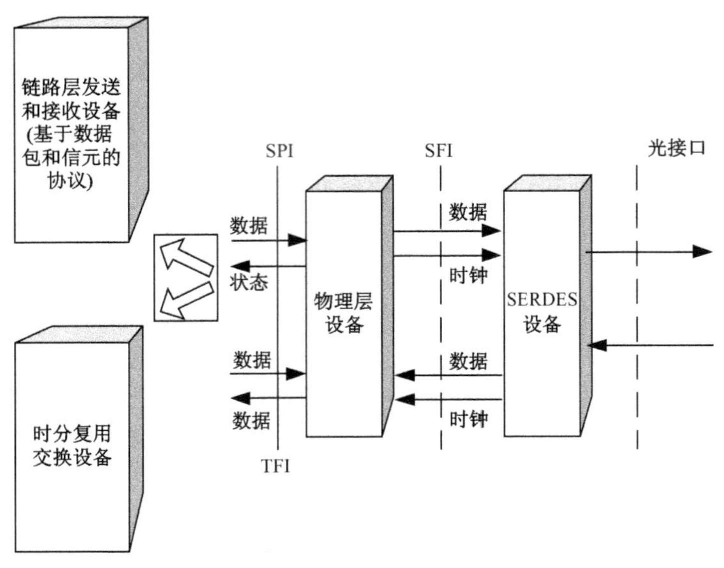

图 3-30 VSR4 的电接口位置和相互关系

SFI 接口标准为 SDH/SONET 帧在成帧器与 SERDES 部件之间传输的电接口标准。这个标准中规定了成帧器与 SERDES 之间的时钟信号以及数据信号的规范,使得成帧器和 SERDES 可以工作在不同的速率等级上。SPI 是位于同步的物理层设备和异步的包交换设备之间的电接口,是为变长数据包和定长信元高效地在物理层上传输而制定的。TFI 是和 SPI 处于同一并行位置的接口标准,主要针对物理层设备、时分复用交换设备之间的连接。以上每一个电接口标准又可以细分为不同的速率等级。VSR 的每一个电接口都对系统总线的物理标准、通信用信令协议和数据格式等功能进行了规定。

OIF 的各个速率等级的电接口标准已经在表 3-1 中列出,其中 SFI5-1.0 和 SPI5-1.1 是 40Gb/s 的电接口标准,TFI5-1.0 涵盖了从 2.5～40Gb/s 速率的时分复用交换设备和成帧器之间的接口,该标准将在第五章中详细介绍。SxI5-1.0 对 SFI5 和 SPI5 共同的电接口特性,对电平逻辑、阻抗匹配等做了补充规定。

本节介绍不同速率等级的各个电接口标准,重点介绍 SFI4-1.0 标准。

3.4.2.1 SPI-3

SPI-3 是 OIF 制定的第一个电接口标准,在 2.5Gb/s 及其以下的速率等级上支持 POS(Packet over SDH/SONET),定义了在物理层和数据链路层之间数据包的双向点对点连接方式[21]。由于各个工作时钟独立,该接口中必须具有至少 256bit 的 FIFO(First In First Out)缓存。

该接口支持变长数据包,定义了比特级和数据包级两种传送模式。其总线宽度为 8 位或者 32 位,在数据总线上进行奇偶校验,最大时钟速率为 104MHz。通过单独的发送和接收控制信令标志数据包开始发送、结束发送,以及数据包开始、数据包结束等。

图 3-31 是该接口的示意图:

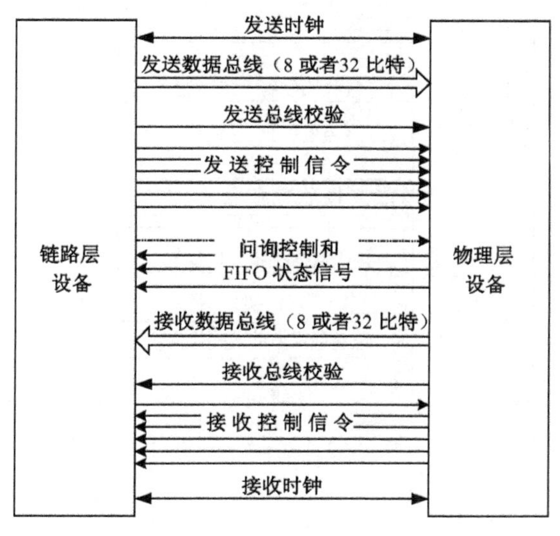

图 3-31　SPI-3 接口

3.4.2.2　SPI-4-1.0

SPI-4-1.0 接口在 10Gb/s 速率等级上支持数据包、信元在物理层和链路层之间,以及对等实体间的传输,其最大传输速率为 12.8Gb/s。其接口如图 3-32 所示[22]。

同 SPI-3 相比,除了速率提高之外,SPI-4-1.0 还加入了流控制,通过流控制来指示接收端是否溢出。SPI-4-1.0 接口面向双向点对点连接,支持变长数据包和定长的信元。发送和接收数据宽度总线宽度为 64 比特或者 16 比特,源同步时钟为 200MHz。接口采用 HSTL(High Speed Transceiver Logic)电平。数据总线和地址总线分离,对数据总线进行奇偶校验。通过单独的发送和接收控制信令标志数据包开始发送、结束发送以及出错指示等。

其发送和接收的 FIFO 包括 4 比特并行状态总线,时钟速率同数据总线一致。流控制信息连续的向发送方回传,指示接收端是否溢出。发送状态总线、接收状态总线和接收时钟同步。

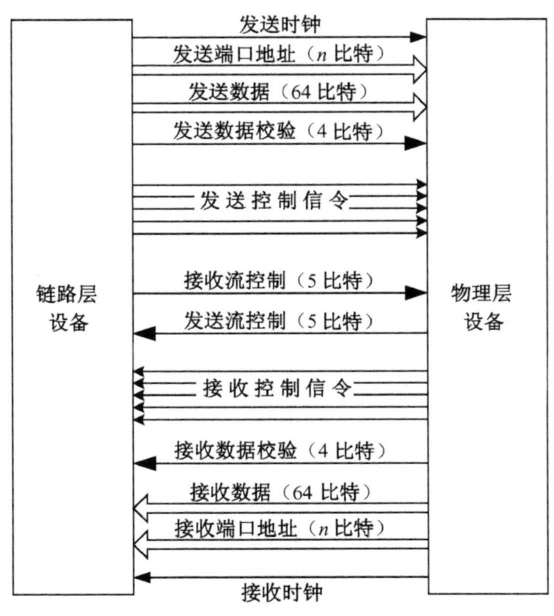

图 3-32　SPI-4-1.0 接口

3.4.2.3　SPI-4-2.0

SPI-4-2.0 接口也是在 10Gb/s 速率等级上支持数据包、信元在物理层和链路层之间的传送。支持这一速率等级上的 ATM 和 POS 也支持万兆以太网数据包的传送。同 SPI-4-1.0 相比，SPI-4-2.0 的发送和接收彻底分离，对于包交换来讲是一个更加通用的接口。图 3-33 是 SPI-4-2.0 接口示意图[23]。

SPI-4-2.0 同样是点对点连接，支持变长数据包和定长的信元。发送和接收数据宽度总线宽度为 16 比特。每线数据最小速率为 622MHz，采用 LVDS 或者 LVTTL 电平，源同步双边时钟的最小值为 311MHz。通过扩展控制字来区分相邻两个突发数据流。最大可支持 256 个带内端口地址。

通过带内数据包开始和结束标志以及错误控制字进行发送和接收控制。

其发送和接收的 FIFO 包括 2 比特并行状态总线，带内 FIFO 开始状态信号，使用源同步时钟。流控制信息连续的向发送方回传，指示接收端是否溢出。

3.4.2.4　SFI-4-1.0

SFI-4-1.0 实现 SDH/SONET 成帧器和 SERDES 之间的通信连接，如图 3-34 所示[24]。数据总线工作在时钟速率上，发送和接收数据各 16 位宽，源同步时钟为 622.08MHz，每一路最小速率为 622MHz。每一方向总传输速率达到 9953.28

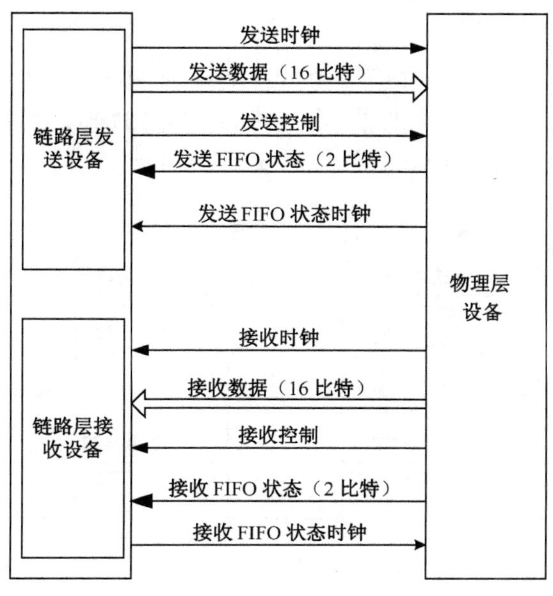

图 3-33　SPI-4-2.0 接口

Mb/s,最大可到 10.66Gb/s,采用 LVDS 电平接口。622.08MHz 的成帧器发送时钟和 SERDES 同步。622.08MHz 参考时钟采用 LV-PECL 电平。接收同步错误指示接收端没有从光信号中提取到时钟和数据信号。

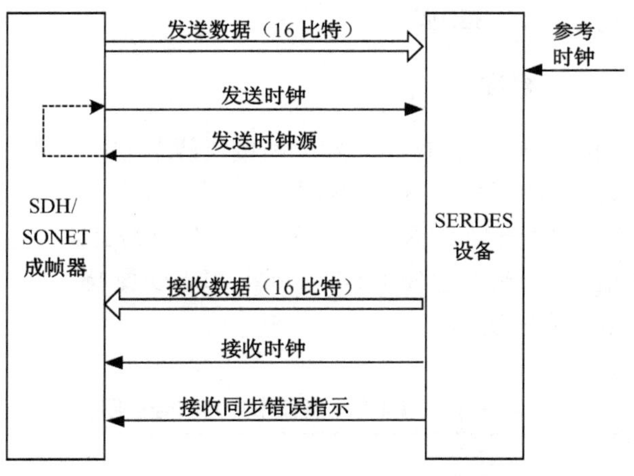

图 3-34　SFI-4-1.0 接口

3.4.2.5 SFI-4-2.0

在 SFI-4-1.0 的基础上，SFI-4-2.0 同样实现 SDH/SONET 成帧器和 SERDES 之间的通信连接。为提高系统性能，在成帧器和 SERDES 之间加入了前项纠错控制(FEC, Forward Error Correction)，如图 3-35 所示[25]。

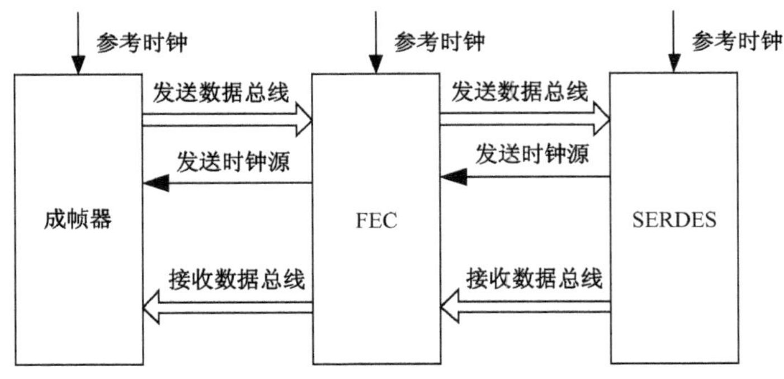

图 3-35 SFI-4-2.0 接口

SFI-4-2.0 支持 10Gb/s 速率等级的 SDH/SONET 信号、ITU.709 的数字包封(Digital Wrapper)信号、万兆以太网等格式的数据在成帧器、FEC 处理器和 FEC 处理器、SERDES 之间的点对点传输，最高速率为 12.12Gb/s，其中包括了 21.7% 的 FEC 开销。其发送和接收数据总线宽度均为 4 位，每一路速率达到 3.125Gb/s。接口电平为 CML(Current Mode Logic)。SERDES 部分完成时钟数据恢复，以及去斜移和每一路的 64B/66B 编码。

3.4.3 SFI-4-1.0 接口标准

如图 3-34 所示，SFI-4-1.0 标准在发送和接收两个方向都规定了 16 路电信号传输通道，每个通道传输速率为 622.08Mb/s 的低电压差分信号(LVDS)，总的传输速率达到了 9953.28Mb/s(STM-64)。SFI-4-1.0 只是针对电接口部分，至于采用什么类型的光信号传输方式，SFI-4-1.0 标准都不受影响。图 3-34 中所表示的各信号端类型在表 3-9 中说明。

表 3-9 SFI-4-1.0 接口中各路信号说明

信号	说明	速率	I/O 类型	电平标准
TXDATA[15:0]	从成帧器到 SERDES 的 16 路发送数据信号通路	每路 622.08Mb/s	输入	LVDS
TXCLK	TXDATA 信号的源同步时钟信号	622.08Mb/s 或 311Mb/s	输入	LVDS

续表

信号	说明	速率	I/O类型	电平标准
TXCLK_SRC	从SERDES到成帧器的参考时钟信号	622.08MHz	输出	LVDS
RXDATA[15:0]	从SERDES到成帧器的16路接收数据信号通路	每路622.08Mb/s	输出	LVDS
RXCLK	接收数据的标准时钟	622.08MHz	输出	LVDS
REFCLK	来自背板的参考时钟	622.08MHz	输入	LV-PECL

在一些情况下,可以选择更多的信号端对接口进行控制或检测,如表3-10所示。

表3-10 SFI-4-1.0接口中可供选择的控制或监测信号

信号	说明	I/O类型	电平标准
PHASE_INIT	异步信号,用于重设SERDES时钟接口	输入	LVTTL
PHASE_ERR	监测TXCLK信号相位对于SERDES内部时钟是否超出范围	输出	LVTTL
SYNC_ERR	监测RXCLK与RXDATA是否与接收光信号同步	输出	LVTTL

3.4.3.1 时钟功能

1. SERDES发射部分的时钟

SERDES参考时钟输入端(REFCLK)输入一个622.08MHz的LV-PECL时钟信号,其发送模块需要一个倍频锁相环PLL在此参考时钟的基础上生成9.95328GHz的传输速率。时钟倍频器的性能必须保证在参考时钟的占空系数的范围内。当无法锁住参考时钟信号,或是REFCLK或VCO的反馈时钟信号没有激活时,时钟倍频器应当给出相应的指示信号。为了方便测试,PLL最好能够提供一个与输入参考时钟频率相同(622.08MHz)的输出信号。同时希望SERDES发送模块能够提供某些措施能够消除成帧器TXCLK_SRC输入端与TKCLK输出端之间的延迟变化带来的影响。

2. SERDES接收部分的时钟

在温度及供电电压变化的幅度限制之下,接收机对输入光信号的锁住范围应超过±100ppm。抖动的容差应该符合甚至优于ITU-T G.825标准规定的限制。

SERDES 输出的接收时钟信号(RXCLK)一般是从接收光信号中提取恢复出来的。但在低速情况下,RXCLK 需要由外部输入的 622.08MHz 参考时钟(REF-CLK)来设定。同样的,如果从光信号中恢复的时钟信号偏移超过 1000ppm,RX-CLK 也需要由外部参考时钟信号来设定。当偏差在 100~1000ppm 之间时,若出现失锁情况需要系统报错,在没有失锁的时候则不报错。

3.4.3.2 信号电平、布局及端点

SFI-4-1.0 接口要求信号电平在各种温度和工艺条件下都满足表 3-11 中提出的规范要求。

表 3-11 电平标准要求

	LVDS 标准名	说明	数值
驱动器直流规范	输出差分电压	单端输出电压	250~600mV
接收机直流规范	输入差分阈值	单端输入电压	≥100mV
	输入电压范围		800~2400mV
	差分输入阻抗		80~120Ω

除非有其他的规范要求,否则 SERDES 和成帧器中的驱动电路及接收电路的直流规范都必须满足 LVDS 通用链接标准的要求(IEEE Std 1596.3-1996)。输出差分电压在驱动器的输出端测量。SFI-4-1.0 推荐使用片上电流源偏置,而不是采用外部分立的偏置电阻,这样做主要是为了简化电路板的设计。如果不规定是否采用片上偏置的结构,则在 SFI-4-1.0 的 I/O 实现技术上拥有更广的选择余地。

3.4.3.3 时钟信号

SFI-4-1.0 接口的两个传输方向上都采用了源同步时钟。该标准没有单独对时钟抖动进行规定,对时钟信号的规范中考虑到了抖动引起的变化。

SFI-4-1.0 采取了一些措施来确定时钟位置:对于成帧器和 SERDES 的驱动电路,时钟信号边缘与数据信号边缘对齐,简化了驱动电路的设计。对于成帧器和 SERDES 的接收电路,时钟边缘被设置在数据信号中间,简化了接收电路的设计。在电路板上可以实现时钟延迟,以使其边缘位于数据信号的中间,例如可以交换时钟路径等。

1. SERDES 输出

SERDES 的 LVDS 输出必须满足以下条件。SDH/SONET 成帧器芯片接收的数据信号必须满足建立和保持条件。图 3-36 中给出了相对于 SERDES 端点的时钟要求。

RXDATA 信号必须满足表 3-12 中上升/下降时间的规范,而 RXCLK 必须满

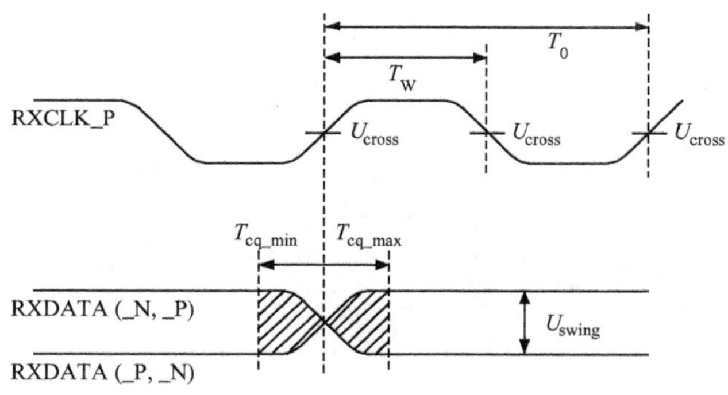

图 3-36　SERDES 输出波形(接收方向)

足表中所有的规范。同样 TXCLK _ SRC 也须满足表 3-12 中上升/下降时间的规范。表中还定义了紧占空比,这对于为了在成帧器输出端获得理想占空比的 TXCLK信号来说也是必须的。

表 3-12　SERDES 输出时钟参数

参数名称	说明	参数值
T_0	时钟周期	1/(622.08MHz)≈1.608ns
T_W/T_0	占空比(高电平宽度除以时钟周期)	$0.45 < T_W/T_0 < 0.55$
T_R, T_F	20%～80%上升,下降时间	100～250ps
Tcq_min, Tcq_max	时钟输出时间。定义为相对于 SERDES 时钟的无效数据窗口	200ps, 200ps

2．SERDES 输入

SFI-4-1.0 在 SERDES 一侧有两种时钟输入模式。当处于 311MHz 时钟模式时,SDH/SONET 芯片与数据信号同时发出 311.04MHz 时钟;当处于 622MHz 时钟模式时,SDH/SONET 芯片与数据信号同时发出 622.08MHz 时钟。采用 622MHz 时钟模式的优点是这种时钟在目前的设计中比较通用;而采用 311MHz 时钟模式则是因为目前的 ASIC 技术更容易实现,目前的 ASIC I/O 驱动电路较难实现 622MHz 的信号传输。

(1) 622MHz 时钟模式

当处于 622MHz 时钟模式时,SDH/SONET 芯片与数据信号同时发出 622.08MHz 时钟。由 SDH/SONET 成帧器芯片传输来的数据信号具有给定的时钟不确定性,这些情况如下图所示。SERDES 的 LVDS 输入必须满足图 3-37 和表 3-13 中的规定。

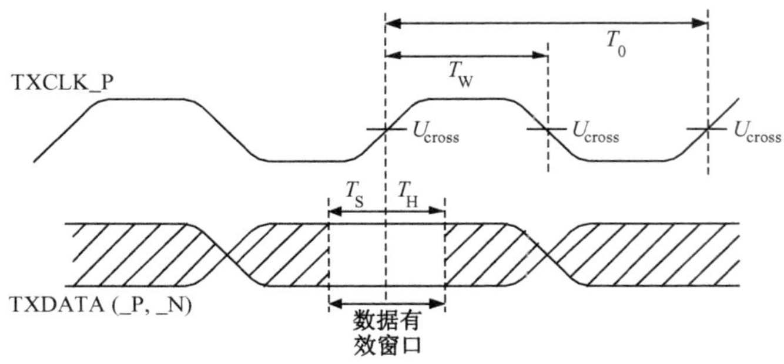

图 3-37　SERDES 622MHz 时钟模式输入波形

TXCLK、REDCLK 必须满足表 3-13 中占空比以及上升/下降时间的要求，TXDATA 也必须满足表中上升/下降时间的要求。

表 3-13　SERDES 622MHz 输入时钟参数

参数名称	说明	参数值
T_0	时钟周期	1/(622.08MHz)≈1.608ns
T_W/T_0	占空比(高电平宽度除以时钟周期)	$0.4 < T_W/T_0 < 0.6$
T_R，T_F	20%～80%上升，下降时间	100～300ps
T_S，T_H	建立时间，保持时间，在 SERDES 输入端定义时钟有效窗口	300ps，300ps

(2) 311MHz 时钟模式

当处于 311MHz 时钟模式时，SDH/SONET 芯片与数据信号同时发出 311.04MHz 时钟。由 SDH/SONET 成帧器芯片传输来的数据信号具有给定的时钟不确定性，这些情况如图 3-38 所示。SERDES 的 LVDS 输入必须满足图 3-38 和表 3-14 中的规定。

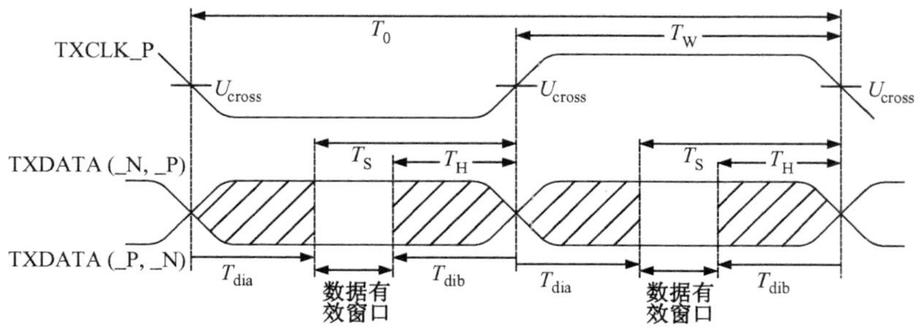

图 3-38　SERDES 311MHz 时钟模式输入波形

TXCLK、REDCLK 必须满足表 3-14 中占空比以及上升/下降时间的要求，TXDATA 也必须满足表中上升/下降时间的要求。与 622MHz 时钟模式不同，交换时钟输入不能将时钟置于数据位的中间。因此，SERDES 必须在时钟路径上提供一个延时，为了满足这个要求，需要在预算中额外考虑建立/保持时间的空隙。

表 3-14　SERDES 311MHz 输入时钟参数

参数名称	说明	参数值
T_0	时钟周期	1/(311.04MHz)≈3.215ns
T_W/T_0	占空比(高电平宽度除以时钟周期)	$0.48 < T_W/T_0 < 0.52$
T_R，T_F	20%～80%上升，下降时间	100～300ps
T_S，T_H	建立时间，保持时间，在 SERDES 输入端定义时钟有效窗口	1100ps，500ps
T_{dib}，T_{dia}	在 SERDES 输入端定义时钟无效窗口	500ps，500ps

注：T_{dib}为前无效数据时间；T_{dia}为后无效数据时间。

3．SDH/SONET 成帧器的输入

在接收端成帧器的输入端口，所有信号都必须满足图 3-39 和表 3-15 中提出的要求。

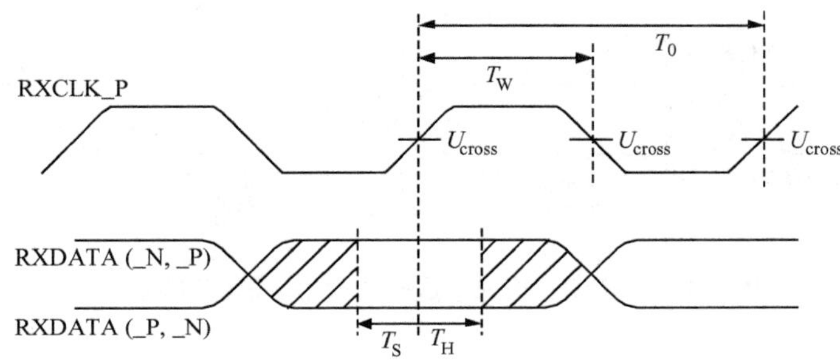

图 3-39　成帧器输入波形(接收方向)

表 3-15　成帧器输入时钟参数

参数名称	说明	参数值
T_0	时钟周期	1/(622.08MHz)≈1.608ns
T_W/T_0	占空比(高电平宽度除以时钟周期)	$0.45 < T_W/T_0 < 0.55$
T_R，T_F	20%～80%上升，下降时间	100～300ps
T_S，T_H	建立时间，保持时间，在 SERDES 输入端定义时钟有效窗口	300ps，300ps

上表中规定的建立时间和保持时间至少需要解决以下几个问题：

(1) 由于工艺、电源或温度引起的接收机数据信号与时钟信号之间传输延迟的失配。

(2) 数据信号路径与时钟路径的布线失配。

(3) 成帧器芯片上锁存器对建立时间与保持时间的要求。

(4) 由封装引起的长度失配可通过板上补偿来进行调整。

4. SDH/SONET 成帧器的输出

与 SERDES 的输入相对应,成帧器的输出波形也可工作在两种时钟模式:当处于 311MHz 时钟模式时,SDH/SONET 成帧器芯片与数据信号同时发出 311.04MHz 时钟;当处于 622MHz 时钟模式时,SDH/SONET 成帧器芯片与数据信号同时发出 622.08MHz 时钟。对于 SFI-4-1.0 接口来说,622MHz 的时钟模式是必需的,而为了与多数产品兼容,311MHz 时钟模式也是推荐采用的。

(1) 622MHz 时钟模式

当成帧器工作在 622MHz 模式下时,由于时钟信号和数据信号工作在不同频率,且延时较难匹配,因而信号的参数值较为宽松,如图 3-40 和表 3-16 所示。

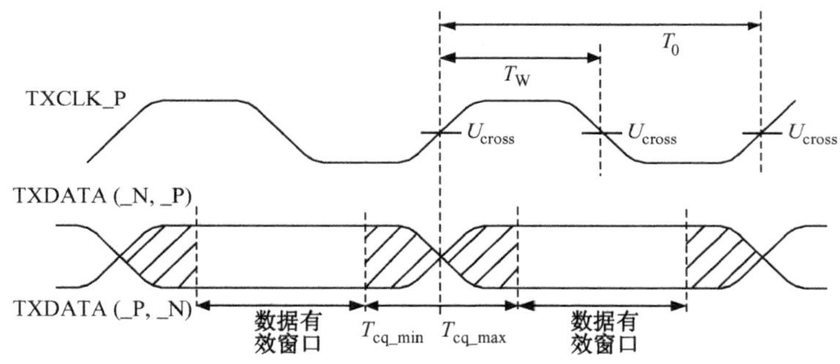

图 3-40 622MHz 模式下成帧器输出波形(发送方向)

表 3-16 622MHz 模式下成帧器输出时钟参数

参数名称	说明	参数值
T_0	时钟周期	1/(622.08MHz)≈1.608ns
T_W/T_0	占空比(高电平宽度除以时钟周期)	$0.4 < T_W/T_0 < 0.6$
T_R, T_F	20%~80%上升,下降时间	100~250ps
T_{cq_min}, T_{cq_max}	相对时钟边沿定义数据无效窗口	200ps, 200ps

(2) 311MHz 时钟模式

从 SDH/SONET 成帧器传输出的数据信号具有一定的时钟不确定性,而且还受到工艺条件、温度以及电源的影响。图 3-41 和表 3-17 给出了 SFI-4-1.0 接口对工作在 311MHz 模式下的成帧器输出参数的时钟要求。

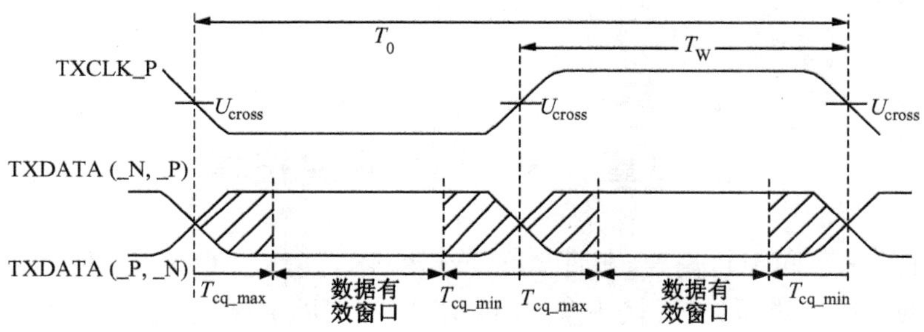

图 3-41　311MHz 模式下成帧器输出波形(发送方向)

表 3-17　311MHz 模式下成帧器输出时钟参数

参数名称	说明	参数值
T_0	时钟周期	1/(311.04MHz)≈3.215ns
T_W/T_0	占空比(高电平宽度除以时钟周期)	$0.48<T_W/T_0<0.52$
T_R，T_F	20%～80%上升,下降时间	100～250ps
T_{cq_min}，T_{cq_max}	相对时钟边沿定义数据无效窗口	200ps，200ps

第四章　VSR 的关键技术

VSR 技术不同于超高速、长距离光传送技术，其传输距离短，但是传输容量大，采用的光纤数量多，光纤接头多，这就对传输介质、光源、探测器等提出了比较特殊的要求。目前 VSR 技术主要采用的光源——VCSEL 的原理，已经在第二章中做了详细的介绍，本章主要介绍 VCSEL 模块功能原理和实现。另外基于硅基的短波长探测器技术也是 VSR 涉及到的关键技术之一。

本章还在光纤传输原理的基础上，介绍 VSR 中大量采用的普通多模光纤和新一代多模光纤 OM3，最后介绍 VSR5 中涉及到的 CWDM 等技术。

4.1　并行光发射和接收模块

随着常规的光纤传输正向着高速大容量方向发展，并行光发射和接收技术是实现这一方向的方案之一。首先，在相同的电路速率下，并行光发射技术可以提供更大的容量；其次，它可以用中高速电路数量和光纤数量来取得高速率、大容量的传输。这种方法在短距离传输是行之有效的，制作的并行光发射和接收模块从传输速率和传输容量上都比单通道收发模块优越得多。

光发射模块是指将包括半导体激光器、驱动电路和控制电路及其他光学元件集成在一个封装盒内，完成输入为标准电平，输出为光信号的功能。光发射模块包括驱动电路，激光器，接口电路，PCB 板，光电耦合，光电封装等。

传统光发射模块的光源采用的都是边发射激光器。边发射激光器的特点是输出光垂直于解理面，其光束发散角过大，且在芯片解理前，不能进行单个器件的基本性能测试，不易实现大规模集成，制造成本高。与之相比，垂直腔面发射激光器具有非常优越的性能和及其低廉的价格。其输出光垂直于衬底，这种独特的表面发光器件结构具有小发散角和对称的远近场分布，能发射高质量的圆形光束，使得其与光纤的耦合效率大为提高。由于其体积小，能够实现极小电流的工作，可大大降低对驱动电路芯片的要求，降低模块的功耗和改善热特性。

由于 VCSEL 是表面发光器件，制备和测试工艺完成在分管和封装工艺之前，可以进行在片测试，与微电子平面工艺完全兼容，满足了低成本、大规模制备这一现代工业的关键要求。基于 VCSEL 的并行光发射模块，作为低成本高性能的激光光源，非常适合应用于甚短距离光网络传输、高性能计算机并行数据处理，以及光交叉连接设备中。

光接收模块是指将包括光电探测器（PD，Photodiode）管芯和前置放大器，主放大器,电平转换电路等,再加上光学元件集成在封装盒内,组成光接收功能的器件。以化合物探测器、CMOS、光纤阵列微光学组件为基础器件的高速率并行光接收模块,充分利用了微电子电路的逻辑控制多功能性、成熟的大规模集成技术和光子集成器件的高密度并行操作、高速率光输出能力。

VSR 光接收模块的主要组成包括探测器二极管阵列、放大器、增益放大器、信号检测电路以及 LVDS 信号输出设备。

硅光电探测器能广泛应用在短波长光通信系统中,人们要想实现高速大容量光通信,光电集成电路(OEIC)是根本出路。这是因为它最大限度地消除了封装、引线和连线等寄生参量影响,可以实现极高的速率,同时该技术还具有体积小、成品率高、可靠性好和可以实现更为丰富的功能的优点。

一个简单的基于 VCSEL 的光发射模块,其基本工作原理就是将输入的电信号放大,并转换成电流信号来驱动 VCSEL,从而实现高频信号的电—光转换。其中的核心器件为 VCSEL 及其驱动电路。VCSEL 的原理与特性在前面的章节中有过详细阐述。下面将驱动电路的原理与实现进行说明。

4.1.1 驱动电路

VCSEL 工作时需要提供恒定的驱动电流。VCSEL 的阈值电流很低,驱动电流为毫安量级,而且 VCSEL 阵列可以通过控制材料生长技术和制备工艺条件获得比较均匀的阈值电流和开启电压。VCSEL 的驱动电路设计可以相对简单。驱动电路由三个模块组成:偏置模块、调制模块和输入电路(输入保护电路和输入耦合电路)。图 4-1 是 VCSEL 的单路 CMOS 驱动电路原理图。

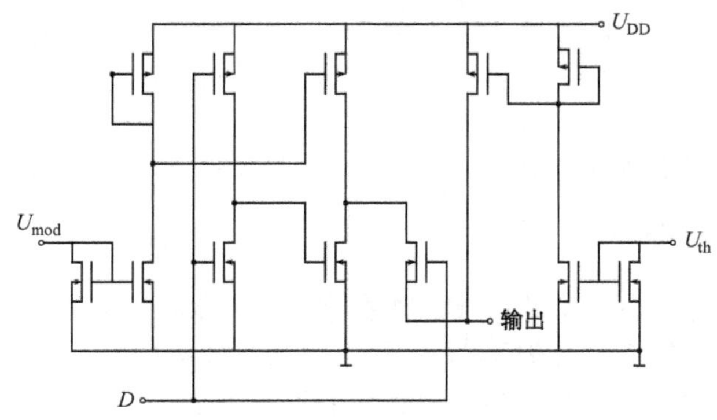

图 4-1 单路 VCSEL 的驱动电路原理图

图 4-2 是多路并行 VCSEL 的 CMOS 驱动电路原理图。

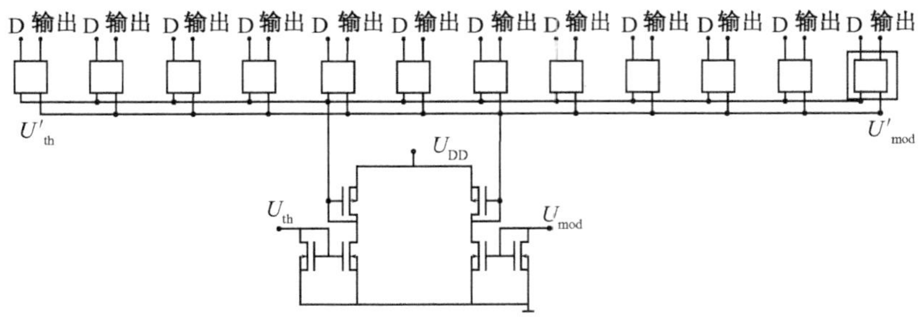

图 4-2　多路并行 VCSEL 的驱动电路原理图

4.1.1.1　偏置模块

偏置模块可以简单的利用工作在饱和区的一个 MOS 管实现。这时这个 MOS 管相当于一个恒流源对 VCSEL 提供一个恒定的偏置电流,使 VCSEL 工作在亚阈值附近,VCSEL 能很快的响应调制电流,使之工作速度更快。如果要求偏置电流可调,可以通过一个外接的分压电阻来实现这个功能。偏置模块的电路图如图4-3所示:

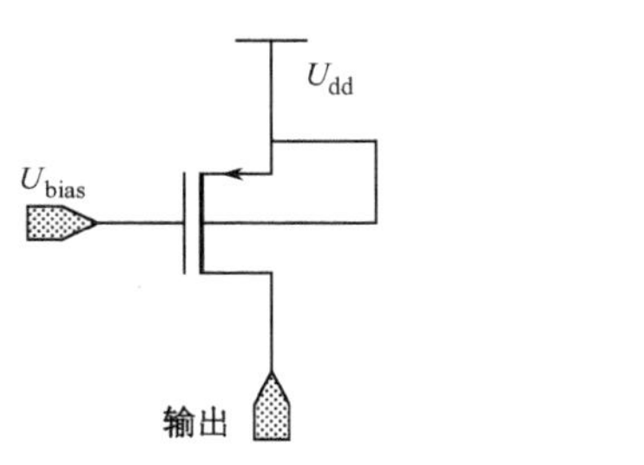

图 4-3　电路偏置模块电路图

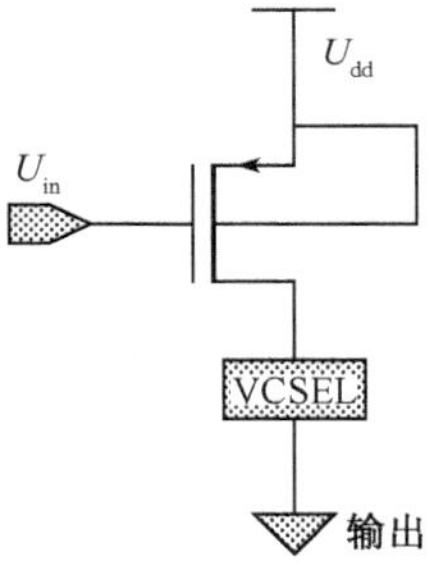

U_{dd}
U_{in}
VCSEL
输出

图 4-4　驱动电路调制模块电路图

4.1.1.2　调制模块

最简单的调制模块可以由一个工作在饱和区的 MOS 管组成。由于管子的宽长比较大,所以具有很大的跨导值。这样可以通过较小的栅压变化来控制电流的变化。实现调制功能。调制模块的电路图如图 4-4 所示。

4.1.1.3　输入电路

1. 输入保护部分

输入保护部分由两个二极管和一个输入电阻组成。由于输入的电压可能会出现电压的尖峰从而导致电路的失效,或者性能的降低。高电压的出现而导致电路失效的方式主要有两种。第一种为栅氧化层被强场击穿。为了避免出现这种情况的出现,采用了将两个二极管串联起来的保护方式。如图 4-5 所示,通过二极管的箝位作用将输入电压固定在 $U_{SS}-U_F$ 到 $U_{DD}+U_F$ 之间,这样就避免了栅氧化层被击穿。第二种损坏方式为相连的 pn 结或多晶硅连线被烧毁。为了确保不被烧毁,输入部分串联一个足够宽和足够长的多晶硅电阻,限制了电压箝位后的电流。由于流过二极管 D1 和 D2 的电流均被电阻限流,所以 pn 结二极管不会被烧毁。

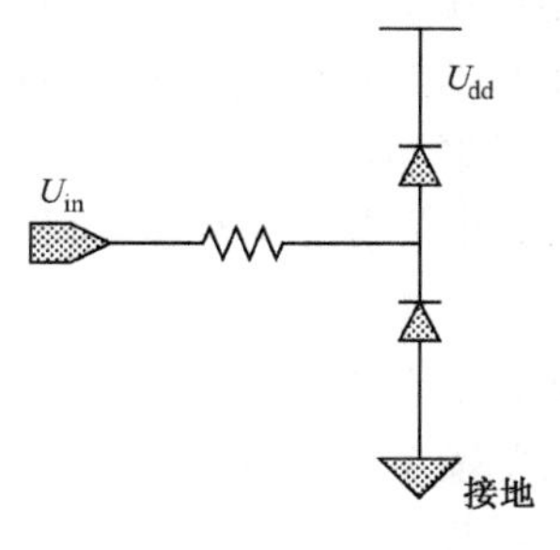

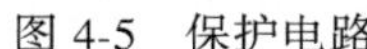

图 4-5　保护电路

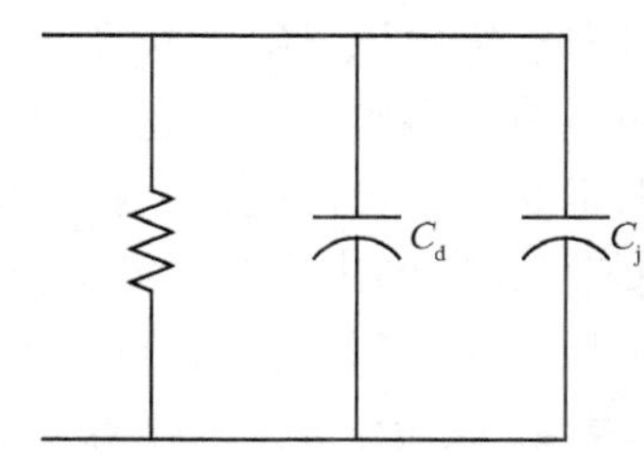

图 4-6　保护二极管等效电路图

2. 输入耦合部分

在高频电路中,为了减少信号的损失,必须在接口电路中采用阻抗匹配使每个电路的输入与输出阻抗都是 50Ω。保护二极管的等效电路如图 4-6 所示。

在高频时保护二极管就相当于一条导线,即在交流状态下为虚地,这样就短路了两个分压电阻,直接通过 50Ω 的电阻实现了阻抗匹配,使电路的输入阻抗为 50Ω。输入部分的电路既实现了阻抗的匹配和输入过冲电压的保护,又实现了设置直流工作点的目的。

由上述几个功能模块组成的单信道驱动电路如图 4-7 所示。多信道的驱动电路只需要在此基础上简单的叠加。

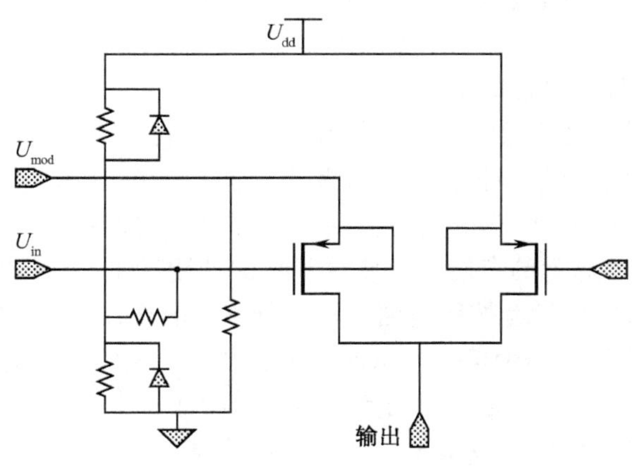

图 4-7　驱动电路图

在驱动 VCSEL 时，信号线需要与驱动电路进行阻抗匹配。如果源端阻抗太小，VCSEL 工作电压随内阻的变化就会越大。因为当激光器的工作频率变化和输入信号开关状态转换时，其内阻也会随之变化，影响工作电流的稳定性。所以一般都采用电流驱动，有着较高的输入阻抗，也正因为这样，激光器和驱动电路之间的阻抗匹配很难实现。

连接驱动电路和激光器之间的金属导线会产生谐振，谐振的频率大小由导线的长度所决定，如果和系统的工作频率接近，将会降低光的响应速度并增加了电磁辐射。因此，缩短该导线的长度，使其传播延迟远小于驱动信号的上升和下降沿时间，就可以将谐振频率排除在工作频率之外。也可以考虑增加阻尼电阻来控制谐振频率，但是一个负面的作用就是增加了功耗。

倒装焊工艺的出现为人们提供了新的选择方案，通过将激光器封装为倒装焊结构，电极做在出射光孔的背面，再通过倒装焊工艺直接将激光器的电极焊接在驱动电路表面的电极上，大大缩短了电极间的金属连接长度。

光发射模块与电信号的接口需要参考电互连的标准，电互连的信号标准的发展趋势是多信道、高速度以及低功耗。差分信号的采用相对于过去的单端连接，在相同信噪比的情况下，功耗只有一半。现在国际上通常采用低电压差分信号(LVDS)，信道串扰和辐射的情况都大大降低。

4.1.1.4 驱动电路的版图设计

版图是集成电路设计者将设计并模拟优化后的电路转化成的一系列几何图形。它包含了集成电路尺寸大小、各层拓扑定义等有关器件的所有物理信息。集成电路制造厂家根据这些信息来制造掩膜。因为集成电路技术水平和器件物理参数的制约，为了保证器件正确工作和提高芯片的成品率，集成电路生产厂家要求设计者在版图设计时遵循他们规定的设计规则。不同的工艺，就有不同的设计规则。如果说器件模型是电路模拟和工艺之间的接口，而设计规则是版图设计和工艺之间的接口[26]。

版图的具体设计过程如下：

(1) 整体设计：确定版图主要模块和焊盘的布局。这个布局图应与功能框图或电路图大体一致，然后根据模块的面积大小进行调整。布局设计的另一个重要的任务是焊盘的布局。焊盘的安排要便于内部信号的连接，要尽量节省芯片面积以减少制作成本。焊盘的布局还应该便于测试，特别是晶上测试。

(2) 分层设计：设计者按照电路功能划分整个电路，对每个功能块再进行模块划分，每一个模块对应一个单元。从最小模块开始到完成整个电路的版图设计，设计者需要建立多个单元。这一步是自顶向下的设计。

(3) 版图的检查：这一步就是自底向上的方法。首先对每一个底层模块进行检查，然后是大的功能模块的检查，最后是芯片整体的检查。

(4) 版图的最终完成:连接各单元模块,完成整个电路的版图设计,并在版图的外围布上焊盘,最后生成 GDS 或 CIF 文件。这两种文件都是国际通用的标准版图数据文件格式。芯片制造厂家根据 GDS 或 CIF 文件来制作掩膜,制造芯片。

图 4-8 是采用 0.6μmCMOS 工艺的 12 路并行发射电路驱动部分的设计版图。

图 4-8 光发射模块的驱动电路版图设计

图 4-9 是采用 0.6μm 的 12 路并行接收集成电路的设计版图。

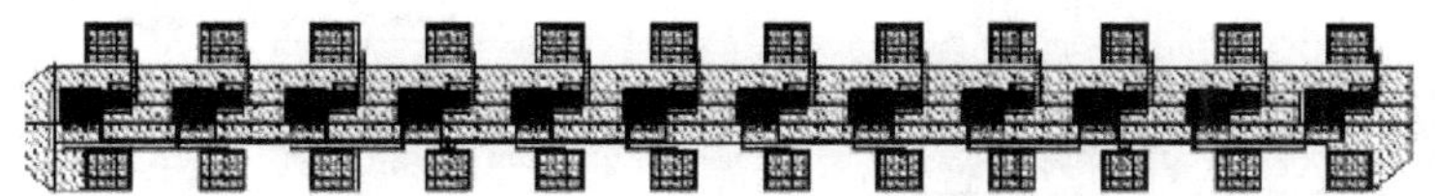

图 4-9 光接收模块集成电路版图设计

4.1.2 耦合技术

耦合也是光发射模块的关键工艺之一,耦合的效果直接影响着出射光的性能。激光器芯片和光纤的耦合有两种形式:直接耦合和间接耦合。直接耦合由激光器发出的光直接进入光纤,不经过其他中间元件。间接耦合在激光器和光纤之间加入其他光学元件完成由激光器到光纤的耦合。

光发射模块的光接口就是将激光器的出射光耦合到光纤中。VCSEL 的出射光垂直于安装的电路板表面,这对于器件的封装和应用都不大方便。人们根据实际需求可以将光接口的方向设计为平行于电路板,这就需要使电信号或者光信号在传输过程中有一个 90°的转弯,如图 4-10 所示。而具体采用何种信号转弯方式,还需要考虑到工艺实现的难度以及模块的成本要求。

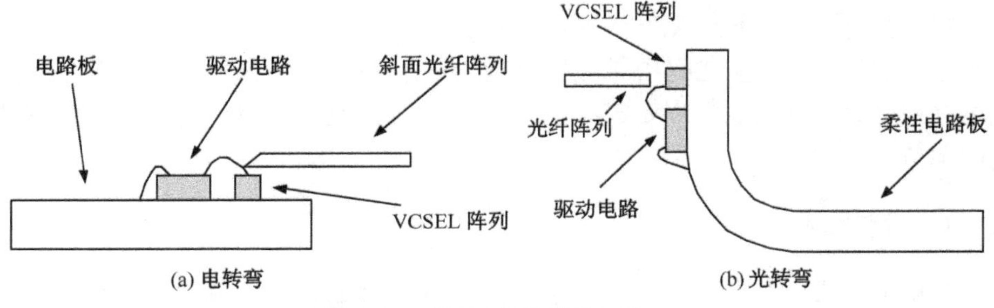

图 4-10 信号 90°转弯的方法

驱动电路和 VCSEL 之间的传输导线的长度对整个模块的工作速率、灵敏度、动态范围、功耗以及电磁兼容性都有着很大的影响。实际上,模块的光学对准精度同样会对上述性能有所影响。例如,光纤的数值孔径越大,意味着耦合进入光纤的光功率越高,同时对准精度要求也会相应降低。相反,低数值孔径的光纤对精度的要求就很高,并且低耦合效率使得必须增大驱动电流,也就相应的增加了功耗和辐射。

最简单的光接口是将光纤与 VCSEL 对接,激光器的出射光直接进入光纤,不经过其他中间元件,因此称为直接耦合。图 4-11 所示的是垂直耦合和水平耦合的两种不同情况。

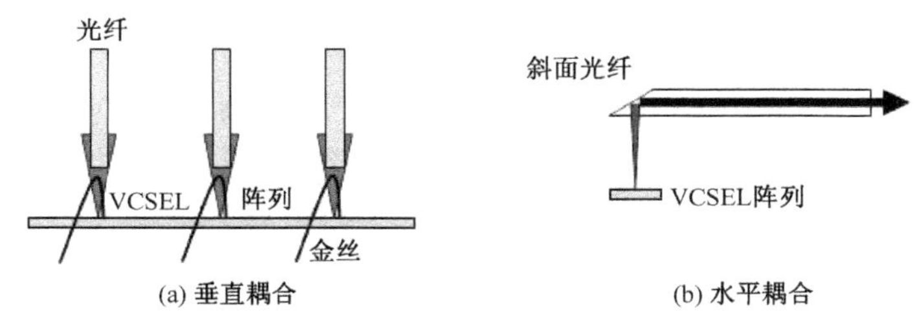

图 4-11　VCSEL 与光纤的直接耦合形式

图 4-12　插入微透镜的间接耦合

为了提高对准精度,可以考虑在激光器与光纤之间增加其他光学组件,比如微透镜,可以缩小光束的尺寸,如图 4-12 所示。但是耦合时反射光也会在光源处汇聚,影响光的传输质量。与透镜系统类似,一个楔形的光波导可以增加对准的精度。不同的是,一个足够长的楔形光波导可以不用考虑光源处的数值孔径,而且在光源处也不再有反射光的干扰。与直接耦合相比,增加了光学透镜或者波导的间接耦合,压缩了光束的发散角,改善了对准公差,提高了耦合效率,但是缺点也是很明显的,添加光学组件也就相应增加了模块封装的体积和成本。

图 4-13 是 12 路并行光发射模块的耦合封装示意图。1×12 带状光纤插头插到插座上,插头与插座之间用导孔固定,插座上有自聚焦透镜,可使 VCSEL 的发光更好地耦合到光纤,插座固定到护栏上,护栏与插座(自聚焦透镜)之间用微调节机构调节对准,护栏固定在 PCB 板上。

4.1.3　封装技术

模块的正常工作需要优化的封装设计。一个好的封装可以很好的保护内部的组件,隔离外部干扰,并且还有着散热,机械定位,提供内部和外部的光、电连接等作用。设计恰当的 VCSEL 可拥有超过 10GHz 的自身带宽。

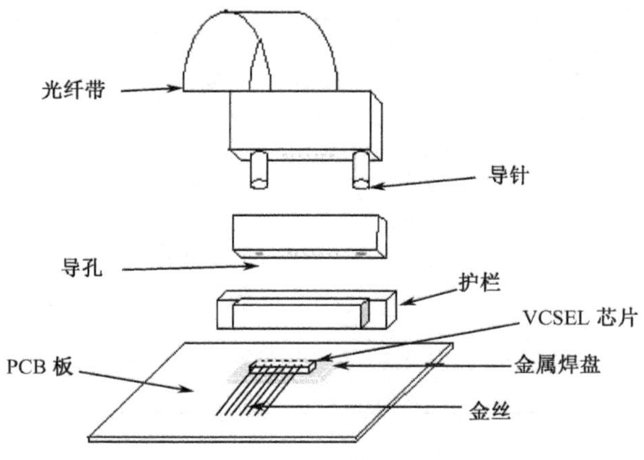

图 4-13　VCSEL 并行光发射模块的耦合示意图

VCSEL 有别于边发射激光器，而是从表面发光，能大幅度简化封装，有效降低成本。VCSEL 与 LED 的封装、测试工艺相容，它不需要棱镜，在封装上优于 LED，整个装配线无需特别修改，适于低成本的批量制造。

VCSEL 可以在普通 LED 的生产环境中封装成子弹头和 SMT 表面装贴型等封装形式。其本身的带宽就可以超过 6GHz。这种封装主要的缺点是缺少光电监测二极管的功能。然而，由于 VCSEL 光输出对温度和老化的稳定性，使 VCSEL 在没有光功率监测功能的情况下也能正常开环使用。VCSEL 还有塑料封装，陶瓷衬底封装，倒装焊封装等封装形式。

倒装焊技术直接将 VCSEL 芯片安装在驱动芯片上。倒装焊技术和其他类似技术的主要缺点是 VCSEL 的散热管理。VCSEL 一般只消耗约 20mW 左右的能量，而驱动器芯片则要消耗几百毫瓦。

目前针对 VCSEL 比较好的封装形式是小型外壳封装（SFF，Small Form Factor）和小封装可插拔（SFP，Small Form-Factor Pluggable）结构。其小巧的结构适合应用于多种场合，而可插拔的端口结构使得模块可以和系统的主板分离，大大降低了整个并行光传输系统的故障概率，也相应地节省了成本。

4.1.4　并行光发射和接收模块的技术参数

对于应用于 VSR 系统的光发射模块，光源采用的是基于 VCSEL 阵列 12 信道并行光发射模块，其中每个信道都需要符合一定的标准，如表 4-1 所示。表 4-2 是光接收模块的参数要求。

表 4-1 光发射模块的参数要求

	最小值	最大值	单位
单信道速率	1.244160± 20ppm		Gb/s
出射光功率	−10	−3	dBm
中心波长	830	860	nm
消光比	6		dB
光谱宽度		0.85	nm
上升/下降时间		260	ps
相对强度噪声(RIN)		−117	dB/Hz
信号偏移		5	ns

表 4-2 光接收模块的参数要求

	最小值	最大值	单位
单信道速率	1.244160±20ppm		Gb/s
接收光功率	−16	−3	dBm
中心波长	830	860	nm
反射损耗	12		dB
接收灵敏度	−13.6		dBm
眼图闭合度纵向损耗	2.6		dB
3dB 最大截止频率	1500		GHz
信号检测——认定		−19	dBm
信号检测——丢失认定	−26		dBm
输入偏移		75	ns
接收偏移		5	ns

4.2 探测器技术

光通信系统中,光电探测器的作用是将光脉冲信号转变成光生电流,并经过前置放大等预处理后成为能够被通信系统进行分析的电信号。作为光传输系统接收端的重要器件,探测器的性能决定了整个系统的通信质量。由于光纤接收端的光信号非常微弱,所以光探测器必须满足很高的性能指标,其中最重要的是:特定波长上的响应度、最小系统附加噪声、快速响应速度或带宽、温度特性、使用寿命、物理尺寸以及成本等。

长距离通信用的光接收机目前都是用 III-V 化合物材料制作的,其传输速率已经超过了 20Gb/s,然而,III-V 族材料的光接收机和光电集成电路(OEIC)价格昂贵,对于甚短距离光传输技术的应用,并不适合。另一方面,随着信息技术的不断进步,对于光信息存储、光数据传输等应用,需要有大量低成本的 OEIC 投入使用。利用普通的硅基集成电路生产技术,在对这些工艺几乎不作改动或者是仅仅作微小调整的基础上,将光电子器件与电信号处理电路集成在一起,无疑是最为理想的光电集成方式。

4.2.1 光吸收与光电探测器物理机理

光探测器的基本工作机理包括三个过程[27]:

(1) 材料在入射光照下产生光生载流子。

(2) 载流子输运或在电流增益机制下的倍增。

(3) 光电流与外围电路之间的相互作用并输出电信号。

半导体材料对光的吸收大致可以分为本征吸收、激子吸收、晶格振动吸收、杂质吸收等几种[28],其中本征吸收是最重要、最基本的吸收方式,它为选择光探测器的制造材料提供了依据。

如果有足够能量的光子作用到半导体上,就有可能产生本征吸收,价带电子被激发到导带而形成电子—空穴对。这种受激本征吸收使半导体材料具有较高的吸收系数,有一连续的吸收谱,并在光子振荡频率 $\nu = E_g/h$ 处有陡峭的吸收边,在 $\nu < E_g/h$ 的区域内,材料是相当透明的。对于硅材料来说,由于其是间接带隙材

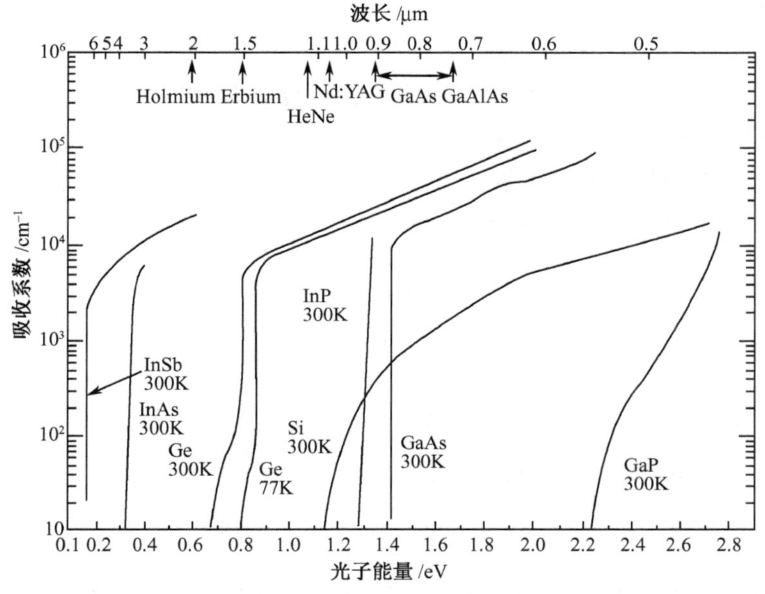

图 4-14 半导体材料光吸收系数与波长的关系

料，与直接带隙跃迁相比有较低的跃迁几率，因而有相对较低的吸收系数且同样光子能量下在材料中的光渗透深度更深。与间接带隙材料相比，直接带隙材料具有更陡的吸收边。

图 4-14 比较了几种常用半导体材料的光吸收系数和渗透深度与入射光波长的关系[29]，其中包括 GaAs、InP、InAs 等直接带隙材料以及 Si、Ge、GaP 等间接带隙材料。

4.2.2 光电探测器性能参数

4.2.2.1 量子效率和响应度

量子效率是半导体光探测器最重要的指标，定义为吸收一个入射光子能够产生的电子—空穴对个数，即

$$\eta = \frac{\text{产生的电子 — 空穴对}}{\text{入射的光子数}} \tag{4-1}$$

由于 η 与材料的吸收系数 α 以及吸收层的厚度 W 相关，因而可表示为[30]

$$\eta = 1 - \mathrm{e}^{-\alpha(\lambda)\cdot W} \tag{4-2}$$

其中 $\alpha(\lambda)$ 是对应波长 λ 的吸收系数。由上式可见材料的吸收系数越大，或者吸收层越厚，探测器的量子效率就越高。在实际的探测器中，光不可能直接由材料表面达到吸收区，而是要经过一定厚度的中掺杂接触区，在这个区域内会造成一部分光子损耗，同时在探测器表面的反射作用也会使部分入射光反射损失。基于这些因素，可将上式改写为

$$\eta = (1 - R_f)\mathrm{e}^{-\alpha(\lambda)d}(1 - \mathrm{e}^{-\alpha(\lambda)\cdot W}) \tag{4-3}$$

其中 d 为前端接触层厚度，R_f 为探测器表面的反射率。

入射到吸收区的光子产生的光生载流子在耗尽区内建电场的作用下，向探测器的两极漂移运动，并在输出端形成光电流。通常在实际工作中，用单位入射光功率与产生光电流的关系，即响应度来表示。

$$R = \frac{I_{\mathrm{p}}}{P} \tag{4-4}$$

根据式(4-1)中对量子效率的定义，可以有另一种表示方法。

$$\eta = \frac{I_{\mathrm{p}}/q}{P/h\nu} \tag{4-5}$$

将式(4-5)带入式(4-3)中，可得响应度的公式为

$$R = \eta \cdot \frac{q}{h\nu} \tag{4-6}$$

其中 q 为电子电荷，$h\nu$ 为光子能量。在实际探测器中采用表面镀抗反射涂层的办法来提高量子效率和响应度，通常能取得较好的效果。

4.2.2.2 响应速度

光电二极管的响应速度是由探测信号的上升时间或下降时间来衡量的，通常取两者之间较大的值。在光纤通信中，要求接收端的光探测器能够对光纤中的高速调制光脉冲信号快速响应，从而提高信噪比，降低系统的误码率。

在半导体光探测器中，影响响应速度的因素主要有[27]：

(1) 耗尽区内载流子的渡越时间。当耗尽区内的电场达到饱和时，载流子以最大漂移速率 v_d 运动，设定耗尽区宽度 W，则渡越时间为

$$t_{drift} = \frac{W}{v_d} \tag{4-7}$$

(2) 耗尽区外载流子扩散时间。载流子扩散运动较慢，而且大部分产生在耗尽区外的载流子寿命较短，很快就会复合。只有在耗尽区附近的部分载流子能够扩散进入耗尽区，并在电场作用下才能形成光生电流。设载流子扩散系数 D_c，则扩散距离 d 所需要的时间是

$$t_{diff} = \frac{d^2}{2D_c} \tag{4-8}$$

(3) 光电二极管耗尽区电容。耗尽层的电容是影响速度的主要因素，这就意味着大面积的探测器不能用于探测调制频率较高的光信号。加大探测器本征层的宽度对提高量子效率和减小探测器电容是一致的，而增大宽度意味着载流子在吸收区内的渡越时间将会增加。减小探测器的面积可以有效减少结电容和暗电流，但是小面积的探测器给光纤的有效耦合带来了难度。因此，为了优化响应速度，需要选择适当的吸收深度和探测器面积。比较合理的做法是选择一定的耗尽层宽度使得载流子渡越时间是调制周期的一半。

4.2.2.3 暗电流

对理想的光电探测器，在无光照的时候应该没有光电流，然而实际上仍然存在有较小的电流。它主要是由耗尽层中载流子的产生—复合电流和耗尽层边界的少子扩散电流，以及表面漏电流构成。由于硅的禁带宽度较大，只要在加工过程中尽量避免产生晶格缺陷，保证硅的高纯度，由载流子产生—复合引起的暗电流是很小的($<2\times10^{-11}$A/mm^2)。表面漏电流可以通过钝化表面来减小，可以减小到 2×10^{-11}A/mm^2 之下。此外，暗电流的大小还与工作温度、偏压和探测器的类型等因素密切相关。

4.2.2.4 噪声

光电探测器的主要噪声源有暗电流噪声、散粒噪声和热噪声。

1. 暗电流噪声

对于一个光接收机来说，暗电流的大小决定了其可探测信号的噪声底限。应尽可能的减小暗电流，尤其是对禁带宽度较窄的 Ge 光电二极管，其暗电流通常在 100nA 量级，只能在冷却条件下使用。

2. 散粒噪声

当光信号进入二极管时，光子产生-复合的统计特性就会引发散粒噪声。光电效应使光生载流子的数量起伏变化，其统计特性服从泊松过程，所以这种噪声总是存在的。

3. 热噪声

主要是来自光电二极管的负载电阻。任何电阻都是重要的热噪声源，即使没有外加电压，其自身内的热运动也会不停的进行。

为了对光电二极管的噪声特性进一步分析，给出图 4-15 所示的光电二极管等效电路。

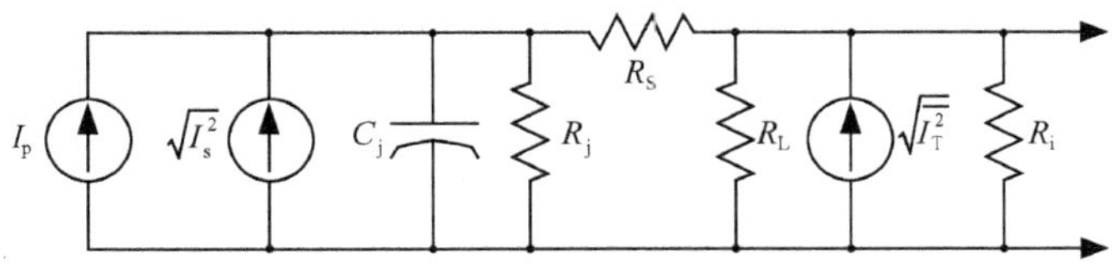

图 4-15　光电二极管等效电路

当注入光功率是 P 时，对于调制的光信号，均方根信号功率是 $mP/\sqrt{2}$，根据式(4-4)和式(4-6)可得均方根光生电流信号为

$$I_p = \eta \frac{qmP}{\sqrt{2}h\nu} \tag{4-9}$$

设由背景辐射产生的电流为 I_B，暗电流为 I_D，由于这些电流成分都是随机产生的，它们都对器件的散粒噪声电流有贡献。

$$\langle I_s^2 \rangle = 2q(I_p + I_B + I_D)B \tag{4-10}$$

其中 B 是单边带宽。

如图 4-15 所示的光电二极管等效电路，其中 C_j 为耗尽区电容，R_j 为耗尽区电阻，R_S 是串联电阻，R_L 是外接负载，R_i 是后级放大电路的输入电阻。所有的电阻都对系统的热噪声有贡献。串联电阻 R_S 比其他电阻小得多，因而它的影响可以忽略掉。令 $1/R_{eq} = (1/R_j) + (1/R_L) + (1/R_i)$，系统热噪声可表示为

$$\langle I_T^2 \rangle = 4kT\frac{B}{R_{eq}} \tag{4-11}$$

4.2.3　PIN 光电二极管

PIN 光电二极管是最为通用的光电探测器之一，这种探测器的优点在于可以

通过对耗尽区厚度的调节,也就是对 I 层(本征层)的厚度调节,达到对量子效率和频率响应等指标进行优化的目的。

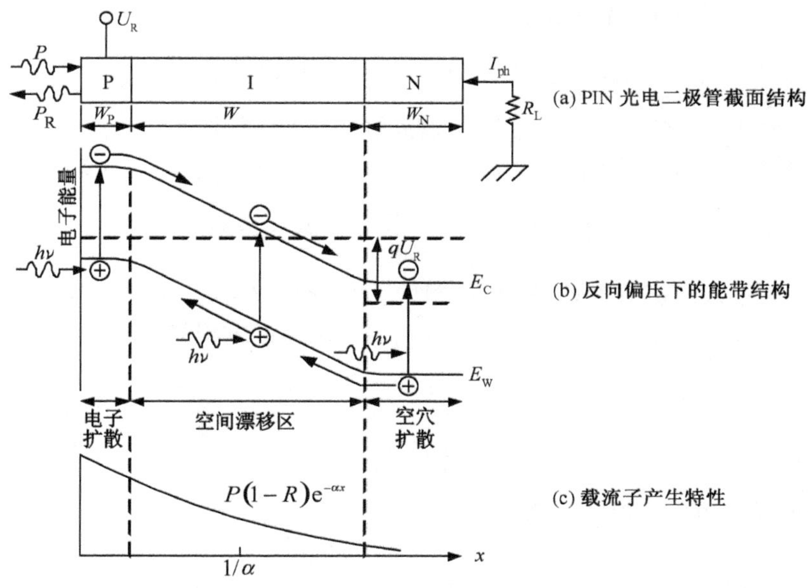

图 4-16　光电二极管工作机理

图 4-16 给出了 PIN 光电二极管的示意图,以及在反向偏压条件下能带结构,并说明了在光吸收时的载流子运动情况。在此图的基础上,将详细讨论 PIN 光电二极管的工作机理,这个工作机理同样适用于对 pn 结型光电二极管的分析。

半导体材料内的光吸收能够产生电子—空穴对,产生于耗尽区内的这些电子—空穴对,以及产生在耗尽区外但能够通过扩散运动到达耗尽区内的电子—空穴对,会在电场作用下迅速分离,形成分别朝耗尽区两侧运动的漂移电子流和空穴流,并最终在光电二极管的输出端形成可被外部电路处理的光生电流。在稳定工作状态下,流过外加反向偏压的耗尽层的总电流密度可以表示为

$$J_{total} = J_{drift} + J_{diff} \tag{4-12}$$

其中 J_{drift}表示的是产生在反偏耗尽区内的载流子的漂移电流密度,J_{diff}则是产生在耗尽区外半导体衬底中的部分载流子朝耗尽区扩散运动产生的扩散电流密度。为了便于分析,假设热载流子电流可以忽略,而且表面 p 型扩散层的厚度远小于 $1/\alpha$。参考图 4-16(c),电子—空穴对的产生率表示为

$$G(x) = \Phi_0 \alpha e^{-\alpha x} \tag{4-13}$$

其中 Φ_0 是单位面积内的入射的光子个数。当探测器面积表示为 A,表面反射系数为 R_f 时,可以得到

$$\Phi_0 = P\frac{1-R_f}{A\cdot h\nu} \tag{4-14}$$

在式(4-14)的基础上,漂移电流密度 J_{drift}可以表示为

$$J_{drift} = -q\int_0^W G(x)\mathrm{d}x = q\Phi_0(1-\mathrm{e}^{-\alpha W}) \tag{4-15}$$

其中 W 为耗尽层厚度。对于 $x>W$,耗尽区外衬底中的少数载流子(空穴)密度是由一维扩散方程决定的

$$D_p\frac{\partial p_n}{\partial x^2} - \frac{p_n - p_{n0}}{\tau_p} + G(x) = 0 \tag{4-16}$$

其中 D_p 是空穴的扩散系数,τ_p 是过剩少子的寿命,p_{n0}是平衡空穴密度。设边界条件,$x=\infty$时 $p_n=p_{n0}$,$x=W$ 时 $p_n=0$,可以求得该方程的解为

$$p_n = p_{n0} - (p_{n0} + C_1\mathrm{e}^{-\alpha x})\mathrm{e}^{\frac{W-x}{L_n}} + C_1\mathrm{e}^{-\alpha x} \tag{4-17}$$

其中扩散长度 $L_p=\sqrt{D_p\tau_p}$,且 $C_1\equiv\left(\frac{\Phi_0}{D_p}\right)\frac{\alpha L_p^2}{1-\alpha^2L_p^2}$。

通常扩散电流密度的计算公式为

$$J_{diff} = -qD_p\left(\frac{\partial p_n}{\partial x}\right)_{x=W} \tag{4-18}$$

将式(4-17)代入其中可得

$$J_{diff} = q\Phi_0\frac{\alpha L_p}{1+\alpha L_p}\mathrm{e}^{-\alpha W} + qp_{n0}\frac{D_p}{L_p} \tag{4-19}$$

于是将式(4-15)和式(4-19)都代入式(4-12)中,可得到总的电流密度为

$$J_{total} = q\Phi_0\left(1-\frac{\mathrm{e}^{-\alpha W}}{1+\alpha L_p}\right) + qp_{n0}\frac{D_p}{L_p} \tag{4-20}$$

在通常的工作状态下,上式第二项非常小,可以忽略不计。因此总的光电流密度是与光子流量成正比。由式(4-5)和式(4-20)可以得到量子效率为

$$\eta = \frac{J_{total}/q}{P/Ah\nu} = (1-R_f)\left(1-\frac{\mathrm{e}^{-\alpha W}}{1+\alpha L_p}\right) \tag{4-21}$$

为了获得较高的量子效率,需要反射系数越小越好,同时还希望 $\alpha W\gg1$。然而当 $W\gg1/\alpha$ 时,耗尽区内载流子的渡越时间是相当可观的,这同样对提高器件的频率特性不利。

由于载流子通过耗尽区需要一定的渡越时间,因此当入射光功率信号被高速调制时,在入射光子流与光生电流之间会存在一个相位差。图 4-17 中给出了一个简单的实例,以便能够定量的分析这种效应。

假设外加偏压足够大,能够使本征层(I 层)完全耗尽,并且能使耗尽区内的载流子漂移速度达到饱和速度 v_s。当入射光子流密度定义为 $\Phi_1\mathrm{e}^{\mathrm{i}\omega t}$时,光电二极管表面下 x 处的传导电流密度J_{cond}为

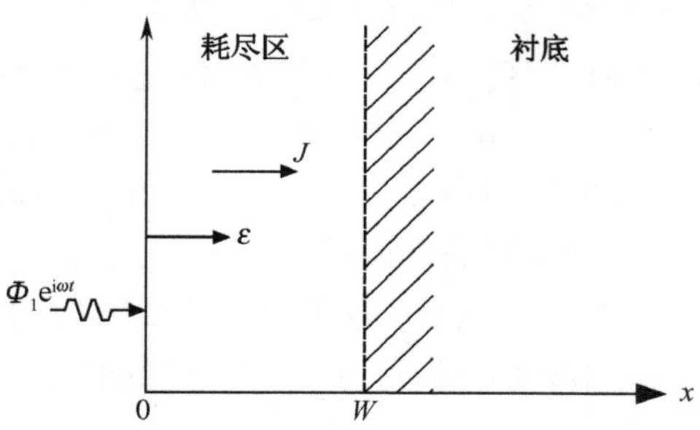

图 4-17　渡越时间效应分析的几何示意图

$$J_{\text{cond}}(x) = q\Phi_1 e^{i\omega(t - x/v_s)} \tag{4-22}$$

由于$\nabla \cdot J_{\text{total}} = 0$，因此可以得到

$$J_{\text{total}} = \frac{1}{W}\int_0^W \left(J_{\text{cond}} + \varepsilon_s \frac{\partial E}{\partial t}\right)\mathrm{d}x \tag{4-23}$$

上式括号中的第二项表示的是位移电流密度，ε_s 和 E 分别是介电常数和电场强度，将式(4-22)代入式(4-23)中，可得

$$J_{\text{total}} = \left(\frac{i\omega\varepsilon_s U}{W} + q\Phi_1 \frac{1 - e^{-i\omega t_r}}{i\omega t_r}\right)e^{i\omega t} \tag{4-24}$$

其中 U 是光电二极管外加偏压与内建电压之和，$t_r \equiv W/v_s$ 是载流子穿过耗尽区的渡越时间。由式(4-24)，可以得到短路电流密度为($U=0$)

$$J_{\text{sc}} = \frac{q\Phi_1(1 - e^{i\omega t_r})}{i\omega t_r}e^{i\omega t} \tag{4-25}$$

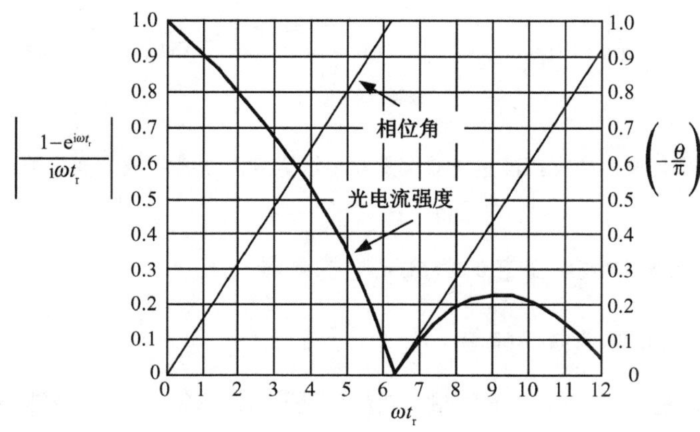

图 4-18　光响应(归一化电流)与注入光子流归一化调制频率的关系

图 4-18 显示了高频状态下的渡越时间效应。图中给出了归一化电流的幅度

与相位角和归一化调制频率的函数关系曲线。从图中可以发现当 ωt_r 超过 1 之后，交流光电流的强度快速下降。在 $\omega t_r=2.4$ 时，光强减小了 $\sqrt{2}$ 倍，与此同时，相位角移动了 $2\pi/5$。由此可见光电二极管的响应时间是受载流子在耗尽层的渡越时间限制的。当吸收区厚度选择在 $1/\alpha \sim 2/\alpha$ 时，可以在探测器的高频响应特性和高量子效率之间得到一个合理的折衷点。

对于 PIN 光电二极管，通常假设 I 层厚度为 $1/\alpha$，载流子渡越时间就是载流子穿过 I 区所需要的时间。由式(4-25)可得 3dB 带宽表示为

$$f_{3\mathrm{dB}} = \frac{2.4}{2\pi t_r} \approx \frac{0.4 v_s}{W} \approx 0.4\alpha v_s \tag{4-26}$$

根据图 4-14 中给出的数据，并利用公式(4-26)得到计算结果，在图 4-19 中绘制出了硅基 PIN 光电二极管的内部量子效率 $\eta/(1-R_f)$ 与 3dB 频率以及耗尽区宽度的函数关系曲线。由图中曲线可以清楚的发现各种波长条件下，量子效率与 3dB 频率响应之间的折衷关系。

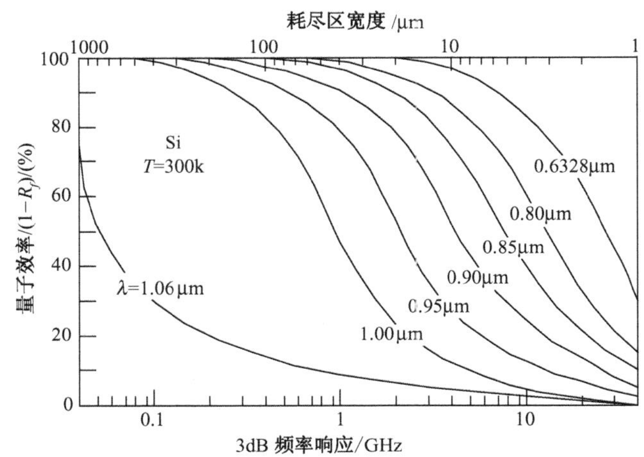

图 4-19　硅基 PIN 量子效率随耗尽区宽度及 3dB 频响的变化关系

4.2.4　基于标准 CMOS 工艺的集成光电探测器

4.2.4.1　pn 型光电二极管

最简单的制作 CMOS OEIC 的方法就是利用 CMOS 工艺中能够很容易实现的 pn 结来作光电二极管，这其中包括源/漏-衬底 pn 结、源/漏-阱 pn 结、以及阱-衬底 pn 结。然而，这些 pn 结光电二极管通常位于没有电场分布的区域，在这些区域里，光生载流子的缓慢扩散运动限制了这些光电二极管的频率特性。已经报道的这种简单结构的 CMOS OEIC 的 3dB 带宽都要小于 15MHz[31]。

CMOS工艺中源/漏-衬底和源/漏-阱pn结形成的光电二极管比较适合探测波长$\lambda<600$nm的入射光，而阱-衬底pn结形成的光电二极管则更适合探测长波长光，比如780nm或850nm。图4-20中给出了一个N^+注入与p型衬底形成pn光电二极管的结构实例。

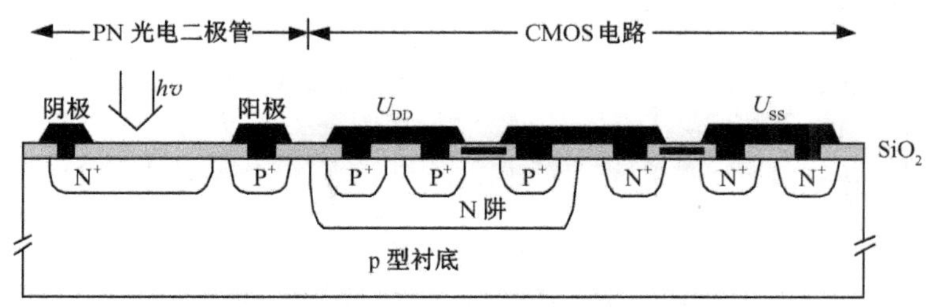

图4-20 单阱CMOS工艺pn型光电二极管

除了载流子扩散之外，由芯片表面横向阳极接触产生的光电二极管串联电阻，以及相对较大的N^+-p结电容，也都会限制pn光电二极管的频率性能。在N阱CMOS工艺中，pn光电二极管的阳极将会由于电路工作的限制而接在电路的低电位，从而很难通过调节探测器的反向偏压来改善其性能。实际上这个结构可以看成一个横向N^+-P-P^+结构的光电二极管[32]，光信号是通过一个集成的光波导被耦合到探测器上的。这个集成光探测器是用0.8μm N阱CMOS工艺实现的。同一工艺中还集成了灵敏电流1μA的CMOS跨阻抗放大器(TIA)，在入射光波长$\lambda=675$nm时可获得最大带宽10MHz。如前所述，探测器的工作速度主要受到耗尽区之外区域产生的光生载流子缓慢扩散运动的限制。

另一例类似结构的光电二极管采用2μm N阱CMOS工艺中的N阱-p衬底pn结来作光电二极管。系统未加优化化时，780nm波长下3dB带宽大于1.5MHz，5V偏压下漏电流密度为0.5pA/mm^2，响应度$R=0.5$A/W($\eta=70\%$)。

为了能够连续观察pn型光电二极管的光生电流，可以让其工作在存储模式。光电二极管的pn结电容可以被用来存储光生电荷，并在一定周期之后将它们读出，如图4-21所示。

为了实现这个目的，当RESET MOS开关打开的时候，光电二极管的电容C_{pix}初始化设置为反向电压U_{rev}。然后RESET开关置于关状态，光电二极管浮空处于光接收周期。在这个周期内，C_{pix}以入射光功率决定的速率放电。剩余电荷通过READ MOS开关并通过集成的电荷感应放大器得到最终的信号。读出的电荷信号越小，说明入射光的光功率越强。这种放电存储模式要优于充电模式，因为加在光电二极管上的初始偏压U_{rev}能够有效的收集光生电荷，而在充电模式中，空间电荷区的宽度较小，从而不能有效的收集光生电荷。

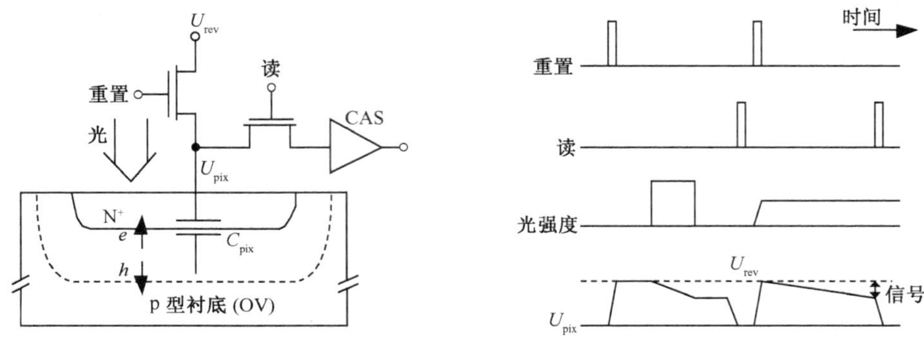

图 4-21　工作在放电存储模式的 pn 型光电二极管

4.2.4.2　双光电二极管(DPD)

N^+-p 衬底结构中的 p 型掺杂浓度一般大于 1016cm^{-3}，造成 pn 结空间电荷区，也就是光生载流子漂移区的宽度太小，大部分的光生载流子产生在这个区域之外。这部分载流子的运动形式主要是缓慢的扩散运动，这就大大限制了光电二极管的工作速度。为了避免耗尽区外光生载流子扩散运动对器件性能的影响，并且不增加工艺的复杂度，一种如图 4-22 所示的基于标准 CMOS 工艺的双光电二极管(DPD，Double PD)结构被提了出来[33]。

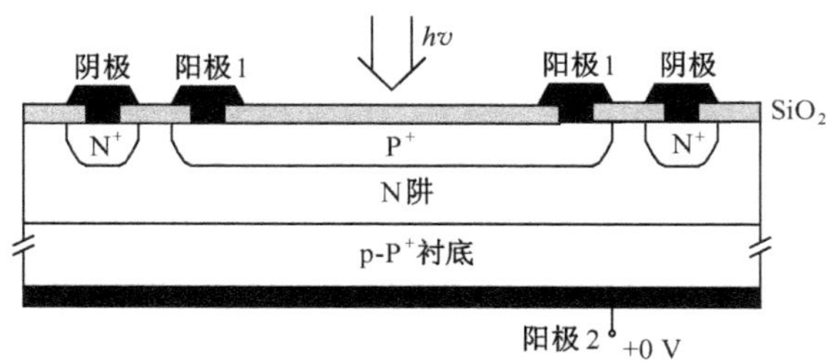

图 4-22　CMOS 双光电二极管结构

现代的 CMOS 工艺和 BiCMOS 工艺都会采用自调整技术形成 N 阱或 P 阱。在阱中注入 N^+ 或 P^+ 区形成 CMOS 的源和漏。这样就会形成两个纵向排列背对背的 pn 结，一个 P^+-N 阱二极管和一个 N 阱-P-P^+ 衬底二极管。两个二极管的阳极都接地，阴极是公共的，是光生电流的引出端。当该 DPD 与一个后模拟带宽 640MHz 的跨阻抗放大电路集成，并在阴极加上 3.3V 反向电压，测得上升时间和下降时间分别为 $t_r = 0.37$ns 和 $t_f = 0.70$ns。根据式(4-27)中对数据率的保守计算方法，该光电集成接收机的非归零码传输速率 DR≥620Mb/s，实际可测得 OEIC

的 -3dB 带宽达到 367MHz。而当反偏 5V 时，可测得室温下的暗电流小于 1pA，探测器的响应度 $R=0.4$A/W，再增加了波长 $\lambda=638$nm 下的抗反射涂层之后响应度增加到 $R=0.49$A/W(量子效率 $\eta=95\%$)。

当两个 pn 结纵向排列时，它们的阳极同时接地，而公共的阴极加上高电压，即两个 pn 结都处于反向偏置。在 P^+-N 阱耗尽区内，光生载流子在电场作用下，电子向 N 阱、空穴向表面的 P^+ 阳极作漂移运动。在另一个 N 阱-P-P^+ 衬底耗尽区内，光生的电子和空穴分别向 N 阱和 P-P^+ 衬底的背面阳极作漂移运动。也就是说在较深区域产生的光生载流子也在电场作用下向光电二极管的两极快速漂移运动，从而避免了载流子扩散运动对器件频率特性的影响。在这两个分布有电场的空间电荷区之外，它们之间由于 N 阱掺杂还存在一个梯度电场，同样有助于产生于两个耗尽区之间体硅内的载流子快速运动。

4.2.4.3 p 型叉指光电二极管

前面提到 CMOS 探测器的响应时间较慢是高速光电接收机单片集成的主要障碍。由于硅对波长 $\lambda=638$nm 吸收深度较深(约 10μm)，同时 CMOS 工艺中源漏注入形成的 pn 结结深较浅($<1\mu$m)，因此大量的光生载流子是在 pn 结外的体硅内产生，这些载流子缓慢的扩散运动是影响探测器速率的主要因素。如果能将这些载流子屏蔽掉，就能获得较高的速率。然而，获得高速率的同时，大部分产生在空间电荷区外的载流子对光信号电流没有贡献，无疑降低了探测器的量子效率，导致响应度不高。

图 4-23 给出了一种基于标准 CMOS 工艺的叉指型光探测器结构[34,35]，N 阱区的面积被定义为探测器的面积，N 阱周围用 P^+ 保护环包围。N 阱中，利用 P^+ 扩散区作为叉指型探测器的阳极区域，这种拓扑图形有利于形成最大化的 pn 结耗尽区，从而有利于光生载流子的收集，尤其是在器件表面附近的载流子。N 阱电极与探测器反向偏压相接，一方面可以调节 P^+-N 阱耗尽区的宽度，同时可以使 N 阱-p 衬底反偏，从而达到屏蔽扩散载流子的作用。

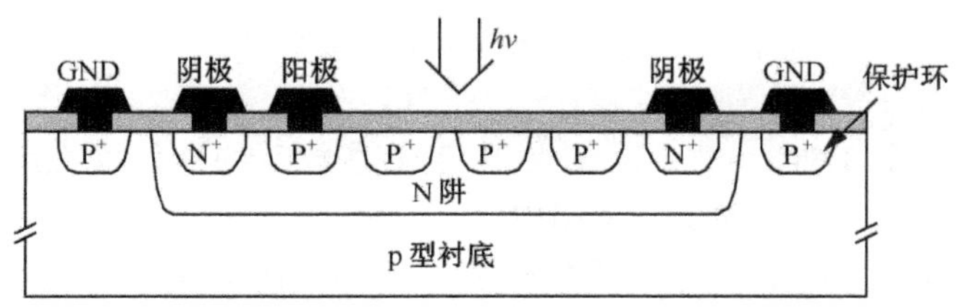

图 4-23 p 型叉指结构光电二极管

图 4-24 给出了在器件模拟软件 Atlas 中输入的器件结构、外加电压示意图和经二维模拟得出的 pn 结的位置和耗尽区位置。图中可见，N 阱与 P^+ 区构成一个

二极管，称工作二极管DO。N阱与衬底构成一个二极管，称屏蔽二极管DS。在衬底深处的光生载流子被屏蔽二极管的耗尽区所吸收，不能扩散到工作二级管内，工作二极管内没有长距离扩散的光生载流子，只有N阱内短途扩散的载流子，从而提高了工作二极管的速度。图中可以看出N阱上的耗尽区即P^+和N阱形成的耗尽区越大，工作二极管DO光生载流子中扩散成分越小，速度越高。这要求N阱的掺杂水平与衬底相当以获得轻掺杂的I区，但这在实际的CMOS工艺中是很难做到的。另外，制作二极管的N阱上不要有调整栅开启电压的掺杂工艺，这要靠版图设计中掩蔽此工艺来实现。

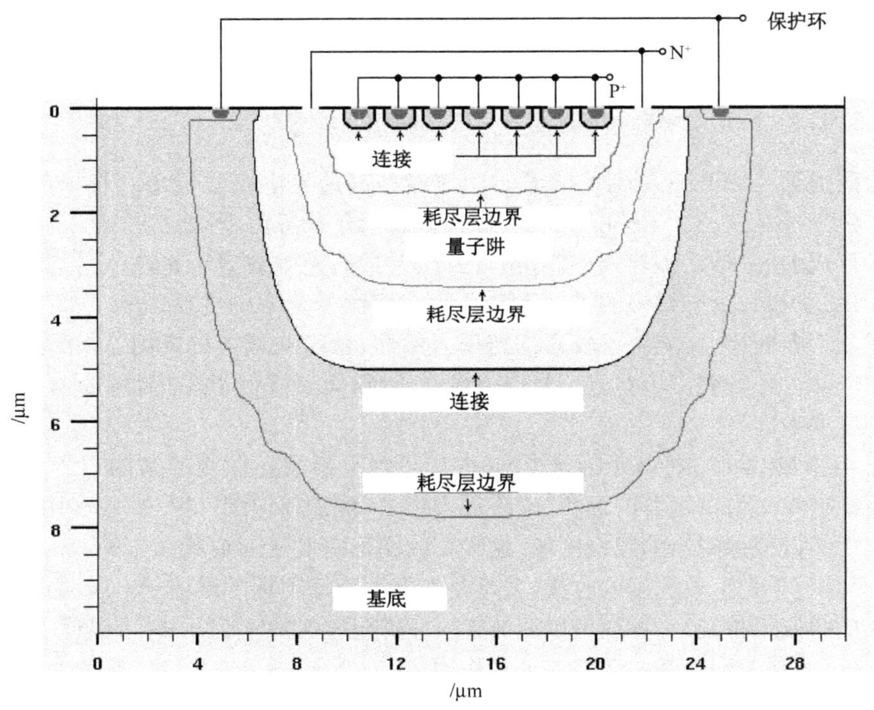

图4-24　二维器件模拟光电探测器的结构

图4-25给出了TSMC 0.35μm CMOS工艺参数下的器件模拟结果。衬底掺杂浓度6×1016cm^{-3}，N阱掺杂1×1017cm^{-3}。

图4-25(a)模拟了工作二极管响应电流与外加反压的关系曲线。三条曲线分别为无光照、光照强度分别为1W/cm^2、25W/cm^2，光波长为0.85μm时工作二极管的响应电流。以二极管面积为20μm×20μm计算，输入光功率分别为4μW(−23dBm)和100μW(−10dBm)。图中可见，无光照的响应电流(对应暗电流)约为10～15A数量级；光照强度为1W/cm^{2}时产生0.16μA光电流，响应度为

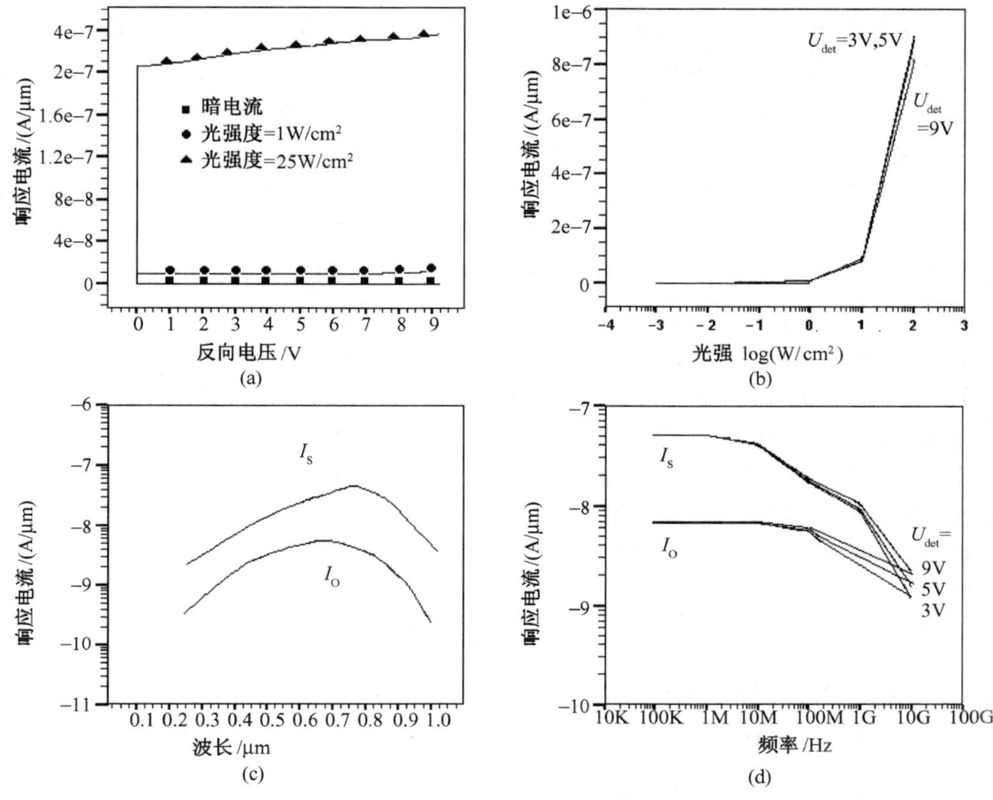

图 4-25 TSMC 0.35μm CMOS 工艺参数下光电探测器的器件模拟

0.04A/W;光照强度为 25W/cm² 时产生 4.8μA 光电流,响应度为 0.048A/W。后者完全能够满足 CMOS 放大器输入的要求,由于器件的面积较小,暗电流可以不考虑。图 4-25(b)模拟了工作二极管响应电流与光强的关系曲线。光波长为 0.85μm,三条曲线为外加反压分别为 3V、5V、9V 时工作二极管的响应电流。由图中可见,外加电压对响应电流影响不大。光强 10～100W/cm² 之间的光电流增长较快,这也说明该二极管适用于强光工作。图 4-25(c)给出注入光强度为 1W/cm²,外加电压为 3V 时工作二极管和屏蔽二极管的波长响应。工作二极管的峰值波长响应为 0.68μm,屏蔽二极管的峰值波长响应为 0.79μm,且工作二极管光电流(IN+)低于屏蔽二极管。这是因为工作二极管的吸收区较浅而且工作二极管的吸收区面积较小,这样,响应波长就短,电流就低。在频率要求低和高响应度的场合就可以用下面的屏蔽二极管工作,这样,光电流会大一些。图 4-25(d)给出注入光强度为 1W/cm²,光波长为 850nm,外加电压分别为 3V、5V、9V 时工作二极管和屏蔽二极管的光调制频率响应。图中可见工作二极管调制频率带宽高于屏蔽二极管,这是因为工作二极管光生载流子的扩散成分很少,而屏蔽二极管光生载流子的扩散成分较多。另外,外加电压越高,工作二极管调制频率带宽就越高,这是因为外加电压越高,空间电荷区越大,工作二极管光生载流子的扩散成分会更少,所以调制频率带宽就更高。一般深亚微米工艺 CMOS 集成电路的工作电压是 3.3V 或更低,如果希望用提高反向偏压的方式来提高探测器的工作速度,可以采用双电源工作,即将探测器电源和电路的工作电源分开。

该探测器与 CMOS 可以与跨阻抗放大器(TIA)相接,实现探测器与接收电路单片集成。整个 OEIC 采用 0.35μm 标准 CMOS 工艺实现,在 850nm 波长下的工作速率可以达到 1.25Gb/s。电路的灵敏度可以通过调节接收机电路各级间的相互关系来实现,例如可以调节电路的工作电压从而调节放大器的增益和带宽关系。误码率(BER)和灵敏度也是折衷关系。当对误码率的要求不高时,可以减小入射光功率,从而使 OEIC 在较小灵敏度下工作。然而根据前面的分析可知,由于 N 阱结深很浅,大部分的光生载流子被屏蔽二极管吸收,对信号电流有贡献的仅仅是一小部分光生电荷,因而这种光探测器总的来说响应度较低,在反偏电压接近击穿电压(约 10V)的时候,响应度只能达到约 0.01～0.04A/W。因此和前面模拟结果相似,该探测器需要工作在大的注入光功率下。

4.2.5 定制 CMOS 工艺下的 PIN 光电探测器集成

4.2.5.1 集成横向 PIN 光电二极管

图 4-26 是一种在轻掺杂的 p 型衬底($Na=6\times10^{12}cm^{-3}$)上采用 1μm NMOS 工艺制作的横向 PIN 光电二极管[36]。

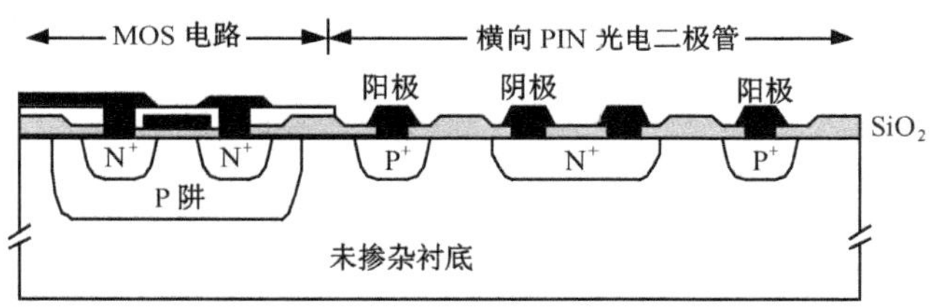

图 4-26 NMOS 集成横向 PIN 光电二极管

由于 PIN 结构是直接制作在高电阻率的衬底上,因而 I 层的厚度可能可以和 Si 材料中 870nm 光注入的吸收深度(～20μm)相比拟。该 PIN 探测器的量子效率较高,在未增加抗反射涂层,5V 反向偏压条件下,可测得 670nm 波长下响应度为 0.32A/W,870nm 波长下的响应度为 0.45A/W,换算成外部量子效率可达到 67%。而且由于衬底的轻掺杂,它的反向击穿电压可以超过 60V,意味着可以获得厚度更大的 I 层。在测量该光电二极管的带宽的时候,在探测器上施加波长 850nm、脉宽 200fs、间距 13.2ns(75MHz)的近似 delta 函数光脉冲信号,通过测量探测器对此时域上梳状排列脉冲序列响应的光谱内容,即可测算探测器的频响特性。通过这种方法可得到此探测器 3dB 带宽约为 1.3GHz。

在此 OEIC 中,NMOS 晶体管用 0.8μm 自对准硅栅工艺制作在一个 P 阱中,制作工程中采用了标准的 LOCOS 隔离工艺,P 阱掺杂浓度约为 $1.2\times10^{16}\mathrm{cm}^{-3}$。

4.2.5.2 纵向 PIN 光电二极管

根据前面对一些实例比较分析,可以知道在 OEIC 的设计中,最基本的目标就是要实现电路部分和光电二极管器件部分对衬底要求的相互平衡。即在一对相互制约的关系中寻找到最佳的折衷点。然而在商业化的集成电路制造工艺中很难提供光电器件所需的特殊条件,因此,希望在对标准工艺做最小量的修改以实现高指标光电探测器的集成。

图 4-27 中给出了一种基于定制双阱 CMOS 工艺的纵向结构 PIN 集成光电二极管[37]。其制造工艺在标准工艺的基础上,针对光电器件的优化,仅增加了两个步骤:

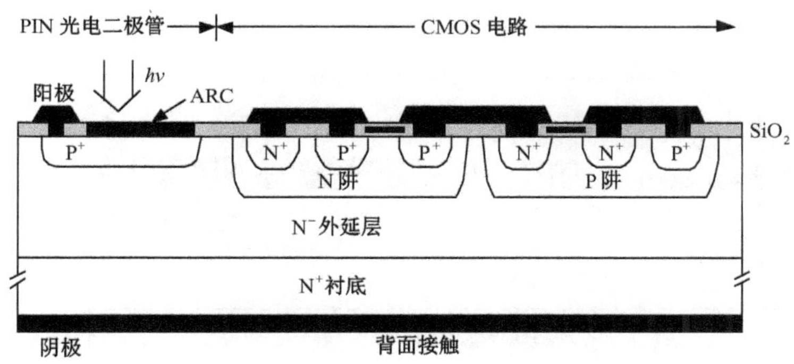

图 4-27 纵向 PIN CMOS 光电集成电路

1. 增加了一层光电二极管保护掩模版,它的作用是在制作 PIN 的区域形成一层保护膜,使得标准工艺中为调整 MOS 管阈值电压而进行的离子注入在这个区域内被避免。

2. 晶圆的背面制作电极。这种 OEIC 制作在带有一层高阻外延的晶圆上,外延层的掺杂浓度约为 $5\times10^{13}\mathrm{cm}^{-3}$。电路制作在阱内,因此 MOS 器件电学性能基本不受轻掺杂的外延影响,其电路模拟使用的 SPICE 器件模型参数也无需作特别的修改。而光电二极管则直接制作在轻掺杂的外延层上,它采用源漏注入的 P^+ 区作为探测器的阳极,阴极则由 N^+ 衬底从背面引出。当探测器的两极接上反偏电压后,P^+-N^- 结会在轻掺杂的一侧形成较厚的耗尽层。当电压足够大时,能使外延层全部耗尽,其厚度能接近光在材料中的渗透深度,这正是一个高速、高响应度的光电二极管所需要的 I 层。在输入 850nm 波长光信号时,3V 反向偏压下,探测器的响应时间分别为上升时间 $t_r=0.55$ns,下降时间 $t_f=0.67$ns。如果进一步降低外延层杂质浓度,能够实现更快的响应速度。在标准工艺中,由于在器件表面会覆盖有氧化层和钝化层,探测器的量子效率因此会减小到50%以下。在实际制作过程中,可以在探测器区域增加一层特殊的抗反射涂层(ARC,Anti-Reflection Coating),能使特定光谱内的量子效率达到90%以上[38]。如果能对芯片表面的钝化层进行优化设计,还可以获得更好的性能。

这种探测器可以应用在光纤通信和DVD等场合,针对不同的应用需要设计不同的信号采集电路。当该探测器和CMOS前置放大电路集成之后,在638nm波长的应用中,集成接收机在1Gb/s速率下的灵敏度能达到-15.4dBm(BER=10^{-9}),这是目前已知该结构OEIC在1Gb/s速率下的最高灵敏度。在探测器表面增加抗反射涂层之后,该集成接收机的灵敏度预计还能改善2~3dBm,达到-17dBm的千兆以太网应用的工业标准。

图4-28中给出了采用p型衬底制作的类似纵向PIN集成光电探测器。与图4-26中结构稍微有所区别的是它采用了p型衬底材料,而利用注入 N^+ 区作为探测器的阴极。

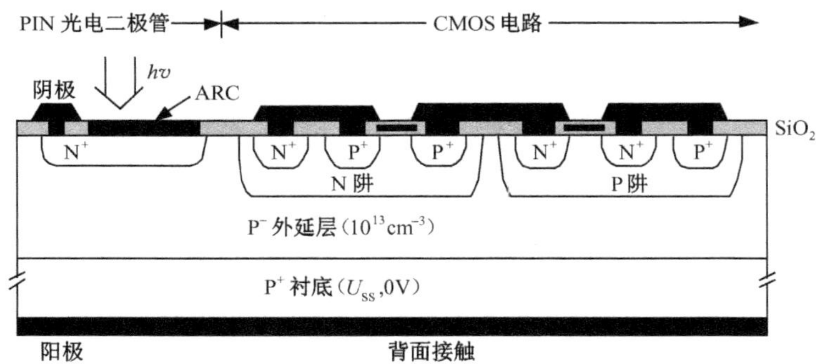

图4-28　采用p型衬底的纵向PIN CMOS光电集成电路

图4-29给出了在器件模拟软件Atlas中对此结构光电探测器的模拟结果。外延层厚度为7μm,浓度为 $2\times10^{13}cm^{-3}$,光电二极管的面积为20μm×20μm。由于器件面积较小,暗电流约为10~15A数量级,可以不予考虑。

图4-29(a)模拟了光电二极管响应电流与光强的关系曲线。光波长为850nm,两条曲线的外加偏压分别是3V、5V。图中可见,外加电压对响应电流影响不大。光照强度为1W/cm² 时产生0.87μA的光电流,响应度为0.22A/W。当输入光功率为25μW(-16dBm)时,可以得到5.5μA的电流,完全可以驱动后面的CMOS放大电路,这说明接收灵敏度可以达到-16dBm。

图4-29(b)给出了注入光强度为1W/cm²,外加电压为3V时光电二极管的波长响应。其峰值波长为0.7μm,这与外延层的厚度有关。当外延层较厚时,响应

波长提高，但是调制频率带宽却有所下降，这可能是由于渡越时间随耗尽区厚度变大而变长的缘故。

图 4-29(c)给出了注入光强度 1W/cm^2，光波长为 850nm，外加电压分别为 3V、5V 时光电二极管的光调制频率响应。图中可见纵向 PIN 光电二极管的调制频率带宽较高，这也验证了前面对这种结构的理论分析。0.6μm 的 CMOS 集成电路工作电压为 5V，要想提高速度，可以采用双电源工作，使光电探测器的偏压高于 5V，以获得更大的耗尽区厚度。

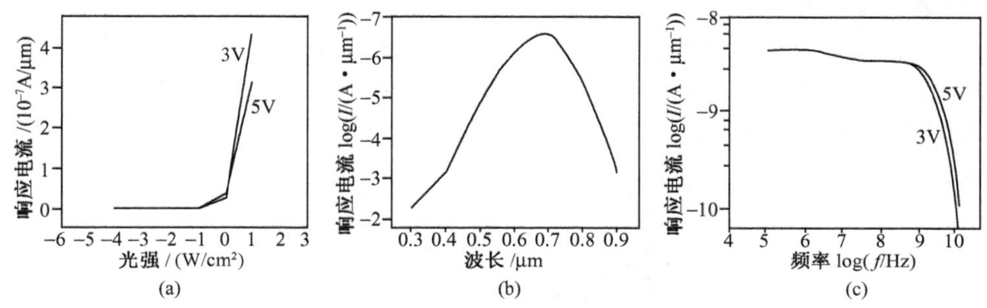

图 4-29　纵向 PIN 光电探测器的器件模拟结果

图 4-30 模拟了外延层厚度与掺杂浓度对调制频率带宽的影响。图 4-30(a)中采用外延层掺杂浓度为 $2\times10^{13}cm^{-3}$的光电二极管结构进行模拟，两条曲线分别显示了外加偏压分别为 3V、5V 时带宽值随着外延层厚度增加的变化。图中可见，当外延层厚度为 7μm 左右时，带宽值达到峰值。这是因为：首先外延层较薄时，将有一部分光生载流子在衬底处产生，这部分载流子不能通过在强电场中以饱和速度传输，影响了速度；其次在外延层厚度比较厚时，尽管加反偏电压可以使外延层全部耗尽，但是光电二极管的串联电阻 R_S 增大，成为影响带宽的决定因素，从而

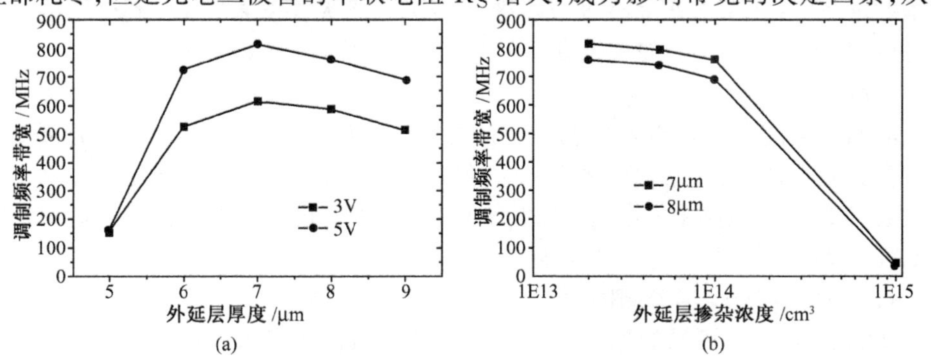

图 4-30　外延层厚度与掺杂浓度对调制频率带宽的影响

导致带宽的下降。从图 4-30(b)中看到,外延层厚度分别为 7μm 和 8μm,当其掺杂浓度由 2×10^{13}cm^{-3}上升到 1×10^{15}cm^{-3}时,带宽下降的很明显,说明了外延层掺杂浓度较高时,不能完全耗尽,光生载流子中扩散成分比例增大,影响了速度。因此,在设计中应该根据具体对探测器性能的需求选择适当的工艺条件。

图 4-31 中是一种叉指型纵向 PIN 结构[39]。它是采用在 N^-外延层上注入 P^+区形成。这种结构的优点在于它能在探测器表面形成空间电荷区,可以有效的避免载流子复合与扩散电流的影响。P^+注入区用金属互连,作为探测器阳极,阴极则作在芯片的背面。在增加了累积的 SiO_2 和 Si_3N_4 形成的 ARC 后,该探测器在 638nm 波长下的响应度可达到 0.49A/W($\eta=95\%$)。在与 1.0μm NMOS 工艺前置放大电路组成的集成接收机中,数据传输速率可达到 1.0Gb/s,该速率下接收机灵敏度为 −9.3dBm(BER$=10^{-9}$),在目前这类速率的接收机中,灵敏度是相当高的。

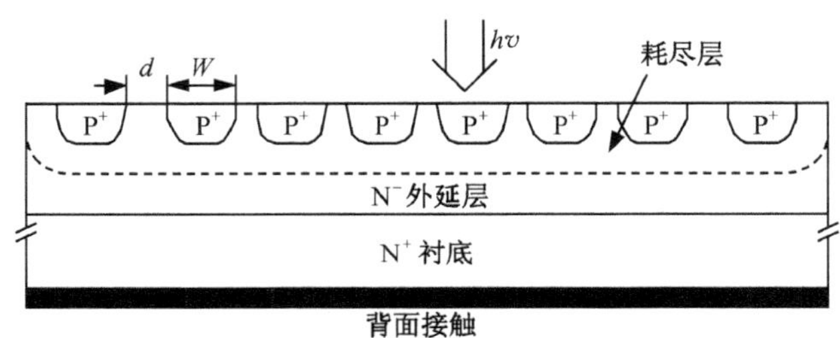

图 4-31　叉指型纵向 PIN 光电二极管

在这种结构中,叉指的数目,宽度以及叉指间的距离都会对探测器的性能产生影响。若叉指间距太大,则会在表面有部分未耗尽区域,则探测器则会受扩散载流子的影响而速度变慢;若叉指间距太小则会减小耗尽区的宽度,从而导致探测器的量子效率下降;且叉指宽度太大或个数太多都会增大探测器面积,使得结电容增大,影响频率特性。因而应根据具体的工艺条件和设计要求选择适当的耗尽区间距和宽度。

前面提到过由于 CMOS 电路是制作在阱内,而且阱的掺杂浓度比外延要高三个数量级左右,因此其电学特性不会受轻掺杂衬底的太大影响。但是轻掺杂的外延层会对 CMOS 电路中一些寄生效应有所影响,需要设计者在版图设计时对原有的 CMOS 版图设计规则作适当的调整。

1. 闩锁效应(latch-up effect)

在 N 阱与 P 阱接触的地方存在着发生闩锁效应的危险。如图 4-32 中所示,存在于 MOS 晶体管结构中的两个寄生双极晶体管各自的基极分别与对方的集电极相连,形成了四层的晶闸管的结构。当其中一个晶体管的基-射结电压超过约 0.6V 时,晶闸管将开启,从而导致 U_{DD}与 U_{SS}短路,电路将失去功能。器件甚至可能被大电流所产生的热量所损坏。由于外延层掺杂浓度的减小,PNP 晶体管基区 Gummel 值变小,相应的提高了 PNP 晶体管的电流增益。同时 NPN 晶体管的集电极的串联电阻 R_{ev}也会随着外延杂质浓度的降低而增加。这两个方面的变化都会使得 CMOS 电路对闩锁效应的免疫力下降。

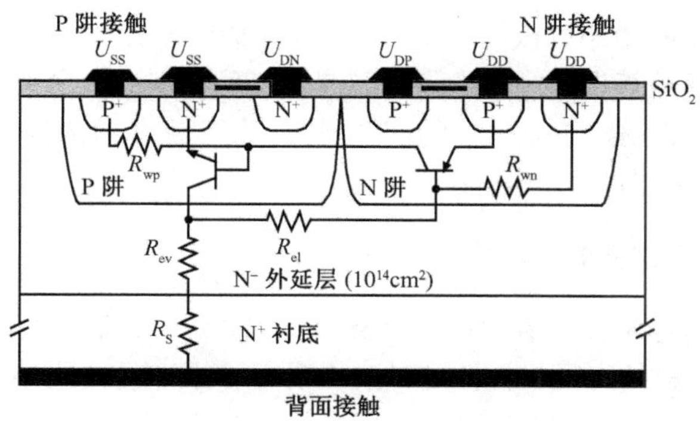

图 4-32　寄生双极型晶体管闩锁效应的影响

因此需要在版图设计中采取特殊措施防止闩锁效应的发生:

(1) 分别位于两个相接触但不同类型阱中的 N^+ 与 P^+ 注入区间的距离应该足够大,以降低寄生晶体管的电流增益;

(2) 在 N 阱中寄生 PNP 晶体管的 P^+ 发射极周围加上 N^+ 保护环,或者在 P 阱中寄生 NPN 晶体管 N^+ 发射极的四周加上 P^+ 保护环,都可以将寄生晶闸管的开启电流提高;

(3) 在阱周围加保护环以破坏四层晶闸管的结构。

2. 穿通效应(reach-through effect)

当两个与衬底的掺杂类型不同的阱相邻时,穿通效应的影响就会很重要。当两个阱中电路为模拟电路时,阱的电位可能互不相同。当两个阱的电位之差足够大时,阱的耗尽区向外扩展并可能相互接触,如图 4-33 所示。从而在两个阱之间形成穿通电流,造成模拟电路直流工作点偏移。如果衬底是轻掺杂的外延层,那么就更容易形成较宽的耗尽区,也就是说,在版图设计的时候,同类型阱之间的距离要比普通的 CMOS 工艺所规定的值稍微大一些。

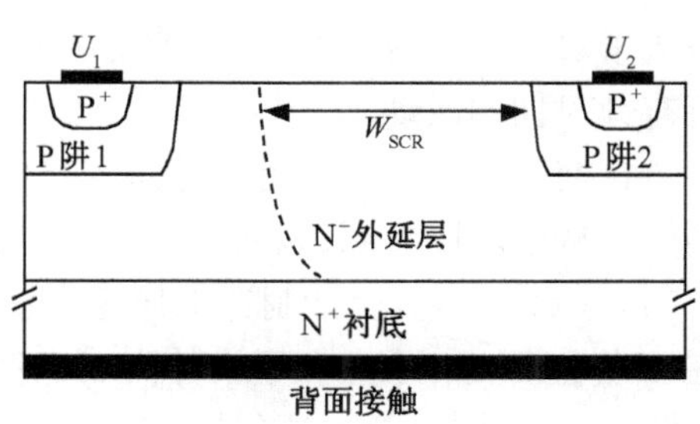

图 4-33　相同类型阱之间的穿通效应

综上所述,在这种结构的 OEIC 中,外延层的厚度和杂质浓度需要根据具体的需要进行优化。应针对速度、响应度、吸收光波长等指标选择适当的外延参数。同样,ARC 的选择也应是针对某一特定光谱范围的。当光电单片集成的技术达到产业化目标的时候,可以要求晶圆代工厂提供类似 MOS 晶体管 SPICE 模型参数的光电特征参数,或者是建立标准的光电器件库,设计者可以根据需要选择不同的工艺参数实现光电集成。在电路部分,轻掺杂外延层使得针对闩锁效应的部分版图设计规则也需要作些微小的改动。此外,静电保护(ESD, Electrostatic Discharge)与高阻外延上阱间距等设计规则也需要晶圆代工厂特别的指出来。希望在未来光电子领域能实现 Fabless + Foundry 的产业模式,为飞速发展的信息技术提供更先进、更廉价的光电子器件。

4.2.6 标准工艺下硅基光电集成的应用

根据前两节对硅基探测器的理论分析和实例介绍,可以知道:

(1) 由于硅材料的光吸收特性是对波长缓变的(图 4-14),波长越长,其吸收系数随着波长增大越小,即相同条件下的量子效率减小,同时这也意味着渗透深度 $1/\alpha$ 变大,需要的工艺难度也相应增加。因此,硅基探测器一般选择工作在短波长范围内($\leqslant$870nm)。

(2) 虽然硅是间接带隙半导体,从理论上来看,相比 GaAs 等直接带隙半导体材料来说,并不是理想的光探测器材料。但是经过适当的设计和对工艺的选择,也能达到超过 1Gb/s 的较高速率。

(3) 硅的光吸收深度较深,约在 10μm 以上,然而标准的体硅集成电路加工工艺中很难提供这样深的 pn 结,也就是说在常规工艺制作的探测器中,大量的光生载流子是产生在耗尽区之外的区域,这些载流子在没有电场的区域作缓慢的扩散运动。如果响应电流中包含这些扩散成分,将影响到探测器的响应速度;如果采用类似双光电二极管(DPD)的结构将这些扩散载流子屏蔽掉,就必然使大量的光生载流子对信号电流没有贡献,即探测器的量子效率降低。因此需要对标准工艺进行有针对性的改动。

在前面已经介绍了近几年来提出的几种基于标准硅基工艺的光电集成接收机结构。从中可以看到,以目前的集成电路工艺水平,无论是双极工艺,还是应用最广的 CMOS 工艺,设计制造工作速率超过 1Gb/s 的接收机电路已经没有太大的问题。光电集成的难点在于设计高响应度、高速度的光电探测器。在目前标准集成电路工艺无法提供设计高性能探测器所需理想工艺条件的情况下,如何以对工艺最小的改动达到目的成为最关心的问题。

目前对硅基 OEIC 的研究主要集中在光存储系统($\lambda = 638$nm)和短距离光互连($\lambda = 850$nm)两大领域。对于 VSR 系统,其对接收端指标要求比较高。根据前一章介绍的 VSR 标准的要求,接收机的数据率要求达到 1.244Gb/s,灵敏度则需达到 −13.6dBm。目前来看,很难通过标准 CMOS 工艺实现这一指标,因此需要采用改动过的工艺,例如采用高阻外延衬底或SOI衬底等。

在TSMC提供的0.18μm RF/MS CMOS工艺中,针对射频与混合信号芯片设计,提供了一个深N阱结构,用来屏蔽电路中各部分可能产生的噪声影响。这个深N阱深度约为10μm,可以提供一个纵向NPN结构,如图4-34所示。其中浅沟道隔离(STI,Shallow Trench Isolation)是用于射频集成电路中器件隔离的专门工艺。这种结构使得在这种标准CMOS工艺中集成一个纵向的PIN光电二极管成为可能。

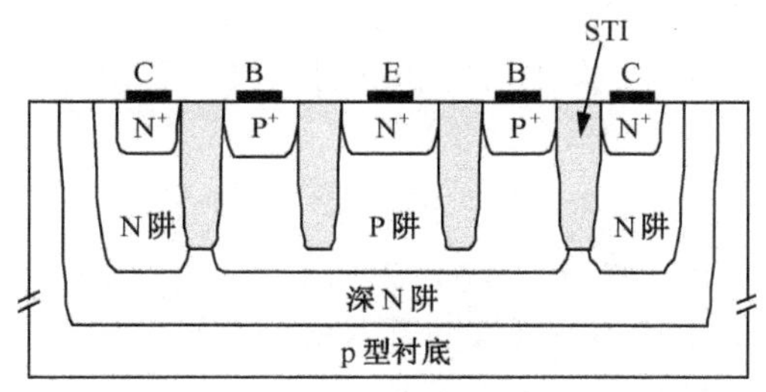

图4-34　深N阱及纵向NPN晶体管

4.3　光纤传输技术

光纤是通信网络的优良传输介质,在现代通信系统中得到了广泛的应用。与传统的电缆相比,光纤具有信息传输容量大,中继距离长,不受电磁场干扰,保密性能好和使用轻便等优点。

光是一种电磁波,因此,有关光纤传输理论的严格分析,需要借助于光的波动理论来进行,即从麦克斯韦方程出发,在满足纤芯和包层圆柱形边界条件下求解光在光纤中的波动方程,得到光在光纤中的传输波形(模式)、色散特性、截止条件、传输功率等。由于光的波长很短,特别是在光纤的纤芯直径相对于光的波长比较大的时候,可以将光在光纤中的传输看成是光线的传输,用射线理论来处理有关光纤的传输问题。用射线理论分析光纤的传输问题,物理图像直观、方便。尽管这种分析方法是近似的,但仍然能得到一些有用的结论。多模光纤的芯层直径远大于光波波长,故可用射线理论分析多模光纤的导光原理和传输特性。而对于单模光纤,由于其纤芯直径与波长λ的大小可以比拟,则必须使用光的波动理论来对其进行分析。对光纤的导光原理和传输特性的分析已超出了本书的范畴,有关这些问题的详细讨论,有兴趣的读者可以参考有关的书籍。本节在这里将首先对光纤的数值孔径,光纤模式以及光纤带宽等概念作一个概要的介绍,然后对VSR系统中所用到的光纤作进一步的详细讨论。

4.3.1 光纤的数值孔径

光纤是由纤芯,包层所组成的圆柱型的介质波导。纤芯的折射率总是比包层的折射率略大。当光波从折射率较大的介质入射进入较小的介质时,会在两种介质的边界发生折射和反射。斯奈尔(Snell)定律描述了入射角和折射角与介质折射率的关系。图 4-35 所示的是一个子午光线在一个阶跃折射率光纤中传播的情况。设纤芯的折射率是 n_1,包层的折射率为 n_2,光线从折射率为 n_0 的介质中进入光纤纤芯,光线与光纤轴之间的夹角为 θ_0。光线进入纤芯后以入射角 α 投射到纤芯与包层的界面上,并在界面上发生折射和反射。设折射角是 θ_2,根据斯奈尔定律,有

$$n_1\sin(\alpha) = n_2\sin(\theta_2) \tag{4-27}$$

$$n_0\sin(\theta_0) = n_1\sin(\theta_1) = n_1\cos(\alpha) \tag{4-28}$$

设当 $\alpha=\theta_c$ 时,折射角 $\theta_2=90°$,所有入射的光都不会进入 n_2 介质;当 $\alpha>\theta_c$ 时,即有 n_1 和 n_2 的界面上有全反射发生。

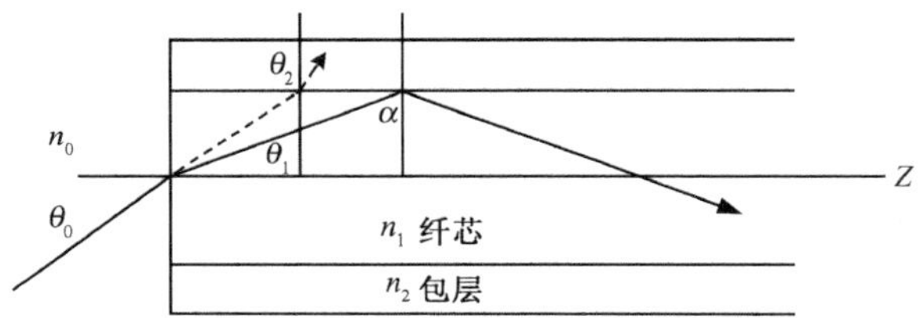

图 4-35 理想的阶跃折射率光纤中,子午光纤传播的射线光学表示

根据式(4-28)可以得到在 n_1 和 n_2 的界面上有全反射发生,在空气($n_0=1$)中光线的最大入射角 $\theta_{0,\max}$所应满足的关系式为

$$n_0\sin(\theta_{0,\max}) = n_1\sin(90° - \theta_c) = \sqrt{n_1^2 - n_2^2} \tag{4-29}$$

定义数值孔径(NA,Numerical Aperture)为

$$\mathrm{NA} = \sqrt{n_1^2 - n_2^2} = n_1\sqrt{2\Delta} \tag{4-30}$$

这里 $\Delta=(n_1-n_2)/n_1$ 是光纤芯层与包层的相对折射率差。NA 是一个无量纲的数,它表示光纤接收和传输光的能力。通常 NA 的数值在 0.14~0.5 范围之内。光纤的数值孔径 NA 越大,光线可以越容易地被耦合到该光纤中。

光纤中有子午线和斜光线两类射线可以传播,子午光线是经过光纤对称轴的子午平面内的光线射线,而斜光线是沿一条类似于螺旋型的路径。对光纤中射线传播的一般特性进行分析时仅使用子午光线就足够了。上述有关光纤的数值孔径的分析就是应用光的射线理论对子午光线的分析获得的。

4.3.2 光纤模式

在阶跃多模光纤中，入射的子午光线和斜射光线都产生沿光纤传输的导模，每一个导模都具有一个沿光纤轴线（Z 轴）的传输常数 β。子午光线在光纤内产生 TE 波和 TM 波，而斜光线所产生的导模的电场和磁场都有沿 Z 轴方向的分量，即 E_Z 和 H_Z 分量，因此既不是 TE 波，也不是 TM 波，而是 HE 波和 EH 波。HE 模的磁场分量比电场分量强，而 EH 模则相反。

通过应用光的波动理论对阶跃折射率光纤进行分析，可以分别得到光在包层和芯层的场解。在芯层的场解是第一类 ν 阶的贝塞尔函数 $J_\nu(\mu r)$，这里 $\mu = k_1^2 - \beta^2$，$k_1 = 2\pi n_1/\lambda$。在包层的场解是第一类 ν 阶修正的贝塞尔函数 $K_\nu(w r)$，$w = \beta^2 - k_2^2$，$k_1 = 2\pi n_2/\lambda$。λ 是光在真空中的波长。纤芯中的 E_Z 和 H_Z 的表达式分别为

$$E_Z(r < a) = \mathrm{A}J_\nu(\mu r)\exp(\mathrm{i}\nu\varphi)\exp(\mathrm{i}(\omega t - \beta_Z)) \tag{4-31}$$

$$H_Z(r < a) = \mathrm{B}J_\nu(\mu r)\exp(\mathrm{i}\nu\varphi)\exp(\mathrm{i}(\omega t - \beta_Z)) \tag{4-32}$$

等式中 A 和 B 是两个任意常数。包层中的 E_Z 和 H_Z 的表达式分别为

$$E_Z(r > a) = \mathrm{C}K_\nu(w r)\exp(\mathrm{i}\nu\varphi)\exp(\mathrm{i}(\omega t - \beta_Z)) \tag{4-33}$$

$$H_Z(r > a) = \mathrm{D}K_\nu(w r)\exp(\mathrm{i}\nu\varphi)\exp(\mathrm{i}(\omega t - \beta_Z)) \tag{4-34}$$

等式中 C 和 D 是任意常数。

根据修正贝塞尔函数的定义，当 $wr \to \infty$ 时，$\mathrm{D}K_\nu(wr) \to \exp(-wr)$，所以在 $w > 0$ 的情况下，当 $r \to 0$ 时场量必须趋于零。这说明 $\beta \geqslant k_2$，则 $\beta = k_2$ 为截止条件。所谓截止条件是指在 $r = a$ 的界面上，传播模变成辐射模，光纤中的光能通过界面辐射到包层中去了，模式将不再约束于纤芯区域内。在纤芯中，μ 必须为实数，即 $k_1^2 - \beta_2 \geqslant 0$，$k_1 \geqslant \beta$，由此可以得到传播模 β 的取值范围应为

$$n_2 k = k_2 \leqslant \beta \leqslant k_1 = n_1 k \tag{4-35}$$

与截止条件相联系的一个重要参数是 V 参数，也称归一化频率，其定义为

$$V^2 = a(\mu^2 + w^2) = (2\pi a/\lambda)^2(n_1^2 - n_2^2) = (2\pi a/\lambda)(\mathrm{NA})^2 \tag{4-36}$$

V 参数是一个无量纲的数，它与光纤的结构参数、包层和芯层的折射率以及光波长有关。从式(4-36)中可以看到，光纤的芯层半径 a，芯层折射率与包层折射率差或光纤的数值孔径越大，则 V 值越大。波长 λ 越大则 V 值越小。在式(4-36)中并没有包含光纤的包层的结构参数，说明包层的直径对各个导模的传播没有大的影响。

V 值决定了光纤可以支持的传播模数量。除了最低阶的 HE_{11} 模以外，每一个模式都有唯一一个可以达到的极限 V 值。在 $\beta = n_2 k$ 时，该模式被截止。当 $V < 2.405$ 时，HE_{11} 模是阶跃折射率光纤中可能传播的最低阶模。因此，在阶跃折射率光纤中由 $V < 2.405$ 表征单模传输，即在光纤中传播着 HE_{11} 模。为只能传输单一模（HE_{11} 模）而设计的光纤称为单模光纤。同时把能传输许多个模式的光纤称为多模光纤。

当光纤的芯层和包层的相对折射率差 $\Delta \ll 1$ 时,称这种光纤为弱导光纤。当 $\Delta \ll 1$ 时,场的轴向电场分量 E_Z 和磁场分量 H_Z 很小,即在弱导光纤中的电、磁场几乎是横向线偏振电场、磁场,导模也几乎是平面偏振行波,类似于平面波的场方向。但是与均匀平面波不同的是,这种波的场强在平面内部不是常数。称这些波为线性偏振模(LP)。这种沿光纤传输的 LP 导模可以用沿 Z 轴的电场分布 $E(r,\varphi)$ 表示,这种场分布或者场斑是在垂直于光纤轴(Z 方向)的平面内,因此与 r 和 φ 有关,而与 Z 无关。因此用对应于 r 和 φ 两个边界的两个整数 l 和 m 来描述其特性。l 表示循环一周($\varphi=360°$)最大光强的对数,m 表示从纤芯开始沿 r 方向到包层具有的场斑的个数。这样一个 LP 模中的传输场分布可以用 $E_{lm}(r,\varphi)$ 来表示,称这种模为 LP_{lm} 模,并且可以用沿 Z 轴的行波表示

$$E_{\mathrm{LP}} = E_{lm}(r,\varphi)\exp(\mathrm{i}(\omega t - \beta_{lm}Z)) \tag{4-37}$$

式中 E_{LP} 表示 LP 模的电场,β_{lm} 是它沿 Z 轴的传输常数。对于给定的 l 和 m,$E_{lm}(r,\varphi)$ 表示在 Z 轴的某个位置上特定的场分布,该场以波矢量 β_{lm} 沿光纤传播。

LP 模暂时不再考虑 TE,TM,HE,HM 各模的区别,而仅仅注意于各模的传输常数 β。传输常数相等的模为简并模并取相同的名称。表 4-3 是 LP 模与传统模的标记方法的关系。

表 4-3 光纤中两种模式分类之间的关系

LP_{lm}模的名称	U 值范围	原有模的名称和个数	简并度
LP_{01}	0～2.4048	$\mathrm{HE}_{11}\times 2$	2
LP_{11}	2.4048～3.8317	$\mathrm{TE}_{01},\mathrm{TM}_{01},\mathrm{HE}_{21}\times 2$	4
LP_{21}	3.8317～5.1356	$\mathrm{EH}_{11}\times 2,\mathrm{HE}_{31}\times 2$	4
LP_{02}	3.8317～5.1356	$\mathrm{HE}_{12}\times 2$	2
LP_{31}	5.1356～5.5201	$\mathrm{EH}_{21}\times 2,\mathrm{HE}_{41}\times 2$	4
LP_{12}	5.5201～6.3802	$\mathrm{TE}_{02},\mathrm{TM}_{02},\mathrm{HE}_{22}\times 2$	4
LP_{41}	6.3802～7.0156	$\mathrm{EH}_{31}\times 2,,\mathrm{HE}_{51}\times 2$	4
LP_{22}	7.0156～7.5883	$\mathrm{EH}_{12}\times 2,\mathrm{HE}_{32}\times 2$	4
LP_{03}	7.0156～7.5883	$\mathrm{HE}_{13}\times 2$	2
LP_{51}	7.5883～8.4172	$\mathrm{EH}_{41}\times 2,\mathrm{HE}_{61}\times 2$	4

4.3.3 光纤的传输特性

4.3.3.1 光纤的损耗

光在光纤中传播的过程中会发生能量损耗。用衰减系数 α 表示光功率的衰

减，单位是 dB/km。α 的表达式是

$$\alpha_{dB} = -(1/L)10\log(P_{out}/P_{in}) \tag{4-38}$$

式中，L 是光纤的长度，单位为公里；P_{in}和 P_{out}分别是光的输入功率和输出功率，单位是瓦。

引起光功率在光纤中的衰减因素主要有光的吸收、散射和辐射等。对纯度为100％的玻璃来说，光能吸收的主要机理是两个：

(1)光子与分子振动之间的相互作用造成的吸收带，这主要存在于红外波长6μm 以上。

(2)当光子的能量足以使电子跃迁到更高的能带时，存在一个吸收的噪声的阈值，特别是在紫外区(＜0.4μm)更是这样。

由于玻璃是非晶状材料，这两种吸收带会延伸到可见光区，造成一般小于0.1dB/km 的损耗。制造光纤的玻璃材料中会有杂质，如各种各样的金属离子，它们是产生损耗的附加源。不同能级之间的电子跃迁受到金属离子的影响，从而产生许多的吸收峰。但这种吸收损耗一般也比较小。在杂质中，OH 离子是一个造成附加吸收的主要原因。OH 离子的主要吸收峰在 2.7μm 处，另外在 725nm，950nm 和 1400nm 处还有三个吸收峰，如图 4-36 所示。

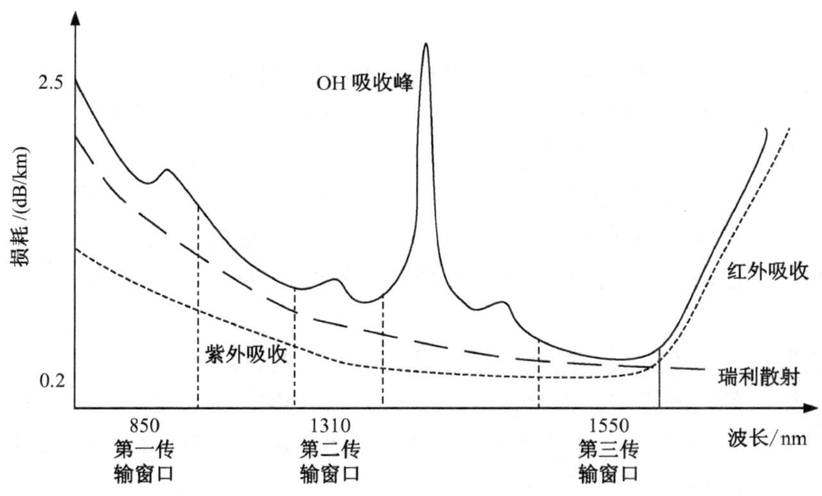

图 4-36　光纤的损耗特性

目前的光纤制造工艺可以使 OH 离子的浓度降到很低，从而使光纤的吸收损耗降下来，甚至制造出无水峰光纤，即全波光纤。全波光纤消除了损耗高峰区域，将 1310nm 和 1550nm 低损耗波长窗口区域“打通”，使光纤形成了 1280～1625nm 完整的传输波段；全部可用波长范围比常规光纤增加约一半，复用的波长数大大增加；可以使用波长间隔较大，波长精度和稳定度较低的光源、合波器、分波器和其他

元件;使元器件特别是无源器件的成本大幅度下降,降低了整个系统的成本。

全波光纤衰减将仅由硅玻璃材料的内部散射损耗决定,在1385nm处的衰减可低达0.31dB/km。除了没有水峰以外,全波光纤与普通的标准G.652匹配包层光纤一样。

由散射引起的损耗主要是材料固有的瑞利(Rayleigh)散射,这是因为在光纤中存在折射率的细微波动和缺陷造成的。瑞利散射损耗与波长成$1/\lambda^4$的关系。

4.3.3.2 光纤色散

光波在光纤中的传播速度是$v=c/n$,这里c是光在真空里的速度,n是光纤芯层的折射率。v还可以被表示为$v=\omega/k$,这里ω是光的角频率,$k=2\pi n/\lambda$,称为波数。这里所定义的速度是指光波恒定相位点的移动速度,称为相速。在介质中,相速与频率有关。

在通信中,单一频率的波没有信息量,信号总是由许多频率成分所组成的。另外实际光源也不可能是单色的,在其中心频率附近很小的频宽范围内,存在着一定的振幅分布。把这样一个含有不同频率分量的波称为波群。波群的振幅就是信号的包络。波群振幅移动的速度被称为群速度,也就是信号能量传输的速度。群速度的表达式为

$$v_g = d\omega/d\beta \tag{4-39}$$

光信号的频谱宽度决定于光源的谱线宽度和调制信号的频谱。在信号调制速率不高的情况下,光信号的谱宽主要取决于光源的线宽,如垂直腔面发射激光器的典型线宽是1nm左右,在调制的脉冲频率小于2.5GHz时,则信号调制带宽仅为0.05nm。但在信号的调制频率很高,且采用线宽极窄的动态单纵模激光器(DFB)做光源时,则调制信号的谱宽可能会成为影响光信号谱宽的决定性因素。

光信号包络在光纤中传输单位距离的时间称为群时延,用τ表示,则

$$\tau = 1/v_g = d\beta/d\omega \tag{4-40}$$

色散即是指不同成分的光信号在光纤中传输时,因群速度不同产生的群时延不同这样一种物理效应。如果信号是模拟调制,色散限制了带宽。如果是数字脉冲,色散使脉冲在传播过程中展宽,致使前后脉冲相互重叠,引起数字脉冲的码间串扰,从而限制了信号的传输速率。

色散主要有三种类型,即模间色散,色度色散和偏振模色散。色度色散又分为材料色散和波导色散。下面分别对这几种色散加以简要介绍。

1. 模间色散

如果将一个光脉冲导入多模光纤,一般会激励起多个模式。脉冲的光功率将被分配给所有被激励出的光波模式上。不同的传播模式有不同的β值,即各个传播模将以不同的速度在光纤中传播,从而产生时延差。这将导致分配到不同模式上的同一个光脉冲的能量在不同的时刻到达光接收器,即从时域中看,光脉冲在传

播过程中被展宽了,使信号出现失真,从而降低了光纤的传输带宽(数据速率传输容量)。这种与光信号的谱宽无关,仅由传播模式间传输常数 β 值的差异而导致的色散效应,称为模式色散或模间色散。在多模光纤中,模间色散对光信号的传输起决定性的作用。

2. 色度色散

色度色散主要由两个因素组成,即材料色散和波导色散。材料色散是由光纤材料折射率随入射光波长的变化而引起的。材料色散大小由材料的折射率、光谱宽度和光波长共同决定;而波导色散则主要由光纤的几何结构所决定。

(1)材料色散

设 $\Delta\tau$ 为光信号中不同频率的光传输 L 长度后的脉冲展宽,则有

$$\Delta\tau = L\sigma_\lambda(\lambda/c)(d^2n/d\lambda^2) = -L\sigma_\lambda D_m(\lambda) \tag{4-41}$$

其中 σ_λ 为光源的均方根谱宽,L 为光纤长度,$d^2n/d\lambda^2$ 为折射率对波长的二次导数。定义

$$D_m(\lambda) = -(\lambda/c)(d^2n/d\lambda^2) \tag{4-42}$$

为材料色散系数,单位是 ps/(km·nm)。图 4-37 是一个典型的 $D_m(\lambda)$ 与光波长 λ 的关系曲线。

由图 4-37 中可以看到,在某一个波长点 λ_D 处,材料色散系数的值为零。将这个位置称为零色散波长点。事实上当 $\lambda=\lambda_D$ 时,色散并没有完全消失,这时应考虑更高阶的色散效应。在 $\lambda<\lambda_D$ 时,$D_m<0$,称这时光纤的色散为正常色散。光纤在处于正常色散区时,光脉冲中的高频成分会比光脉冲中的低频成分传播的慢。在 $\lambda>\lambda_D$ 时,$D_m>0$,称这时光纤的色散为反常色散。当光纤处于反常色散区时,光脉冲中的高频成分会比光脉冲中的低频成分传播的快。

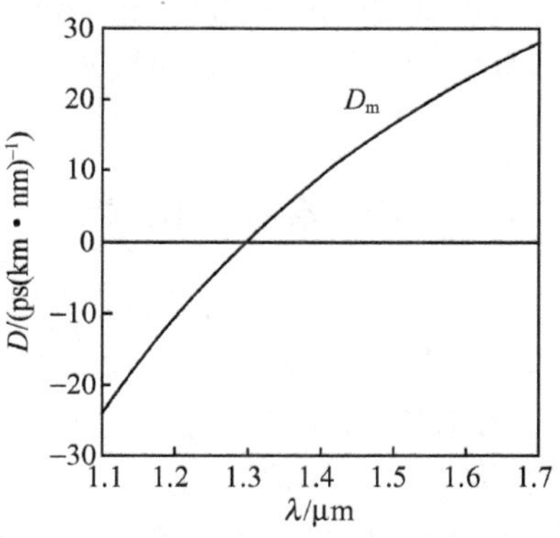

图 4-37 材料色散系数 $D_m(\lambda)$ 与波长 λ 的关系

(2)波导色散

当光信号在光纤中传输时,导模的光能量并不是完全被限制在芯层内,会有一部分光能量进入光纤包层,特别是当光纤芯层折射率与包层折射率相差不大时,进入包层的光能量会更多。由于 $n_1>n_2$,进入包层的光能量比在芯层时的传播速度快,引起了光脉冲展宽,从而导至了色散。这种由光纤几何结构所决定的色散称为波导色散。波导色散系数为

$$D_w(\lambda) = -(n_2\Delta/c\lambda)V(d^2(bV)/dV^2) \tag{4-43}$$

单位是 ps/(km·nm)。式中 V 为归一化频率;b 为归一化传播常数,其定义为

$$b = (\beta^2/k^2 - n_2^2)/(n_1^2 - n_2^2) \tag{4-44}$$

光纤总的色度色散是材料色散与波导色散的和。设色散系数为 $D(\lambda)$，则有

$$D(\lambda) = D_{\mathrm{m}}(\lambda) + D_{\mathrm{w}}(\lambda) \tag{4-45}$$

波导色散总是为负的，故波导色散对总的材料色散的影响是使零色散波长 λ_D 向长波长方向移动，移动的大小取决于波导色散值的大小。而波导色散的绝对值与纤芯半径 a，相对折射率差 Δ 和折射率分布有关。通过增加相对折射率差 Δ，减小纤芯半径 a，可以得到大的波导色散。人们正是根据这个原理设计出了色散位移光纤甚至是色散平坦光纤。

对于多模光纤，波导色散比材料色散小得多，常可忽略不计。

(3)偏振模色散

单模光纤只能传输基模的光。从表 4-3 中可以看到，单模光纤中的基模 HE_{11} (LP_{01})模的简并度是 2，说明基模 HE_{11}是由两个偏振方向相互正交的导模 HE_{11}^x和 HE_{11}^y所组成。如果单模光纤的纤芯几何形状不规则，存在微弯力和应力时，则光纤的圆对称性会遭到破坏，这时光纤是一种各向异性介质，产生双折射现象。这时 HE_{11}^x和 HE_{11}^y会存在相位差，传播的速度不同，偏振的方向也会发生旋转。这两个正交的偏振模最终所产生的时延差也会使光脉冲展宽。这种色散称为偏振模色散(PMD)。由于 PMD 是随机变化的，在实际系统中，只能使用统计推算的办法得到它的值。

4.3.4 光纤标准和技术指标

经过了几十年的发展，人们已经可以生产出各种各样的光纤。不同种类的光纤，由于其传输特性不同，会有不同的适用范围。

按光在光纤中的传输模式划分，可分为多模和单模光纤两种。常用多模光纤的直径为 125μm，其中芯径一般在 50～100μm 之间。在多模光纤中，可以有数百个光波模在传播。多模光纤一般工作于短波长(0.8μm)区，损耗与色散都比较大，带宽较低，适用于低速短距离光通信系统中。多模光纤的优点在于其具有较大的纤芯直径，可以以较高的耦合效率将光功率注入到多模光纤中。

常用单模光纤的直径也为 125μm，芯径为 8～12μm。在单模光纤中，因只有一个模式传播，不存在模间色散，具有较大的传输带宽，并且在 1550nm 波长区的损耗非常低，约为 0.2～0.25dB/km，因而被广泛应用于高速长距离的光纤通信系统中。使用单模光纤时，色度色散是影响信号传输的主要因素，这样单模光纤对光源的谱宽和稳定性都有较高的要求，即谱宽要窄，稳定性要好。单模光纤一般必须使用半导体激光器激励。

按最佳传输频率窗口划分，可分为常规型单模光纤和色散位移型单模光纤。常规型单模光纤的最佳传输频率在 1310nm 附近，而色散位移光纤的最佳传输频

率在 1550nm 附近。

按折射率分布的情况划分,可分为阶跃折射率(SI)光纤和渐变折射率(GI)光纤。阶跃折射率光纤从芯层到包层的折射率是突变的。多模阶跃折射率光纤的成本低,模间色散高,适用于短距离低速通信。多模渐变折射率光纤从芯层到包层的折射率是逐渐变小,可使高阶模按正弦形式传播,这样能减少模间色散,提高光纤带宽,增加传输距离,但成本较高。现在所使用的多模光纤多为渐变折射率光纤。

目前国际上单模光纤的标准主要是 ITU-T 的系列:G.650"单模光纤相关参数的定义和试验方法"、G.652"单模光纤光缆特性"、G.653"色散位移单模光纤光缆特性"、G.654"截止波长位移型单模光纤光缆特性"、G.655"非零色散位移单模光纤光缆特性"、G.656"用于宽带传输的非零色散位移光纤和光缆特性"。ITU-T 对多模光纤的标准是 G.651"50/125μm 多模渐变折射率光纤光缆特性"。

国际电工委员会也颁布了系列标准 IEC 60793,我国的光纤标准包括国家标准 GB/T 15972 系列和信息产业部颁布的通信行业标准 YD/T 系列。

4.3.4.1 单模光纤

1. 普通单模光纤

普通单模光纤是指零色散波长在 1310nm 窗口的单模光纤,又称色散未移位光纤或普通光纤,国际电信联盟(ITU-T)把这种光纤规范为 G.652 光纤[40]。

G.652 属于第一代单模光纤,是 1310nm 波长性能最佳的单模光纤。当工作波长在 1310nm 时,光纤色散很小,色散系数 D 在 0～3.5ps/(km·nm),但损耗较大,约为 0.3～0.4dB/km。此时系统的传输距离主要受光纤衰减所限制。在 1550nm 波段的损耗较小,约为 0.19～0.25dB/km,但色散较大,约为 20ps/(km·nm)。传统上在 G.652 上开通的 PDH 系统多是采用 1310nm 零色散窗口。但近几年开通的 SDH 系统则均采用 1550nm 最小衰减窗口。另外由于掺铒光纤放大器(EDFA, Erbium Doped Fiber Amplifier)的实用化,密集波分复用(DWDM)也工作于 1550nm 窗口,使得 1550nm 窗口已经成为 G.652 光纤的主要工作窗口。

对于基于 2.5Gb/s 及其以下速率的 DWDM 系统,G.652 光纤是一种最佳的选择。但由于在 1550nm 波段的色散较大,若传输 10Gb/s 的信号,一般在传输距离超过 50km 时,需要使用价格昂贵的色散补偿模块,这会使系统的总成本增大。色散补偿模块会引入较大的衰减,因此常将色散补偿模块与 EDFA 一起工作,置于 EDFA 两级放大之间,以免占用链路的功率余度。

表 4-4 是有关 G.652 光纤的一些光学特性参数和几何特性参数。

G.652 类光纤进一步分为 A、B、C、D 四个子类。G.652A 光纤主要适用于 ITU-T G.957 规定的 SDH 传输系统和 G.691 规定的带光放大的单通道直到 STM-16 的 SDH 传输系统,只能支持 2.5Gb/s 及其以下速率的系统。G.652B 光纤主要适用于ITU-T G.957规定的SDH传输系统和G.691规定的带光放大的单通道SDH传输系统直到STM-64的ITU-T G.692带光放大的波分复用传输系统,可以支持对PMD有参数要求的10Gb/s速率的系统。G.652C光纤的适用范围同B类相似,这类光纤允许G.957传输系统使用在1360～1530nm之间的扩展波段,增加了可用波长数。G.652D光纤为无水峰光纤,其属性与G.652B光纤基本相同,而衰减系数与G.652C光纤相同,可以工作在1360～1530nm全波段。

表4-4 G.652普通单模光纤的典型光学特性参数和几何特性参数

光学特性		几何特性	
衰减	≤0.36dB@1310nm ≤0.22dB@1550nm	模场直径(MFD) 包层直径	9.3μm±0.5μm@1310nm 125μm±1μm
色散,绝对值	≤3.5ps/(km·nm)@1288nm ≤18.0ps/(km·nm)@1550nm	模场/包层同心度误差 包层不圆度	≤0.6μm ≤2%
零色散波长	1300～1324nm	涂层直径	245μm±10μm
零色散斜率	≤0.092ps/(km·nm^2)		
光缆截止波长(λ_c)	≤1260nm		
偏振模色散(PMD)	≤0.5ps/km$^{1/2}$		

2. 色散位移光纤

G.653色散位移光纤,是在G.652光纤的基础上,将零色散点从1310nm窗口移动到1550nm窗口,解决了1550nm波长的色散对单波长高速系统的限制。但是由于EDFA在DWDM中的使用,进入光纤的光功率有很大的提高,光纤非线性效应导致的四波混频在G.653光纤上对DWDM系统的影响严重,G.653并没有得到广泛推广。主要原因是在1550nm窗口,G.653的色散非常小,比较容易产生各种光学非线性效应[41]。

3. 非零色散位移光纤

G.655非零色散位移光纤是在1550窗口有合理的、较低的色散,能够降低四波混频和交叉相位调制等非线性影响,同时能够支持长距离传输,而尽量减少色散补偿[42]。

G.655光纤在1550nm波长区的色散值约为2ps/(km·nm)。在1550nm处具有正色散的G.655光纤可以利用色散补偿其一阶和二阶色散;具有负色散的G.655光纤不存在调制不稳定性问题,对交叉相位调制不敏感。

第二代G.655光纤包括低色散斜率光纤和大有效面积光纤。所谓色散斜率指光纤色散随波长变化的速率,又称高阶色散。DWDM系统中,由于色散斜率的作用,各通路波长的色散积累量是不同的,其中位于两侧的边缘通路间的色散积累量差别最大。当传输距离超过一定值后，具有较大色散积累量通路的色散值超标，从而限制了整个WDM系统的传输距离。低色散斜率光纤具有更合理的色散规范值，简化了色散补偿。

低色散斜率G.655光纤的色散斜率在0.05ps/(km·nm)以下，在1530～1565nm波长范围的色散值为2.6～6.0ps/(km·nm)，在1565～1625nm波长范围的色散值为4.0～8.6ps/(km·nm)。其色散随波长的变化幅度比其他非零色散光纤要小35%～55%，从而使光纤在低波段的色散有所增加，可以较好地压制四波混频和交叉相位调制影响，而另一方面又可以使高波段的色散不致过大，仍然可以使10Gb/s信号传输足够远的距离而无须色散补偿。

大有效面积光纤具有较大的有效面积，可承受较高的光功率，因而可以更有效地克服光纤非线性影响。超高速系统的主要性能限制是色散和非线性。通常，线性色散可以用色散补偿的方法来消除，而非线性的影响却不能用简单的线性补偿的方法来消除。提高光纤纤芯的有效面积，降低纤芯内的光功率密度，是解决非线性问题的方法之一。大有效面积光纤的有效面积达72μm^2以上，零色散点处于1510nm左右，其色散系数在1530～1565nm窗口内处于2～6ps/(km·nm)之内，而在1565～1625nm窗口内处于4.5～11.2ps/(km·nm)之内，从而可以进一步减小四波混频的影响。

G.656光纤是为了进一步扩展DWDM系统的可用波长范围，在S(1460～1530nm)、C(1530～1565nm)和L(1565～1625nm)波段均保持非零色散的一种新型光纤[43]。

4.3.4.2 多模光纤

尽管单模光纤的品种不断出现，功能被不断地丰富和增强着，但多模光纤并没有被单模光纤所取代，而是仍然保持了稳定的市场份额，并且得到了不断的发展。在传输距离较短、节点多、接头多、弯路多、连接器和耦合器用量大、规模小、单位光纤长度使用光源个数多的网络中，使用单模光纤无源器件比多模光纤贵，而且相对精密、允差小，操作不如多模器件方便可靠。多模光纤的芯径较粗，数值孔径大，能从光源中耦合更多的光功率，适应了网络中弯路多，节点多，光功率分路频繁，需要有较大光功率的特点。多模光纤的特性正好满足了这种网络用纤的要求。

单模光纤只能使用激光器(LD)作光源，其成本比多模光纤使用的发光二极管(LED)高很多。垂直腔面发射激光器(VCSEL)的出现，更增强了多模光纤在网络中的应用。VCSEL具有圆形的光束断面和高的调制速率，与光纤的耦合更容易，而价格则与LED接近。

虽然仅从光纤的角度看，单模光纤性能比多模光纤好，但是从整个网络用纤的角度看，多模光纤则占有更大的优势。多模光纤一直是网络传输介质的主体，随着网络传输速率的不断提高和VCSEL的使用，多模光纤得到了更多的应用，并且促进了新一代多模光纤的发展。

1976 年由康宁公司开发的 50μm/125μm 渐变折射率多模光纤和 1983 年由朗迅 Bell 实验室开发的 62.5μm/125μm 渐变折射率多模光纤，是两种使用量比较大的多模光纤。这两种光纤的包层直径和机械性能相同，但传输特性不同。它们都能提供如以太网，令牌网和 FDDI 协议在标准规定的距离内所需的带宽，而且都能升级到 Gb/s 的速率。

ISO/IEC 11801 所颁布的新的多模光纤标准等级中，将多模光纤分为 OM1，OM2，OM3 三类。其中 OM1 是指传统的 62.5μm/125μm 多模光纤，OM2 是指传统的 50μm/125μm 多模光纤，OM3 是指新型的万兆多模光纤。

1. 62.5μm/125μm 渐变折射率多模光纤(OM1)

常用的 62.5μm/125μm 渐变折射率多模光纤是指 IEC-60793-2 光纤产品规范中的 A1b 类型。它的诞生晚于 50μm/125μm 渐变折射率多模光纤。由于 62.5μm/125μm 光纤的芯径和数值孔径较大，具有较强的集光能力和抗弯曲特性，特别是在 20 世纪 90 年代中期以前，局域网的速率较低，对光纤带宽的要求不高，使这种光纤获得了最广泛的应用，成为 20 世纪 80 年代中期至 90 年代中期在大多数国家数据通信光纤市场中的主流产品。62.5μm/125μm 渐变折射率多模光纤是最先被美国采用为多家行业标准的一种多模光纤，如 AT&T 的室内配线系统标准，美国电子工业协会(EIA)的局域网标准，美国国家标准研究所(ANSI)的 100Mb/s 令牌网标准，IBM 的令牌环标准等。通常 62.5μm/125μm 渐变折射率多模光纤的带宽为 200～400MHz·km。在 1Gb/s 的速率下，850nm 波长可传输 300 米，1300nm 波长可传输 550 米。表 4-5 是 62.5μm/125μm 渐变折射率多模光纤的一些典型光学特性参数。

表 4-5　62.5μm/125μm 渐变折射率多模光纤的典型光学特性参数

参数	单位	参数值
芯层直径	μm	62.5 ± 2.5
数值孔径		0.275 ± 0.015
衰减(850nm)	dB/km	≤3
衰减(1300nm)	dB/km	≤0.8
带宽(850nm)	MHz·km	≥200
带宽(1300nm)	MHz·km	≥600

2. 50μm/125μm 渐变折射率多模光纤(OM2)

普通的 50μm/125μm 渐变折射率多模光纤是指 IEC-60793-2 光纤产品规范中的 A1a 类型。历史上，为了尽可能地降低局域网的系统成本，普遍采用价格低廉的 LED 作光源，而不用价格昂贵的 LD。由于 LED 输出功率低，发散角比 LD 大很多,连接器损耗大,而 50μm/125μm 多模光纤的芯径和数值孔径都比较小,不利于与 LED 的高效耦合,不如芯径和数值孔径大的 62.5μm/125μm(A1b 类)光纤能使较多的光功率耦合到光纤链路中去,因此,50μm/125μm 渐变折射率多模光纤在 20 世纪 90 年代中期以前没有得到广泛的应用,而是主要在日本和德国被作为数据通信标准使用。

自 20 世纪末以来,局域网向 1Gb/s 速率以上发展,以 LED 作光源的 62.5μm/125μm 多模光纤的带宽已经不能满足要求。与 62.5μm/125μm 多模光纤相比,50μm/125μm 多模光纤数值孔径和芯径较小,带宽比 62.5μm/125μm 多模光纤大,制作成本也降低 1/3。因此,50μm/125μm 多模光纤重新得到了广泛的应用。IEEE802.3z 千兆以太网标准中规定 50μm/125μm 多模和 62.5μm/125μm 多模光纤都可以作为千兆以太网的传输介质使用。但对新建网络,一般首选 50μm/125μm 多模光纤。

50μm/125μm 渐变折射率多模光纤中传输模的数目大约是 62.5μm/125μm 多模光纤中传输模的 1/2.5,有效地降低了多模光纤的模色散,使得带宽得到了显著的增加。

表 4-6 是 50μm/125μm(A1b 类)渐变折射率多模光纤的典型光学特性参数。

表 4-6　50μm/125μm 渐变折射率多模光纤的典型光学特性参数

参数	单位	参数值
芯层直径	μm	50 ± 2.5
数值孔径		0.2 ± 0.015
衰减(850nm)	dB/km	≤ 2.5
衰减(1300nm)	dB/km	≤ 0.8
带宽(850nm)	MHz·km	≥ 400
带宽(1300nm)	MHz·km	≥ 600

以上两种光纤具有同样的包层直径和机械性能,但是二者的带宽以及与光源的耦合效率影响了其应用范围。较高的带宽能够传送较高的速率或支持较长的距离。在 850nm 波长,50μm/125μm 多模光纤的带宽(500MHz·km)是 62.5μm/125μm 多模光纤带宽(200MHz·km)的两倍多。然而 50μm 较小的芯径减小了基于 LED 光源的耦合输入光功率,从而减小了链路中允许的接头数和减少了受功率限制支持的距离。对于 850nm 波长千兆以太网,62.5μm/125μm 多模光纤能支持的链路长度为 220m,50μm/125μm 多模光纤能支持的链路长度为 550m。两种光纤在 300m 的长度内都能提供足够的带宽。

随着 850nm 低价格 VCSEL 的出现和广泛应用,850nm 窗口重要性增加了。VCSEL 能以比长波长激光器低的价格给用户提高网络速率。50μm/125μm 多模光纤在 850nm 窗口具有较高的带宽,使用低价格 VCSEL 能支持较长距离的传输,适合于千兆以太网和高速率的协议，支持较长的距离。

3. 新一代多模光纤(OM3)

传统的OM1和OM2多模光纤从标准上和设计上均以LED方式为基础，随着网络速率和规模的提高，调制速率达到Gb/s的短波长VCSEL激光光源成为高速网络的光源之一。由于两种发光器件的不同，必须对光纤本身进行改造，以适应光源的变化。为了满足10Gb/s传输速率的需要，国际标准化组织/国际电工委员会(ISO/IEC)和美国电信工业联盟(ITA-TR42)联合起草了新一代多模光纤的标准。ISO/IEC在其所制定的新的多模光纤等级中将新一代多模光纤划为OM3类别。

LED的最大调制速率一般只有600MHz，由于调制速率的限制，使其在1Gb/s以上的光纤网络中无法使用，故在1Gb/s以上的高速网络中，发光器件主要采用激光器作光源。但实验中发现，简单地使用激光器代替LED作光源，系统的带宽不但没有升高，反而降低。原因是在预制棒制作工艺中，光纤的轴心容易产生折射率凹陷。在使用LED作光源时，这种光纤中心折射率的畸变对信号的传输影响不大。原因是LED光源将光纤中的所有模式都激励，光功率被分配到每一个模式上，只有少数几个传播模的时延特性会受到光纤中心折射率畸变的影响。而当使用激光器作光源时，由于激光器的光斑和发散角都很小，只有在光纤中心传输的很少几个模式能被激励，每一个模式都携带着很大一部分光功率，光纤中心折射率畸变会对这几个被激励的少数模式的时延特性产生很大的影响，从而造成光纤带宽降低，如图4-38所示。

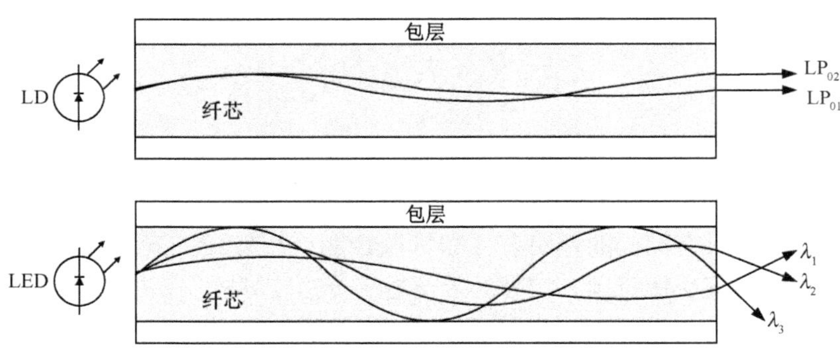

图4-38 LED和LD光源及所激发的光纤中传导模及色散的成因

新一代多模光纤的特点主要有以下几个方面：

(1) 光纤类型

由于采用激光器作光源，光功率注入已不是问题，光纤芯径和数值孔径已变得不再像过去那么重要，光纤的带宽特性成为首先考虑的因素。因此，新一代多模光纤采用50μm/125μm多模渐变折射率光纤类型，数值孔径为NA＝0.2，可有效降低多模光纤的模式色散，增加带宽。对850nm波长，50μm/125μm多模光纤比

62.5μm/125μm 多模光纤带宽可增加三倍(500MHz·km:160MHz·km)。

(2) 光源

新一代多模光纤采用 850nm 的 VCSEL 作光源。VCSEL 激光器的域值电流低,可不经放大,直接用逻辑门电路驱动,在 Gb/s 的调制速率下,可产生平均功率几个毫瓦的激光。此外它还具有作为激光器的其他特性,如光斑圆、发散角小等。更重要的是它的价格与 LED 的基本相同。850nm 的发射波长不适用于标准单模光纤,却正好用于多模光纤。在这一波长下可以使用廉价的硅探测器并有良好的高频响应。VCSEL 制造工艺可容易地控制发射光功率的分布,这对提高多模光纤的带宽非常有利。

(3) 光纤带宽

通过合理的设计光纤的折射率指数分布等参数,OM3 光纤带宽的正态分布曲线峰值从 980nm 转移到 850nm 处。带宽曲线峰值能覆盖 850nm 和 1310nm 两个窗口。OM3 光纤的带宽受光源的注入方式影响很大。

LED 对 OM1 和 OM2 类多模光纤的注入采用所谓的过满注入方式(OFL, Overfilled Launch)。光斑直径比较大的 LED 光源直接照射到整个多模光纤的截面,光纤中的每一个模式均被激发。这种注入条件下的光纤带宽被称作过满注入带宽(OFLBW,Overfilled Launch Bandwidth),也就是通常所指的 OM1 和 OM2 类光纤的带宽。

OM3 类光纤可以采用 OFL 注入方式,推荐使用限模注入法(RML,Restricted Mode Launch)。该方法采用激光光源,光源不是全部照射到整个光纤纤芯上,而是仅在纤芯中心附近激发。RML 测量标准规定,测量时需使用限模光纤对过满注入状态进行滤波,限制对多模光纤高次模的激励。限模光纤是一段芯径为 23.5μm,数值孔径为 0.208 的渐变折射率多模光纤。这种多模光纤的折射率梯度指数接近 2,在 850nm 和 1300nm 过满注入条件下应有大于 700MHz·km 的带宽。限模光纤的长度应大于 1.5m 以消除泄漏模,并小于 5m 以避免瞬态损耗。选取芯径 23.5μm 是因为它所产生的注入状态最接近 VCSEL。之所以规定使用限模光纤将光源耦合入多模光纤而不是直接使用 VCSEL 作光源进行带宽测量,是因为不同厂家生产的 VCSEL 的光功率分布差别很大。标准中对测量多模光纤激光器带宽的功率分布作了规定,要求光源经过一段短的多模光纤耦合之后,其近场强度分布应满足在中心 30μm 范围内光通量大于 75%,在中心 9μm 范围内光通量大于 25%。限模注入法测量到的光纤带宽称为激光器带宽(RMBW,Restricted Mode Bandwidth or Laser Bandwidth)。

在 850nm 波长,过满注入条件下 OM3 光纤的带宽为 500MHz·km,限模注入条件下带宽为 2000MHz·km。最新型的 OM3 类光纤可以做到在 850nm 窗口,带宽达到 4700MHz,损耗为 3.0dB/km;传输速率为万兆时,可以达到 550m 的传输距离。表 4-7 是三类光纤带宽的比较:

表 4-7　三类多模光纤的带宽比较

	过满注入		限模注入
	850nm	1300nm	850nm
OM1	200MHz·km	600MHz·km	
OM2	500MHz·km	600MHz·km	
OM3	1500MHz·km	600MHz·km	2000MHz·km

(4) 光源的注入

OM3 光纤可以采用 OM1 和 OM2 光纤的 LED 过满注入方式来激发,此时各种模式均被激发,光纤带宽相对较小。也可以采用 VCSEL 等激光光源的限模注入法,只有纤芯中心的少数几个模式被激发,获得带宽较大的激光带宽。

OM3 光纤还有一种偏离注入的方式。如图 4-39 所示,光源的注入点不是纤芯的正中心,而是偏离一些。

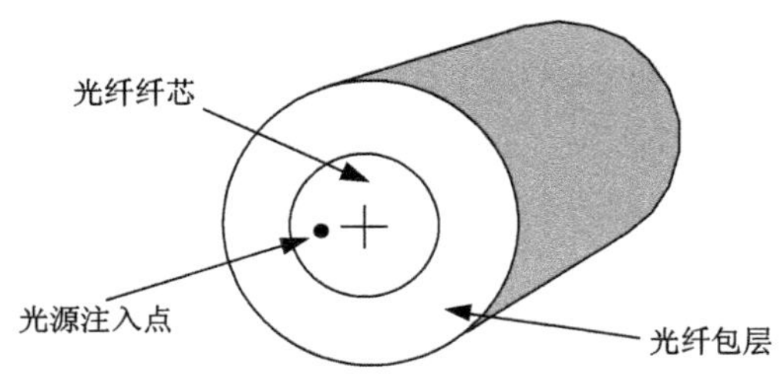

图 4-39　多模光纤的偏离注入激发

一般使用一根模式调节连线(MCP,Mode Conditioning Patch Cord)将激光器输出光耦合入多模光纤。模式调节连线是一段短的单模光纤,它的一端与激光器耦合,另一端与多模光纤耦合。模式调节连线输出光斑需偏离多模光纤轴心一段距离,允许偏离的范围是 17～24μm,其目地是为了避开中心折射率凹陷,但又不偏离太远,只是选择性地激励一小组较低次模,以避免将激光器直接注入所引起的光纤带宽恶化。对于折射率分布理想,没有中心凹陷的多模光纤可以使用中心注入而不使用模式调节连线。这样做可以有效提高多模光纤的带宽,减少网络系统的复杂性和降低系统成本。图 4-40 是偏离注入的试验测试方法。

图 4-40 中,在注入点可以采用不同的注入方式,例如,单模光纤模式调节连线通过光学透镜和多模光纤耦合,也可以在单模光纤模式调节连线上制作光纤透镜和多模光纤耦合,还可以直接耦合。

图 4-41 是偏离点距光纤中心的距离同光纤带宽增益之间的关系。

图 4-41 中,单模光纤模式调节连线注入的光源直径为 3μm,多模光纤的直径为 62.5μm,中心波长为 1300nm。选择合适的偏离点,光纤带宽会有 4～5 倍的增

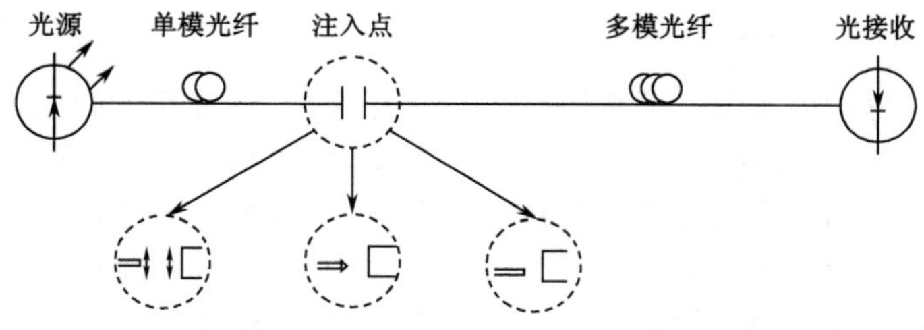

图 4-40　多模光纤的偏离注入激发方式

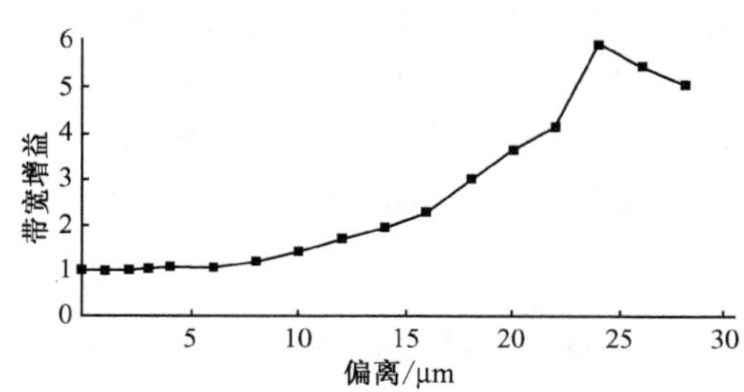

图 4-41　多模光纤偏离注入方式中,光纤带宽的增大

益,可以达到 GHz·km 的量级。但是由于是偏离注入,注入的光功率会下降,虽然光纤带宽增大了,传输距离和网络中的连接件也会受到影响。目前多模光纤网络中,主要采用限模注入和宽带多模光纤的组合方式,偏离注入应用于要求高带宽、传输距离短的场合。

表 4-8 中列出了 OM3 光纤的技术规范及相关标准。

表 4-8　OM3 多模光纤的技术规范

测量方法	相关标准
1	TIA/EIA 455－220(DMD)/FOTP－220
2	TIA/EIA 455－203/FOTP－203
3	IEC 60793－1－49
光纤指标	
1	TIA－492
2	IEC 60973－2
布线标准	
1	TIA 568B.3
2	ISO/IEC 11801 第二版
应用标准	
1	IEEE 802.3ae
2	10Gb/s 光纤通道
3	OIF 10Gb/s VSR4

4.3.5 多模光纤的带宽

光纤的信号传输能力常用光纤带宽的概念表述。当光源的频谱宽度比信号的频谱宽度大得多时，可将光纤近似地看成一个线性系统，它起着低通滤波器的作用。光纤的传输函数会随着信号调制频率的增加而下降。当光纤的传输函数与信号调制频率为零时的传输函数相比下降一半时，此时的信号调制频率称为光纤的3dB带宽。光纤带宽的单位为MHz·km，即指一段光纤所能通过的脉冲的最大调制频率与光纤长度的乘积。当光纤中传输的数据速率提高时，所能传送的距离就减小。一般而言，影响多模光纤性能的指标很多，但对其传输距离造成直接影响的主要是多模光纤的衰减和带宽参数。从理论上给出对多模光纤的带宽分析，无论是对指导多模光纤的制造，或是对光纤网络的信号传输性能进行分析都是非常有意义的。但由于带宽是一个表征多模光纤光学特性的综合指标，受到诸多因素的影响，如光源、耦合方式、波导结构以及接收器性能等。因此，从理论上进行这种分析是非常复杂的。

4.3.5.1 渐变折射率多模光纤带宽的WKB分析方法

在目前的甚短距离光传输系统中，应用比较多的是渐变折射率多模光纤，这里给出一个简单的对渐变折射率多模光纤带宽分析的例子。

渐变折射率多模光纤的折射率呈幂函数分布

$$n(r)=\begin{cases} n_1(\lambda)[1-2\Delta(\lambda)(r/a)^{\alpha}]^{1/2} & 0\leqslant r\leqslant a \\ n_2 & r>a \end{cases} \tag{4-46}$$

其中 α 为折射率指数，$\alpha=2$ 时为抛物线型折射率分布，$\alpha=\infty$ 时为阶跃折射率分布，r 为离纤芯中心的距离，a 为纤芯半径。其典型的折射率分布如图4-42所示。

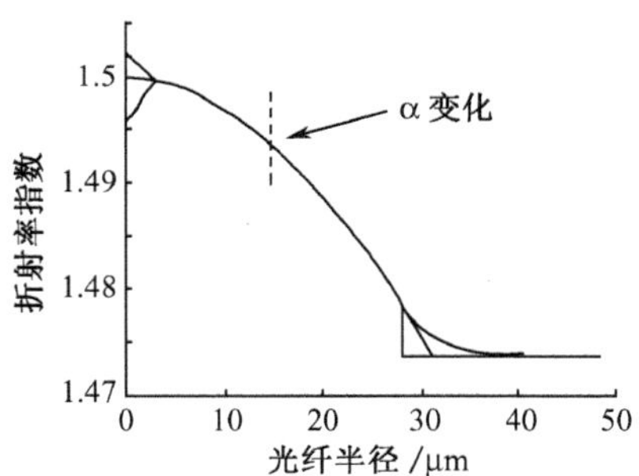

图4-42 渐变折射率多模光纤折射率分布

由WKB法，可以得到在光纤中传播的第 m 个模式群的传输常数为

$$\beta(m,\lambda) = 2\pi \frac{n_1(\lambda)}{\lambda}[1 - 2\Delta(\lambda)(m/M(\lambda))^{2\alpha/(\alpha+2)}]^{1/2} \tag{4-47}$$

式中，$M(\lambda)$为最大的模式群数量，

$$M(\lambda) = 2\pi a \frac{n_1(\lambda)}{\lambda}[\alpha\Delta(\lambda)/(\alpha+2)]^{1/2} \tag{4-48}$$

第 m 个模式群在光纤中传播单位长度的群时延为

$$\tau_m = \frac{\mathrm{d}\beta_m}{\mathrm{d}\omega} = \frac{1}{\mathrm{c}}\frac{\mathrm{d}\beta_m}{\mathrm{d}k} \tag{4-49}$$

由此，可得到 τ_m 的一般表达式

$$\tau_m = \frac{N_1}{\mathrm{c}}\left(1 + \Delta\frac{\alpha-2-\varepsilon}{\alpha+2}\eta + \frac{\Delta^2}{2}\frac{3\alpha-2-2\varepsilon}{\alpha+2}\eta^2\right) \tag{4-50}$$

式中，ε 是一个代表剖面色散的参量

$$\varepsilon = -\left(\frac{2n_1\lambda}{N_1\Delta}\right)\frac{\mathrm{d}\Delta}{\mathrm{d}\lambda} \ll 1 \tag{4-51}$$

其中 N_1 为群色散指数，满足 $N_1(\lambda) = n_1(\lambda) - \lambda\dfrac{\mathrm{d}n_1(\lambda)}{\mathrm{d}\lambda}$。此时信号传输 L 距离后的模间色散脉冲展宽为

$$\tau_{模间} = \frac{N_1 L\Delta}{2\mathrm{c}}\frac{\alpha}{\alpha+1}\left(\frac{\alpha+2}{3\alpha+2}\right)^{1/2} \times\left[C_1^2 + \Delta\frac{4C_1C_2(\alpha+1)}{2\alpha+1} + \Delta^2\frac{16C_2^2(\alpha+1)^2}{(5\alpha+2)(3\alpha+2)}\right]^{1/2} \tag{4-52}$$

式中，

$$C_1 = (\alpha - 2 - \varepsilon)/(\alpha + 2) \tag{4-53}$$

$$C_2 = (3\alpha - 2 - 2\varepsilon)/2(\alpha + 2) \tag{4-54}$$

模内色散脉冲展宽为：

$$\tau_{模内} = \frac{\sigma_\lambda}{\lambda}\left[\left(-\lambda^2\frac{\mathrm{d}^2 n_1}{\mathrm{d}\lambda^2}\right)^2 - 2\lambda^2\frac{\mathrm{d}^2 n_1}{\mathrm{d}\lambda^2}N_1\Delta C_1\frac{\alpha}{\alpha+1} + (N_1\Delta)^2 C_1^2\frac{4\alpha^2}{(\alpha+2)(3\alpha+2)}\right]^{1/2} \tag{4-55}$$

设 $\tau_{模}$ 为脉冲的均方根宽度，则

$$\tau_{模} = (\tau_{模内}^2 + \tau_{模间}^2)^{1/2} \tag{4-56}$$

如果脉冲是高斯形的，则光纤的 3dB 带宽为

$$f_{3\mathrm{dB}} = 0.188/\tau_{模} \tag{4-57}$$

上述关于渐变折射率光纤带宽的分析方法考虑了注入方式为满注入的情况，并且忽略了微分模式衰减(DMA，Differential Mode Attenuation)以及模式转换。对渐变折射率多模光纤的带宽分析需全面考虑光注入方式、模时延(DMD，Differential Modal Delay)、模式衰减(modal attenuation)、模式耦合(mode coupling)等效应

对光纤带宽的综合影响。

4.3.5.2 渐变折射率多模光纤带宽的传递函数分析法[44]

对光信号而言，光纤可以看作是一段带通滤波器，在一定条件下，可以将光纤简化成一个传递函数来分析其带宽、损耗等特性。

通常普通单模光纤的频域传递函数可以写成

$$H_{\mathrm{SMF}}(\lambda_0,z,\omega)=\int_{-\infty}^{+\infty}P(\lambda,\lambda_0)L(\lambda,z)\exp[-\mathrm{i}\omega\tau(\lambda)z]\mathrm{d}\lambda \tag{4-58}$$

式中 λ_0 为入射光脉冲的中心波长，L 为 z 处的光纤衰减，ω 为调制信号角频率，τ 为单位长度上的传播时延，P 为近似的高斯型入射光谱。

$$P(\lambda,\lambda_0)=\frac{1}{\sigma_\lambda\sqrt{2\pi}}\exp[-(\lambda-\lambda_0)^2/(2\sigma_\lambda^2)] \tag{4-59}$$

其中 σ_λ 为入射光谱的均方根宽度，在满足下式的条件下，入射光脉冲可以在光纤中激发出连续分布的各种模式。

$$\sigma_\lambda\geqslant\frac{\lambda_0^2}{\pi aN_1(\lambda_0)}\left[\frac{\alpha\Delta(\lambda_0)}{\alpha+2}\right]^{1/2}\left(\frac{m}{M(\lambda_0)}\right)^{(\alpha-2)/(\alpha+2)} \tag{4-60}$$

对于典型的抛物线型分布的渐变折射率多模光纤，其纤芯半径为 30μm，中心波长 $\lambda_0=1310\mathrm{nm}$，$\Delta(\lambda_0)=0.01$，则 $\sigma_\lambda\geqslant0.8\mathrm{nm}$。对于光谱宽度较大的 LED，这个条件可以满足，对于 VCSEL 光源也可以满足，但是不适用于谱线非常窄的 DFB 激光。

对于多模光纤，由于存在模式间的耦合等因素，其传递函数要复杂一些。

$$\begin{aligned}H_{\mathrm{MMF}}(\lambda_0,z,\omega)=&\int_1^{M(\lambda_0)}\int_{-\infty}^{+\infty}2mP(\lambda,\lambda_0)C_{\mathrm{eff}}(m,\lambda)G(m,\lambda,z,\omega)\\&\times L(\lambda,m,z)\exp[-\mathrm{i}\omega\tau(m,\lambda)z]\mathrm{d}\lambda\mathrm{d}m\end{aligned} \tag{4-61}$$

式中 C 为耦合系数，G 为模式混合系数。将 $\tau(m,\lambda)$ 在中心波长处进行级数展开，可以将多模光纤的传递函数，进一步分解为模间色散传递函数和色度色散传递函数的乘积。

$$\tau(m,\lambda)=\tau(m,\lambda_0)+D(m,\lambda_0)(\lambda-\lambda_0)+0.5S(m,\lambda_0)(\lambda-\lambda_0)^2+\cdots \tag{4-62}$$

其中 $D(m,\lambda_0)$ 是第 m 个模式在中心波长处的一阶色散系数；而 $S(m,\lambda_0)$ 则是对应的色散斜率。则

$$H_{\mathrm{MMF}}(\lambda_0,z,\omega)=H_{\mathrm{c}}(\lambda_0,z,\omega)H_{\mathrm{m}}(\lambda_0,z,\omega) \tag{4-63}$$

其中，$H_{\mathrm{c}}(\lambda_0,z,\omega)$ 为色度色散函数，$H_{\mathrm{m}}(\lambda_0,z,\omega)$ 为模间色散函数。

$$\begin{aligned}H_{\mathrm{c}}(\lambda_0,z,\omega)=&\int_{-\infty}^{+\infty}P(\lambda,\lambda_0)\exp\{-\mathrm{i}\omega z[D_0(\lambda_0)(\lambda-\lambda_0)\\&+0.5S_0(\lambda_0)(\lambda-\lambda_0)^2]\}\mathrm{d}\lambda\end{aligned} \tag{4-64}$$

$$H_{\mathrm{m}}(\lambda_0,z,\omega)=\int_1^{M(\lambda_0)}2mC_{\mathrm{eff}}(m,\lambda_0)G(m,\lambda_0,z,\omega)\,L(m,\lambda_0,z)\exp[-\mathrm{i}\omega\tau(m,\lambda_0)z]\mathrm{d}m \tag{4-65}$$

以上两式中,已经对一阶色散系数和色散斜率进行了平均近似。

1. 色度色散传输函数

该传递函数通常情况下只有数值解,但是在入射光脉冲是高斯近似的情况下,其解析解为

$$H_{\mathrm{c}}(\lambda_0,z,\omega)=\frac{1}{(1+\mathrm{i}\omega/\omega_2)^{1/2}}\exp\left[-\frac{(\omega/\omega_1)^2}{2(1+\mathrm{i}\omega/\omega_2)}\right] \tag{4-66}$$

其中,$\omega_1=-[\sigma_\lambda D_0(\lambda_0)z]^{-1}$,$\omega_2=\{\sigma_\lambda^2[S_0(\lambda_0)+2D_0(\lambda_0)/\lambda_0]z\}^{-1}$。当工作波长远离零色散波长点时,例如在850nm附近,$\omega_2\gg|\omega_1|$,此时可以忽略色散斜率项,简化色度色散传递函数。

2. 模间色散传输函数

模间色散传递函数中,由于多模光纤中的模式数量达到几百个,耦合系数和模式混合系数的计算比较复杂。当传输长度远远小于模式间的耦合长度时,模式混合系数可以近似为1。可以采用以下近似方法处理该传递函数。

令 $H_{\mathrm{m}}(\lambda_0,z,\omega)=\int_{x_0}^1 2xR(x,\lambda_0,z,\omega)\mathrm{d}x$,$x$ 为归一化后的群色散指数,$x=m/M_0$,$x_0=1/M_0$,而

$$R(x,\lambda_0,z,\omega)=C_{\mathrm{eff}}(x,\lambda_0)G(x,\lambda_0,z,\omega)L(x,\lambda_0,z)\exp[-\mathrm{i}\omega\tau(x,\lambda_0)z]$$

该式满足以下偏微分方程

$$\frac{\partial R}{\partial z}=-[\mathrm{i}\omega\tau(x,\lambda_0)+\gamma(x,\lambda_0)]R+\frac{1}{x}\frac{\partial}{\partial x}\left[x\mathrm{d}(x,\lambda_0)\frac{\partial R}{\partial x}\right] \tag{4-67}$$

其中 $d(x,\lambda_0)$为归一化后的模式耦合系数,$\gamma(x,\lambda_0)$为模式衰减系数,$L(x,\lambda_0,z)=\exp[-\gamma(x,\lambda_0)z]$,$\gamma(x,\lambda)=\gamma_0(\lambda)+\gamma_0(\lambda)I_\rho[\eta(x-x_0)^{2\alpha/(\alpha+2)}]$,$I_\rho$ 为 ρ 阶一类贝塞尔函数,$\gamma_0(\lambda)$为模的衰减,η 是一个加权常数。

模式间的时延可以通过对式(4-47)微分得到,即

$$\tau(x,\lambda)=-\lambda^2\beta'(x,\lambda)/(2\pi c)$$

$$\tau(x,\lambda)=\frac{N_1(\lambda)}{\mathrm{c}}\left[1-\frac{\Delta(\lambda)(4+\varepsilon)}{\alpha+2}x^{2\alpha/(\alpha+2)}\right][1-2\Delta(\lambda)x^{2\alpha/(\alpha+2)}]^{-1/2} \tag{4-68}$$

ε 的表达同式(4-51)。

对模间色散函数可以通过数值方法求解,例如采用6点古典差分格式。其边界条件为:假设最高阶模式衰减非常快,不携带能量,最低阶模次在纤芯传播,可以通过一阶差分格式求解下式获得:

$$\frac{\partial R(x_0,\lambda_0)}{\partial z}=-[\mathrm{i}\omega\tau_0+\gamma_0]R(x_0,\lambda_0)+M_0d_0\frac{\partial R(x_0,\lambda_0)}{\partial x}\bigg|_{x=x_0} \tag{4-69}$$

图 4-43 是同式(4-68)相对应的模式衰减和模式阶次的曲线图,$\rho = 9, \eta = 7.35$。随着模式阶次的升高,其衰减也虽之增大。图 4-44 是中心波长 1300nm,折射率指数 $\alpha = 1.8, 2, 2.2$ 时,2km 长多模光纤的频响曲线。通过合理的设计渐变折射率多模光纤的折射率分布,可以获得较宽的光纤带宽和平坦的频响特性。

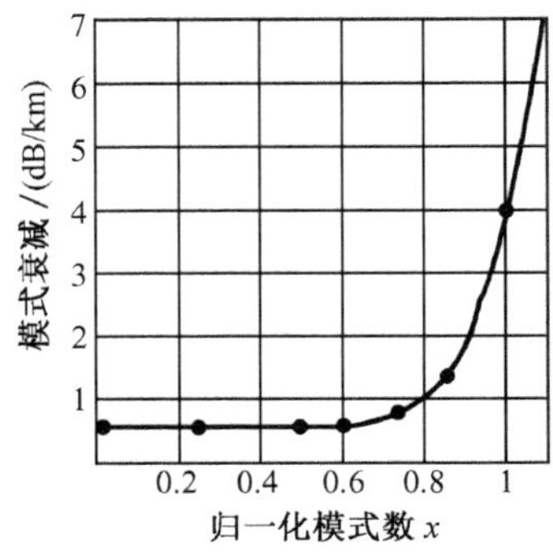

图 4-43 归一化模式阶次衰减曲线

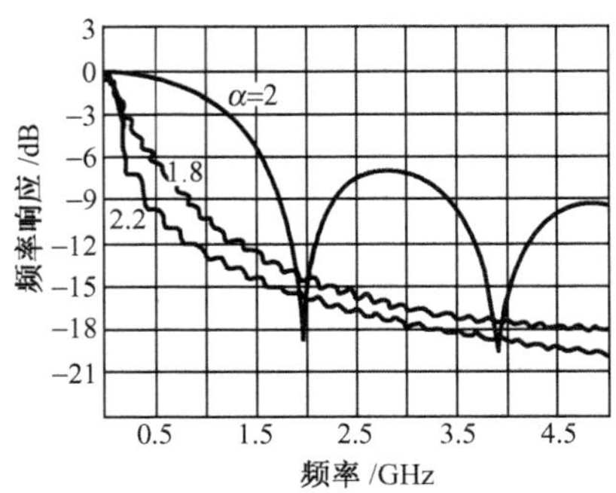

图 4-44 不同折射率指数下多模光纤的频响曲线

以上两种分析方法,均采用了光源的中心注入方式,即光源垂直入射到多模光纤的纤芯中心,并且是过满注入方式,每一个被激发的模式所携带的能量相同。但是如上一节所述,光源的不同注入方式对光纤的带宽影响很大,当光源不是垂直入射到多模光纤的纤芯中心,而是垂直入射到稍稍偏离纤芯中心时,多模光纤的带宽会有很大的提高。原因是偏离注入时,激发出的模式数量减少,这些模式的时延差相对较小,模间色散的影响减小,从而光脉冲展宽减小,光纤带宽提高。

4.4 CWDM 技术

在 40Gb/s VSR 标准中,定义了一个使用波分复用(WDM)技术的方案,即在 1310nm 波长区的 4×10CWDM 光技术方案。CWDM 是指信道之间的波长间隔较大的一种波分复用,即人们所称的粗波分复用。

WDM 技术是一种在光域进行的多信道复用方案,即利用单模光纤低损耗区的巨大带宽,将不同波长的光信号混合在一起进行传输。不同波长的光信号所承载的数字信号可以是相同速率,相同数据格式,也可以是不同速率,不同数据格式。波分复用技术方案可与时分复用(TDM)和频分复用(FDM)结合使用,即将在电域已复用的 TDM 和 FDM 复用比特流调制多个光载波,然后通过同一根光纤传输,实现多层复用。在接收端依次利用光域和电域解复用不同的信道,从而最大限度地利用光纤的带宽能力。

目前,WDM 技术在光纤通信网中已获得到了广泛的应用。单根光纤在 1310nm 和 1550nm 处有两个低损耗窗口,分别有 12THz 和 15THz 的带宽。最早的波分复用是对已铺设的1310nm光波系统，利用1310/1550nmWDM技术，在1550nm增加另一个信道，构成两路复用，信道间隔Δλ＝250nm。随着技术的进步，信道间隔不断减小，复用信道数不断增加。在20世纪80年代末，随着具有极窄线宽的可调激光器的出现以及1550nm窗口掺铒光纤放大器的商用化，WDM系统的相邻信道间隔可以很窄(一般小于1.6nm)，且工作在一个窗口中，共享EDFA光放大器。为了区别于传统的WDM系统，人们称这种波长间隔更紧密的WDM系统为密集波分复用系统(DWDM)。所谓密集，是指相邻波长间隔而言，过去WDM系统是几十nm的波长间隔，现在的波长间隔可以只有0.4～2nm。

在20世纪80年代出现的多模光纤局域网中，已经在850nm窗口定义了间隔25nm的光波长复用方式，只是那时被称为“WDM”，而不是现在的CWDM。1996年，为了区分广泛使用的WDM技术，CWDM这一概念被正式提出，但是缺乏统一的标准。90年代后期，IEEE 802.3小组为了解决万兆以太网中的色散和损耗问题，在已经铺设的多模光纤中，建议在850nm窗口采用基于VCSEL的4路CWDM技术，在1310nm窗口也采用4路波长间隔25nm的波分复用技术，并将这种在1310nm窗口的波分复用技术称之为WWDM(Wide WDM)。

目前，DWDM是长途干线传输的主流技术，它涉及到光放大、色散补偿、非线性效应补偿、前向纠错、光源等复杂的技术，系统整体造价高。而CWDM技术是一种简化的WDM技术，对光源、色散补偿、非线性效应等要求相对降低，系统造价随之降低，适用于短距离传输，如VSR技术、局域网和城域网技术。

4.4.1 CWDM的技术标准

4.4.1.1 ITU-T的CWDM建议

ITU-T面向城域网，2002年制定了G.694.2标准“针对WDM应用的光谱间隔:CWDM波长间隔”[45]。在1270～1610nm范围内，建议了波长间隔20nm的18个可用波长，可以在G.652光纤上使用，如图4-45所示。

4.4.1.2 IEEE的10GbE系列标准

该系列主要包括850nm窗口的10GBaseSX-4 CWDM和1310nm窗口的10GBaseLX-4 CWDM两个标准。10GBaseLX-4 CWDM同ITU-T建议1310nm窗口的标准相似，只是其波长间隔为24.5nm，即WWDM。由于仅采用了4个波长，波长间隔较大的信道之间能够容许更大的色散，每个信道传输速率可以达到3.125Gb/s，传输距离超过10km。在1310nm窗口建议的可选信道波长为：1275.7nm(1269.0～1282.4nm)，1300.2nm(1293.5～1306.9nm)，1324.7nm(1318.0～1331.4nm)，1349.2nm(1342.5～1355.9nm)。

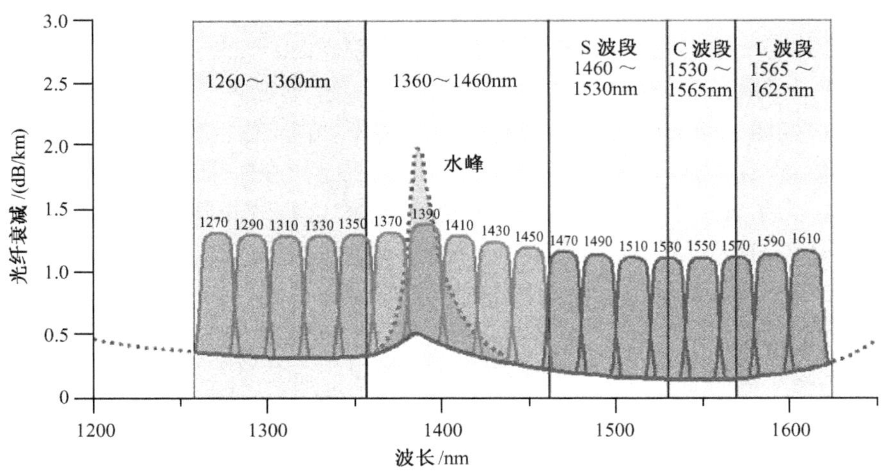

图 4-45 ITU-TG.694.2 建议的 CWDM 波长可用范围和波长间隔

4.4.1.3 OIF 的 VSR-5 标准

在 40Gb/s 的 VSR5 中的 4×10CWDM 方案中，4 路传输速率为 10.264～11.09Gb/s 的并行数据信号分别驱动 4 个波长在 1269.0～1355.9nm 的激光器。每个激光器的中心波长间隔为 24.5nm，同 IEEE 的标准一致。从这些激光器发出的光经一个光复用器耦合到一根普通的单模光纤中，复用后的光信号以 39.813～43.018Gb/s 的速率在光纤链路上传输。

以上几个国际建议标准，趋向于统一采用波长间隔为 24.5nm 的 IEEE 和 OIF 建议。这样在 1260～1625nm 的波长范围内，可用波长数为 17 个。16 个波长可以在城域网或者局域网的范围内分配给用户使用，剩余一个波长用作管理信道。

4.4.2 CWDM 系统的关键技术

4.4.2.1 传输介质

由于 CWDM 在 1260～1625nm 的范围内采用了等间隔的波长信道，因此，推荐的传输介质是无水峰的 ITU-T 的 G.652C 光纤。但是对于波长数量较少的情况，可以避开水峰，例如 VSR5 的 4×CWDM 方案，采用普通 G.652 光纤即可。

另一方面，色散位移 G.653 光纤由于四波混频等非线性效应的影响，对于 C 波段的 DWDM 系统不适用。四波混频效应是影响 C 波段 DWDM 传输系统性能的主要因素，它主要与光功率密度、信道间隔和光纤的色散等因素密切相关。光功率密度越大、信道间隔越小，光纤的非线性效应就越严重。DWDM 通过增加光纤的有效传光面积来减小光功率密度，在工作波段保留一定量的色散，减小光纤的色散斜率,增加波长间隔等方法来减小四波混频等非线性效应。但是对于 CWDM 系统,波长间隔超过 20nm,并且传输距离相对较短,四波混频造成的信道串扰影响要小的多。因此 G.653 光纤也是 CWDM 系统的可选传输介质。

4.4.2.2 光源

直接调制的无制冷分布反馈(DFB,Distributed Feedback Bragg)激光器的线宽窄,输出功率达到 1mW,直接调制速率可以达到 2.5Gb/s,在 G.652 光纤上传输距离能够超过 80 公里,是比较理想的 CWDM 光源。光源的线宽和波长信道间隔直接决定了 CWDM 和 DWDM 所采用的激光器的不同。波长信道间隔决定了光源容许的由于制作工艺、温度特性以及调制电流等造成的中心波长漂移范围。在 DWDM 系统中,由于工作波长较为密集,一般波长间隔只有几个纳米到零点几个纳米,因此要求用于系统使用的激光器波长必须精确,并具有良好的稳定性,要有与之相配套的波长检测与稳定技术。

ITU-T 的 G.694.2 建议 CWDM 光滤波器的保护带宽等于信道间隔的三分之一。对于 20nm 间隔的信道,可用光滤波器的带宽不能超过 13nm,CWDM 光源的中心波长漂移不超过 6.5nm 即可。其温度特性较 DWDM 方案的要求也相对降低,在 0~70℃ 范围内,波长漂移可以达到 ±4.2nm。

同 DWDM 技术采用的 DFB 光源相比,CWDM 采用的无制冷 DFB 光源具有更大的优势,其封装体积小,可以达到 0.5cm×0.5cm×0.1cm。单个封装好的激光器功耗为 0.25W,电光转换效率达到 0.4%。而 DWDM 的光源由于要求的波长漂移小,必须进行制冷,其体积和功耗相对较大,经过封装后的体积是没有制冷的 DFB 激光器的 8 倍,功耗达到 5W,电光转换效率只有 0.02%。因此,CWDM 的激光器成本只有 DWDM 所采用的激光器成本的四分之一到五分之一。

VCSEL 是 CWDM 系统的另一个可选方案。VCSEL 谐振腔的构造方式,决定了其成本比 DFB 激光器更低,无需制冷,封装简单,易于集成,特别适合二维和三维光互连。在 850nm 窗口,主要采用了 VCSEL 激光器作为光源。在 1310nm 窗口,随着 VCSEL 技术的成熟,其成本进一步降低,CWDM 标准倾向于采用 VCSEL。在长波长的 1550nm 窗口,同 DFB 激光器相比,由于工艺水平限制,虽然阈值电流只有 1~2mA,但是其输出光功率要低一些,很难达到 0dBm。DWDM 系统的多波长光源的最简单结构是将不同波长的 LD 排列在一块晶片上的阵列化光源,但因成品率低,基片尺寸大,使每块晶片的收容率降低,显示不出低成本的优点。VCSEL 阵列特别适合于多波长的 CWDM 系统,随着工艺水平的进步,在整个可用波长范围内,VCSEL 是比较有竞争力的可选光源之一。

4.4.2.3 接收器

同 DWDM 光传输系统相比,在 CWDM 方案中,探测器的响应带宽要相对宽一些，要求能够覆盖整个的 ITU CWDM 方案的波长范围，由探测器前的光滤波器实现信道间的区分。宽带的 PIN 和 APD 均可以作为探测器。PIN 的价格低一些，APD 则可以提供 9～10dB 的增益。在接收器中对电路也要采用宽带跨阻放大器(TIAs，Trans Impedance Amplifiers)，以提高灵敏度。典型的 2.5Gb/s 光接收系统，在误码率 10^{-10} 的条件下，采用 PIN/TIA，其接收灵敏度为 -24dBm，采用 APD/TIA，接收灵敏度可以达到 -33dBm。

4.4.2.4 CWDM 光复用/解复用器和光分插复用(OADM)

光复用器和解复用器都是 WDM 系统的重要组成部分，一般为无源器件。光复用器用于在传输系统的发送端，是一种具有多个输入端口和一个输出端口的器件。光复用器的每一个输入端输入一个预选波长的光信号，输入的不同波长的光波由同一个输出端口输出。而光解复用器的作用与光复用器正好相反，它的作用是在传输系统的接收端将对端设备发送过来的多个波长光信道分开。用于光复用/解复用器的光滤波器器件的性能优劣对系统传输质量有决定性的影响。它们的主要性能指标是插入损耗和串扰。通常要求光滤波器的插入损耗低且单个通道的损耗偏差小，通道内损耗平坦，通路间的隔离度高，偏振相关性好和温度稳定性好。

根据 ITU-T 的建议，单路 CWDM 光滤波器的带宽应在 13nm 范围内平坦，插入损耗 1dB 左右，8 信道复用/解复用滤波器的插入损耗为 4dB。信道间隔离度大于 30dB。

目前 CWDM 的光滤波器通常采用光学介质薄膜技术实现，其温度漂移可以达到 0.002nm/°C，相当于在 ±35°C 范围内温度变化时，滤波器中心波长偏移在 ±0.07nm范围内。由于要求的滤波器带宽较宽，在技术上容易实现。例如，20nm 带宽的滤波器，大约 50 层的膜系就可以实现。同样采用光学介质薄膜的 DWDM 光滤波器由于要求带宽窄，要达到 200GHz 的带宽，需要超过 100 层的膜系实现，因此 DWDM 通常采用光纤光栅实现，造价相对较高。

图 4-46 是 CWDM 中常用的光复用/解复用器和 OADM 方案。

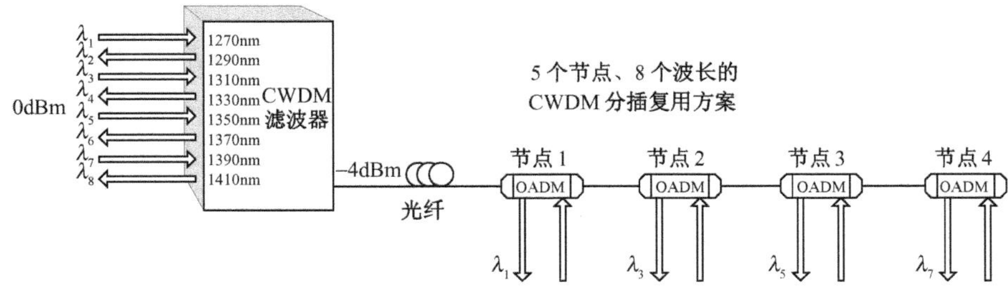

图 4-46 采用 5 个节点、8 个波长的 CWDM 方案

图 4-46 中,8 路 CWDM 滤波器和 4 路 OADM 中采用相同的基于介质薄膜的光纤集成滤波器,波长间隔 20nm。波长 1、3、5、7 分别在每一个节点下路,在双向传输系统中,波长 2、4、6、8 可以用作上行信道,在单向传输系统中,则可以用作下行信道的上路信号。如果光纤的损耗为 0.4dB/km,在系统灵敏度为 − 33dBm 的条件下,考虑到每个 OADM 的插入损耗为 1dB,则该系统端到端传输距离可以达到 60km,平均每段用户间距离为 15km,每段光纤损耗为 6dB。

基于 OADM 的 CWDM 的工作方式主要有两种,即双纤单向传输和单纤双向传输。在双纤单向传输方式中,一根光纤只完成一个方向光信号的传输,反向光信号的传输则由另一根光纤来完成。因此,同一波长在两个方向上可以重复利用。这种 CWDM 系统可以充分利用光纤的巨大带宽资源,可以灵活地通过增加波长来实现扩容。4×10 CWDM VSR5 系统即采用的是这种工作方式。

单纤双向传输是将两个方向的光信号在一根光纤中同时传输。两个方向的光信号安排在不同的波长上。这种工作方式允许单根光纤携带全双工通路,可以比单向传输节约一半光纤器件。缺点是系统需要采用特殊的方式来减少光反射的影响,以防多径干扰。

4.4.2.5 光放大和再生

通常在短距离传输系统中,例如 VSR5 系统,传输距离小于 2km,一般不需要进行光放大。在城域网范围内,为了扩大传输距离,需要进行光放大和再生。其原理和要求同 WDM 技术相似,可以是简单的单路幅度放大,即 1R(Re-Amplifier)。如在图 4-46 中,在节点 4 下路后的波长 7 可以经过一次光放大后,继续在节点 4 上路进行传输。也可以是 3R(Re-Amplifying, Re-Shaping, Re-Timing)再生,这就需要对所有的波长进行光功率平衡,并且要求宽带光放大器,如半导体光放大器(SOA)和拉曼光纤放大器。

SOA 是采用与激光器相类似的工艺而制成的一种行波放大器。当偏置电流低于振荡阈值时,激光二极管就能对输入相干光实现光放大作用。由于半导体放大器具有体积小,结构简单,功耗低,寿命长,易于同其他光器件和电路集成,适合批量生产,成本低,可实现增益兼开关等特点,在全光波长变换,光交换,谱反转,时钟提取,解复用中受到了广泛的重视,特别是应变量子阱材料的半导体光放大器的研制成功,更引起了人们对 SOA 的广泛研究兴趣。由于半导体光放大器覆盖了 1300～1600nm 波段,既可用于 1300nm 窗口的光放大,也可用于 1550nm 窗口的光放大。

受激拉曼散射是光纤中的一种非线性现象,它将一小部分入射光功率转移到频率比其低的斯托克斯波上。如果一个弱信号与一个强泵浦光波同时在光纤中传输,并使弱信号波长置于泵浦光的拉曼增益带宽内,弱信号光就可以得到光放大。拉曼光纤放大器就是利用光纤的这种 SRS 效应而制成的放大器。理论上只要有合适的泵浦光,就能够得到任意波长光信号的放大,成功解决 EDFA 放大区域小的缺点。

拉曼光纤放大器的优点主要有如下几个方面:①增益介质为普通传输光纤,与光纤系统具有良好的兼容性;②增益波长由泵浦光波长决定,不受其他因素的限制;③增益高,串扰小,噪声指数低,频率范围宽,温度稳定性好等。

拉曼光纤放大器可在 1292～1660nm 光谱范围内进行光放大,这远远超过了 EDFA 的增益带宽。由于增益介质为普通光纤,可制作分立式或分布式拉曼光纤放大器。分布式拉曼光纤放大器可以对信号光进行在线放大,增加光放大的传输距离,应用于 40Gb/s 的高速光网络中,也特别适用于海底光缆通信系统。

第五章　40Gb/s VSR 的基本功能结构和实现

VSR5 是面向 40Gb/s 甚短距离光传输应用而制定的接口规范。制定 VSR5 的目的是使该规范能降低网络复杂性及运营成本，能以最少的技术解决方案满足大多数的应用需求。在 VSR5 中总共建议了 3 个技术解决方案[46]，即 12 路并行技术方案，4×10Gb/s 单模光纤 CWDM 方案和单模光纤串行方案。VSR5 主要由转换器集成电路、光发射器模块和光接收器模块三部分组成。电接口采用的是传输 SDH/SONET 帧格式数据的 SFI-5 串/并转换成帧器接口（SFI，SERDES Framer Interface），如图 5-1 所示。对 VSR5 中每一个具体的技术解决方案，要求尽量能做到具有广阔的市场前景，应用面广，兼容性好，可获得大多数设备提供商

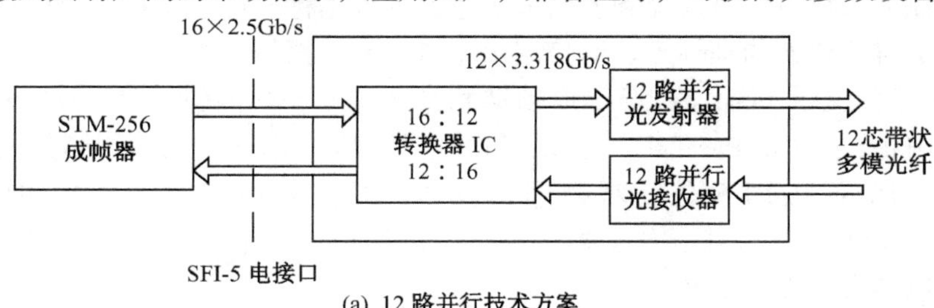

(a) 12 路并行技术方案

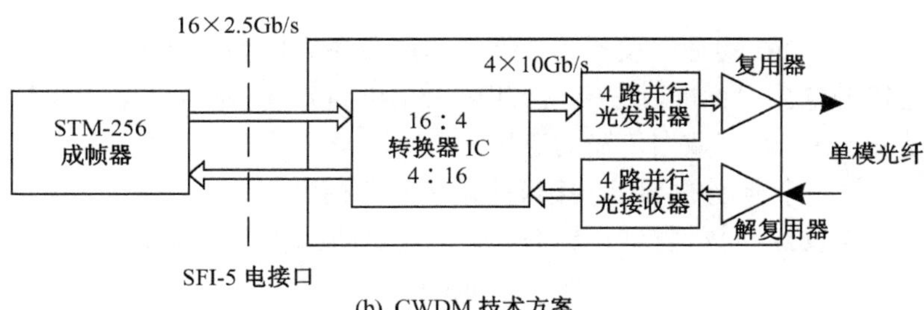

(b) CWDM 技术方案

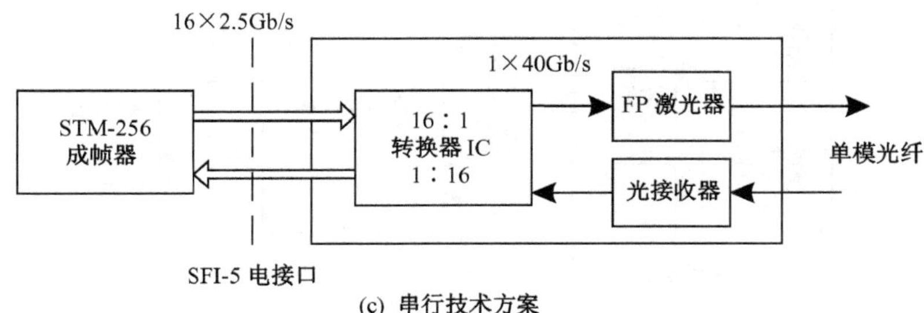

(c) 串行技术方案

图 5-1　40Gb/sVSR 的三种实现方案

的支持，在最终用户成本和应用空间方面与其他技术解决方案相比有明显的优势。

除了 SFI-5 标准，与 40Gb/s 数据传输应用有关的电接口标准还有系统数据包接口 SPI-5 标准和时分复用交换接口 TFI-5 标准。本章将先对这些在 40Gb/s 数据传输应用中所涉及到的电接口标准作一个介绍，然后再全面详细地介绍 VSR5 光模块接口的基本功能结构和实现方法。

5.1 VSR5 的电接口标准

前面提到，共有三个涉及到 40Gb/s SDH/SONET 信号传输的电接口标准，即串并转换成帧器接口 SFI-5（SFI，SERDES Framer Interface）、系统数据包接口 SPI-5（SPI，System Packet Interface）和时分复用交换接口 TFI-5（TFI，TDM Fabric Interface）。对于 SFI-5 和 SPI-5，还附加了 SxI-5（此处 x 通指 F 和 P）。SxI-5 对 SFI-5 和 SPI-5 共同的一些 I/O 信号电平参数做了定义，并规范了高速情况下系统对信号抖动和各信道信号斜移等指标的要求。每一个电接口标准都包括了对总线的物理标准、通信用信令协议和数据格式等功能的规定。

SFI-5 定义了 SDH/SONET 成帧器和高速并串/串并转换（SERDES，Parallel-to-Serial/Serial-to-Parallel）逻辑之间的电接口。TFI-5 和 SPI-5 则是两个并行的电接口标准。TFI-5 是针对物理层设备、时分复用交换设备之间的接口；SPI-5是针对物理层设备、包交换设备之间的接口。各个接口所处的位置和相互关系可以参考图 3-1 和表 3-1。

5.1.1 SPI-5 接口

SPI-5 是一个在物理层设备和数据链路层设备之间数据包和信元传输的双向点对点连接的电接口标准，它支持 STM-256 和 POS（Packet over SDH/SONET）以及其他 40Gb/s 速率数据传输的应用。

图 5-2 是一个典型的 SPI-5 接口的系统参考模型[47]。

由于数据发送和数据接收端口以及系统的状态信号都是独立操作的，所以

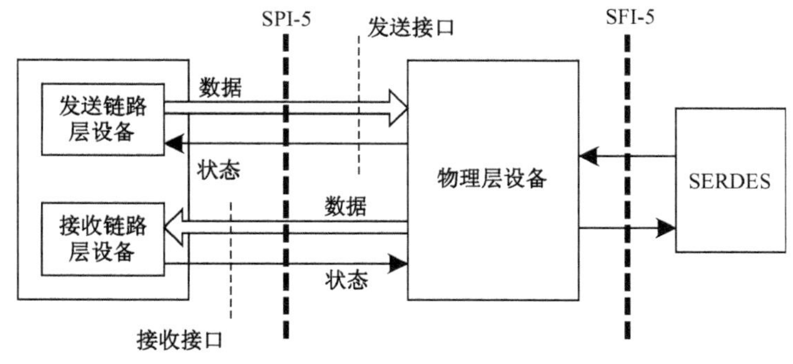

图 5-2 SPI-5 接口的系统参考模型

SPI-5 接口不仅适用于单向数据传输，也适用于双向数据传输。

SPI-5 具有以下一些特点：

(1) 支持物理层设备和数据链路层设备之间的点对点连接。

(2) 支持 256 个端口，当使用扩展地址时，可支持 2^{144} 个端口。

(3) 数据发送和数据接收信道的特点：

1) 控制字携带了带内端口地址、数据包起始和结束指示以及错误控制码等信息。

2) 数据的传送被分成若干个数据链，每个数据链的长度为 32 个字节的整数倍。

3) 信道的最小传输速率为 2.488Gb/s。

4) 对每个比特信道按多项式 $X^{11}+X^{9}+1$ 进行独立的扰码操作。

5) 频率为信号速率 1/4 的源同步时钟作为数据恢复的频率参考。

(4) 数据发送和数据接收状态信号有如下一些特点：

1) 与数据信号的传输速率相同。

2) 串行比特状态指示。

3) 带内状态成帧。

4) 信号电平，排序和扰码功能与数据信道相同。

5) 带内排序。

(5) 接口信号的一般 I/O 电平特性在 SxI-5 中定义。

5.1.1.1 SPI-5 信号定义

图 5-3 是一个 SPI-5 接口的信号连接示意图。由图中可以看到，在数据发送方向上有 TDCLK，TDAT [15:0]，TCTL 等信号。在数据接收方向上有 RDCLK，RDAT [15:0] 和 RCTL 等信号。此外，还各有一个与数据发送和接收相关的状态信号 TSTAT 和 RSTAT。

图 5-3 中的 A，B，C，D 四个点是关于接口信号 I/O 电平参数特性定义的参考点。下面将对这些信号分别加以说明：

(1) TDCLK 是数据发送时钟信号。TDCLK 为数据发送信道信号 TDAT 和 TCTL 提供时间基准。TDCLK 一般是一个占空比为 50% 的时钟，频率是 TDAT 和 TCTL 速率的 1/4，并且同步于这两个信号。TDCLK 最小的时钟频率是 622MHz。在 TDCLK 与 TDAT、TCTL 相互之间允许存在静态的相位偏移。发送链路层设备必须能发送 TDCLK 信号，但物理层设备可以不使用这个信号，此时，发送链路层设备可以停止发送这个信号。

(2) TDAT [15:0] 是发送数据总线，发送链路层设备通过它向物理层设备发送数据字和控制字。具有偶数字节长度数据包的最后一个字节会在 TDAT [15:8] 上传送，而具有奇数字节长度数据包的最后一个字节会在 TDAT [7:0] 上传送。TDAT [15:0] 的最小数据传输速率都是 2.488Gb/s。

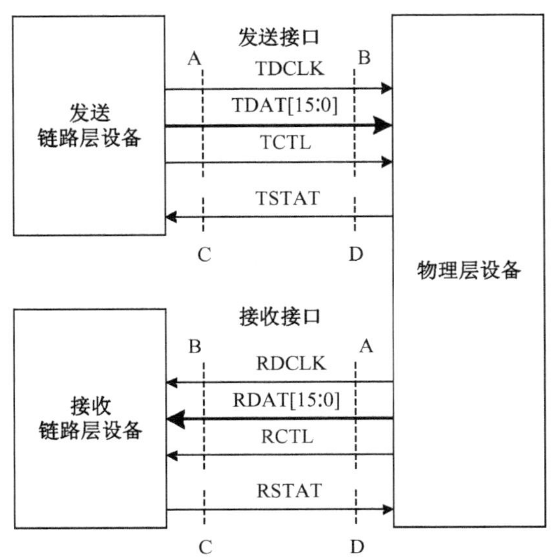

图 5-3 SPI-5 接口信号连接示意图

(3) TCTL 是数据发送控制信号。当 TCTL 为逻辑高电平时表示此时在数据总线 TDAT 上传输的是控制字；当 TCTL 为逻辑低电平时表示此时在数据总线 TDAT 上传输的是数据字。TCTL 的最小数据传输速率也是 2.488Gb/s。

(4) TSTAT 是数据发送状态信号。在数据信号发送过程中，作为信号的接收端设备，物理层设备需向发送链路层设备发送有关它的状态、数据传送检错和数据帧的信息。TSTAT 的最小数据传输速率是 2.488Gb/s。

(5) RDCLK 是数据接收时钟信号。RDCLK 为数据接收信道 RDAT 和 RCTL 提供时间基准。与 TDCLK 一样，RDCLK 也是占空比为 50% 的时钟，频率是 RDAT 和 RCTL 速率的 1/4，并且同步于这两个信号。RDCLK 最小的时钟频率是 622MHz。在 RDCLK 与 RDAT、RCTL 相互之间允许存在静态的相位偏移。规定物理层设备必须能发送 RDCLK 信号，但接收链路层设备可以不使用这个信号，此时物理层设备可以停止发送这个信号。

(6) RDATA [15:0] 是接收数据总线，通过它物理层设备向接收链路层设备发送数据字和控制字。具有偶数字节长度数据包的最后一个字节在 RDAT [15:8]上传送，而具有奇数字节长度数据包的最后一个字节在 RDAT [7:0] 上传送。RDATA [15:0] 的最小数据传输速率都是 2.488Gb/s。

(7) RCTL 是数据接收控制信号。当 RCTL 为逻辑高电平时表示此时在数据总线 RDAT 上传输的是控制字；当 RCTL 为逻辑低电平时表示此时在数据总线 RDAT 上传输的是数据字。RCTL 的最小数据传输速率是 2.488Gb/s。

(8) RSTAT 是数据接收状态信号。在数据信号接收过程中，作为数据信号接收设备，接收链路层设备需要向物理层设备发送有关它的状态、数据接收检错和数据帧信息。RSTAT 的最小数据传输速率是 2.488Gb/s。

5.1.1.2 SPI-5 接口上的数据传送

在 SPI-5 的数据总线上，数据的传送是以一种突发脉冲群的形式进行的。可将每一个这样的突发脉冲群称为一个传送数据链。

有关 SPI-5 接口上的数据传送，有如下几个特点：

(1) 某一个传送数据链一旦开始传输，就不能被间断。

(2) 要求一个数据包的起始位置要与传送数据链的起始位置对齐。

(3) 可以将一个数据包分在两个或两个以上的传送数据链中传输，而分属于不同数据包的数据不能共用一个传送数据链。

(4) 对应于某个数据包的所有传送数据链，除了最后一个，其长度都必须是 32 个字节的整数倍。

(5) 一个传送数据链可以结束于传输了若干个 32 字节的数据之后，也可以结束于传输完一个完整的数据包之后。

(6) 为某一个数据包传送所生成的各个传送数据链的长度可以不同。

图 5-4 是数据包和 ATM 信元的一个分段示意图。

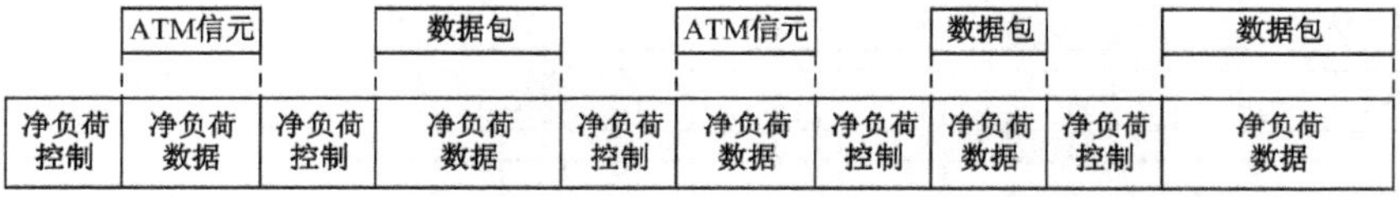

	ATM信元		数据包		ATM信元		数据包		数据包
净负荷控制	净负荷数据	净负荷控制	净负荷数据	净负荷控制	净负荷数据	净负荷控制	净负荷数据	净负荷控制	净负荷数据

图 5-4 数据包和 ATM 信元分段示意图

图 5-5 是一个传送数据链的构成示意图。从图 5-5 中可以看到，一个传送数据链是由净负荷数据字和控制字所构成。净负荷数据字所包含的字节总是 32 的倍数（除了数据包的最后一个传送数据链）。各个传送数据链之间由控制字作分隔符。控制字由净负荷控制字、地址控制字和地址数据字所组成。在一个控制字中，必须含有净负荷控制字，而对地址控制字和地址数据字不做此要求。地址控制字和地址数据字携带了系统端口地址的信息。在一个控制字中，某些内容与此控制字前面的一个传送数据链有关，而另一些内容则与此控制字后面的一个传送数据链有关。例如，夹在两个传送数据链之间的一个净负荷控制字就是由这两个传送数据链所共享的。这样的一

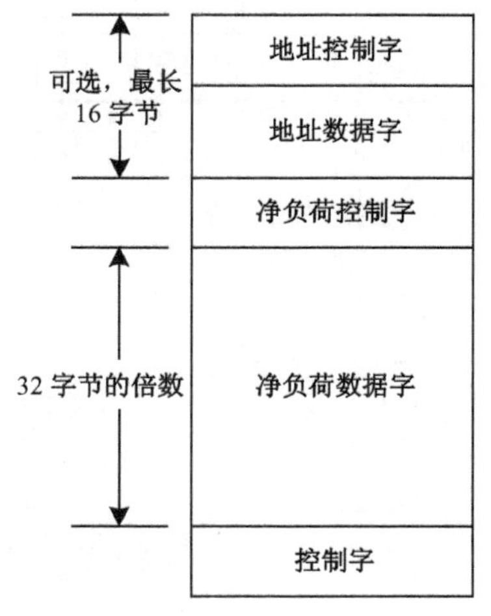

图 5-5 传送数据链的构成

个控制字是上一个传送数据链的结束，同时又是下一个传送数据链的开始。

控制字有 16 个比特位，各个比特位分别表示了控制字类型、数据包结束状态、端口地址和 DIP-4 对角间插奇偶校验（diagonal interleaved parity）等信息。DIP-4 是一个针对控制字和净负荷数据字传输的错误检测码，其实现方法同 BIP 比特间插奇偶校验相似，以帧结构中斜线上的比特为组进行奇偶校验。DIP-4 的实现如图 5-6 所示：

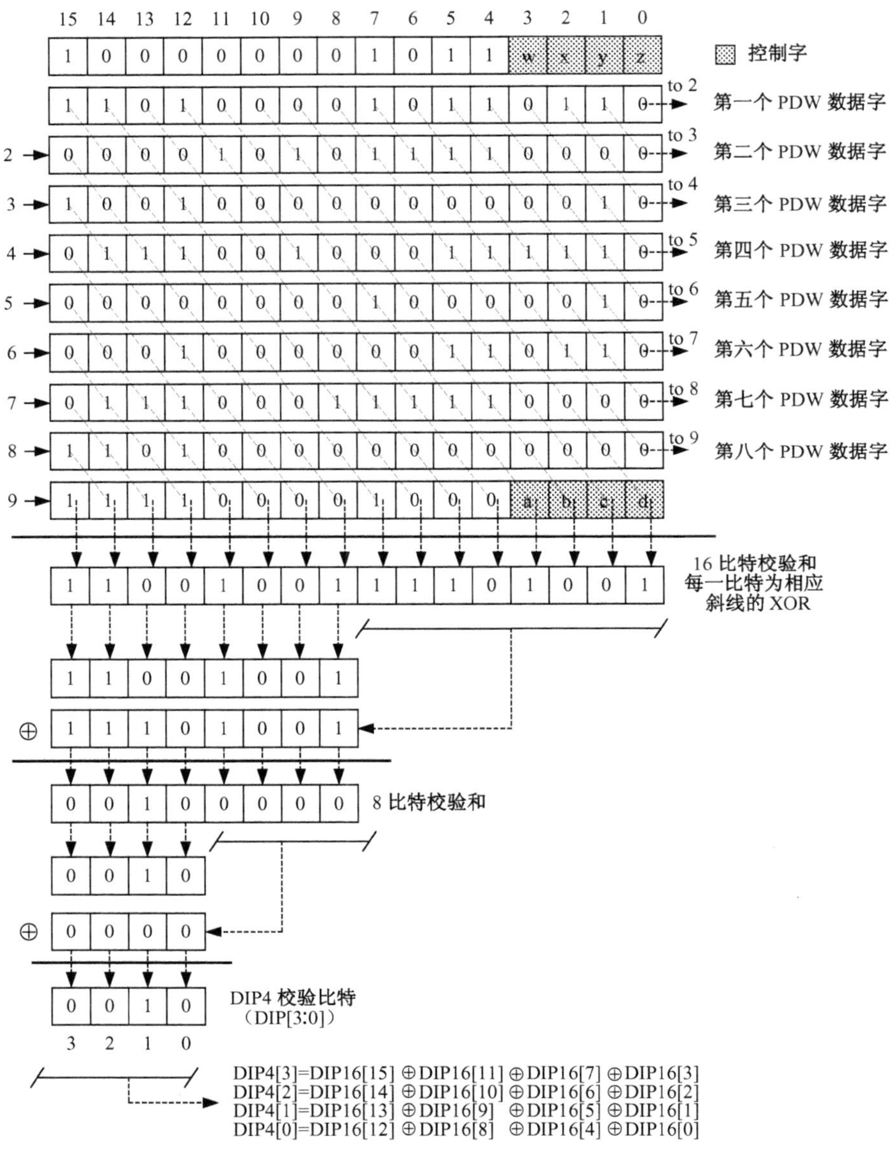

图 5-6 DIP-4 奇校验的实现

在数据传输信道上的一个正常的控制字和数据字的传送顺序构成了一个状态机。对应于每一个字发送周期，都会有一个状态转换发生。图 5-7 所示的是伴随着字发送周期的变化，数据信道状态的转换过程。

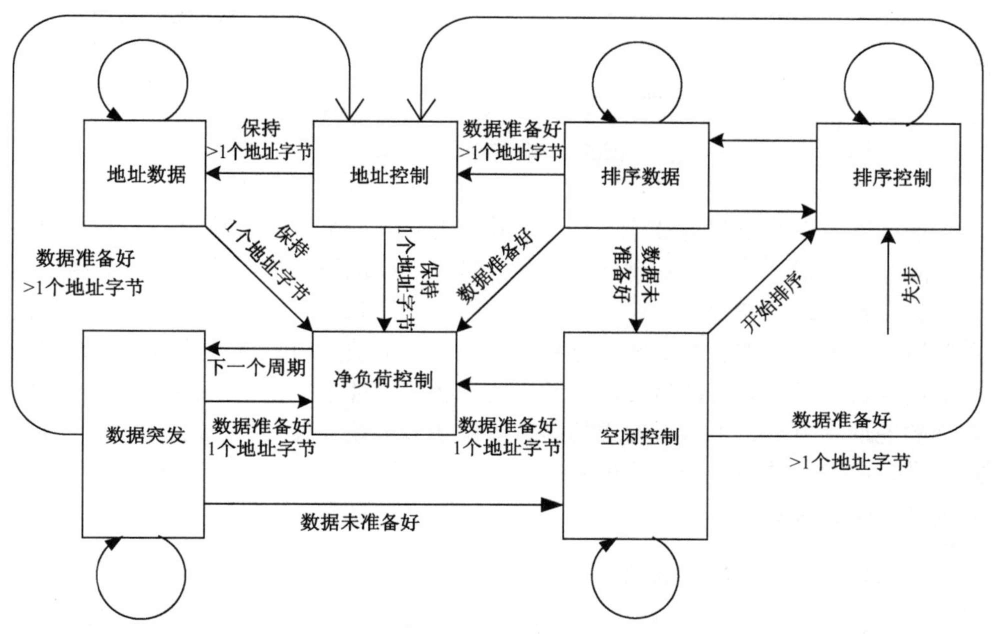

图 5-7　数据信道状态图

在每一个字发送周期内，SPI-5 在数据传输信道上传输 4 个字，在状态传输信道上传输 4 个状态比特。前面讲过，在 SPI-5 数据总线上传输的一个字既可以是控制字，也可以是数据字。当 xCTL 信号（x 通指 R 或 T）为逻辑高电平时，表示此时传输的是控制字。控制字携带了前一个传送数据链的状态信息，紧随其后的下一个传送数据链的端口地址信息，以及前一个传送数据链及控制字传输的检错信息。在没有控制字和数据字需要传输时，用一个总线空置控制字去填充空闲的总线传输周期。当 xCTL 信号为逻辑低电平时，表示此时在数据总线上传输的是数据字。数据字可能包含有数据包净负荷或端口地址字节。

5.1.1.3　SPI-5 端口地址映射

系统的端口地址最多可以有 18 个字节，分成物理地址区和扩展地址区两个部分。物理地址区位于地址字节的低位部分，它的长度由总线参数 PADDR _ LEN 所决定。设备所能支持的物理地址最大范围由总线参数 TOP _ PADDR 所决定。扩展地址区位于地址字节的高位部分。属于同一个数据包的所有的传送数据链都必须有相同的端口地址。图 5-8 是一个端口地址的格式。

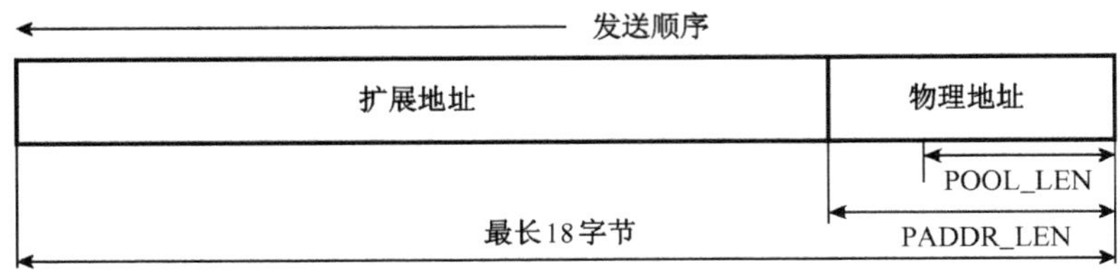

图 5-8　端口地址的格式

信号发送端设备和信号接收端设备并不需要同一个总线参数去定义一个端口地址的长度。在开始发送一个传送数据链时，端口地址的扩展地址区先被初始化为零，并且将地址控制字、地址数据字和净负荷控制字从低有效位向高有效位按顺序填入口地址。扩展地址区可能只会有部分字节被赋值为真正的口地址，其余字节仍保持为零。如果信号发送端设备所发送的地址字节比信号接收端设备所能处理的地址字节少，则未被发送的高有效位字节被按零处理。反之，如果信号发送端设备所发送的地址字节比信号接收端设备所能处理的地址字节多，则信号接收设备忽略高有效位字节。

5.1.1.4　SPI-5 净负荷映射

表 5-1 是一个利用 52 个字节结构将 ATM 信元映射入一个传送数据链的格式。从表中可以看到，第一个帧头字节（H1）被放到第一个数据字的上部（DW [15:8]），而第二个帧头字节（H2）被放到第一个数据字的下部（DW [7:0]）。同样地，第一个信元的净负荷字节（P1）被放到数据字的上部（DW [15:8]），而第二个信元的净负荷字节（P2）被放到数据字的下部（DW [7:0]）。一个信元的起始位置总是与一个传送数据链的开始对齐。传送数据链总是结束在一个信元的尾部。因此，两个信元不可能共用一个传送数据链。

表 5-1　52 字节 ATM 信元映射结构

字周期	字类型	xDATA [15:8]	xDATA [7:0]	描　述
1	地址控制	ACW [15:8]	ACW [7:0]	端口地址 [7:0]
2	地址数据	PA [23:16]	PA [15:8]	端口地址 [23:8]
3	净负荷控制	PCW [15:8]	PCW [7:0]	端口地址 [31:24]；数据包开始
4	净负荷数据	H1 [7:0]	H2 [7:0]	H1，H2
5	净负荷数据	H3 [7:0]	H4 [7:0]	H3，H4
6	净负荷数据	P1 [7:0]	P2 [7:0]	ATM 净负荷 P1，P2
7～28	净负荷数据	—	—	ATM 净负荷 P3 到 P46

续表

字周期	字类型	xDATA [15:8]	xDATA [7:0]	描　　述
29	净负荷数据	P47 [7:0]	P48 [7:0]	ATM 净负荷 P47 到 P48
30	任意控制字（地址控制字，总线空闲制字或净负荷空闲字）	xCW [15:8]	xCW [7:0]	数据包结束，两个字节有效

5.1.1.5　SPI-5 控制字

在 SPI-5 中定义了 4 种控制字，即地址控制字（ACW）、总线空闲控制字（ICW）、净负荷控制字（PCW）和排序控制字（TCW）。地址控制字与地址数据字结合使用可以使系统所能支持的端口地址范围比只有一个净负荷控制字本身所能提供的端口地址范围更大。在既不需要传输数据，又不需要传输控制信息的时候，由总线空闲控制字填充数据传输周期。每一个传送数据链的净负荷的前面，总是有一个净负荷控制字。排序控制字与排序数据字结合使用可为数据总线上的信道提供去斜移操作。

控制字有 16 个比特位，用 CW [15:0] 表示。当 xCTL 为逻辑高电平时，表示此时在总线上传输的是控制字。在数据发送和数据接收端口上的控制字格式是相同的。表 5-2 是在控制字中的各个比特位所表示的意义。

表 5-2　控制字的各个位所表示的含义

CW 比特位	符号	描述
CW [15:12]	CWT	控制字类型 CWT [1:0] =0 0：总线空闲控制字（ICW）或排序控制字（TCW） CWT [1:0] =0 1：地址控制字（ACW） CWT [1:0] =1 0：净负荷控制字（PCW），非第一个数据包传送数据链 CWT [1:0] =1 1：净负荷控制字（PCW），第一个数据包传送数据链 CWT [1] 被映射入 CW [15]，而 CWT [0] 被映射入 CW [12]。
CW [14:13]	EOPS	数据包结束状态 数据包结束（EOP）状态区（EOPS [1:0]），报告紧邻的上一个净负荷传送数据链所属数据包的装态 EOPS [1:0] =0 0：非 EOP EOPS [1:0] =0 1：EOP，非正常信元/数据包结束，紧急故障 EOPS [1:0] =1 0：正常信元/数据包结束，两个字节有效 EOPS [1:1] =1 1：EOP，正常信元/数据包结束，一个字节有效

续表

CW 比特位	符号	描述
CW [14:13]	EOPS	数据包结束状态 EOPS [1:0] 只有在紧随净负荷字后的第一个控制字（ACW，ICW 或 PCW）中才是有效的，其他情况下不用并被置为“0 0”。EOPS [1:0] 被映射入 CW [14:13]。
CW [11:4]	ADR	地址 地址区（ADR [7:0]）为下一个传送数据链提供 8 比特的端口地址信息。位于一个地址控制字中的 ADR [7:0] 提供端口地址的最低有效位字节，在随后的地址数据字中的 ADR [15:0] 按从低到高的顺序提供端口地址的附加有效位字节。在一个净负荷控制字中的 ADR [7:0] 提供端口地址的最高有效位字节。在总线空闲控制字中的 ADR [7:0] 必须全部置为 0，而在排序控制字中的 ADR [7:0] 必须全部置为 1。ADR [7:0] 被映射入 CW [11:4]。
CW [3:0]	DIP-4	对角间差奇偶校验 4 比特对角间差奇偶校验区（DIP-4 [3:0]）对当前的控制字和上一个数据字提供错误检测。DIP-4 [3:0] 被映射入 CW [3:0]。 在所有的传送数据链都需要地址控制字的应用中，这个区的内容没有被定义。在这种情况下，DIP-4 的计算延伸至随后的净负荷控制字。

地址控制字（ACW）提供扩展的口地址字节用以支持具有大范围地址区域的系统。一个 ACW 和一个随后的地址数据字（ADW）可以衔接起来构成一个多字节端口地址。在这样的一个多字节端口地址中，ACW 中的 ADR [7:0] 构成最低有效位字节，随后的一个或数个 ADW 中的 ADR [15:0] 按顺序构成高有效位字节，然后由净负荷控制字中的 ADR [7:0] 构成最高有效位字节。顺序排列的 ADW 最多可以有 8 个（16 个字节），加上 ACW 和净负荷控制字中的两个地址字节，系统端口地址最多可以由 18 个字节构成。

5.1.1.6 SPI-5 数据字

当 xCTL 为逻辑低电平时，表示此时在数据总线上传输的是数据字。在发送和接收端口的数据字格式是相同的。每一个数据字由两个地址字节或两个净负荷字节所组成。

在 SPI-5 中总共定义了三种数据字，即地址数据字（ADW）、净负荷数据字（PDW）和排序数据字（TDW）。前面已经说过，最多可以由 8 个 ADW 串在一起的地址数据字所携带的地址信息可以使系统比仅有净负荷控制字时所能支持的地址范围更多。排序数据字与排序控制字一起完成数据总线上各个信道的去斜移操作。表 5-3 是数据通道的排序顺序。

表 5-3　数据通道的排序顺序

字周期	xCTL [0]	字类型	xDATA [15:0]	注释
0	1	ICW		总线空闲控制字
1～16	1	TCW	0FFF Hex	第一个排序形式，控制
17～32	0	TDW	F000 Hex	第一个排序形式，数据
—	—	—	—	排序形式，控制/数据
32（N－1）+1～32（N－1）+16	1	TCW	0FFF Hex	最后一个排序形式，控制
32（N－1）+17～32（N－1）+32	0	TDW	F000 Hex	最后一个排序形式，数据
32（N－1）+33	1	ICW	0000 Hex	总线空闲控制字

5.1.2　TFI-5 接口

TFI-5 完成各种时分复用信号到成帧器的映射，其系统参考模型如图 5-9 所示[48]。

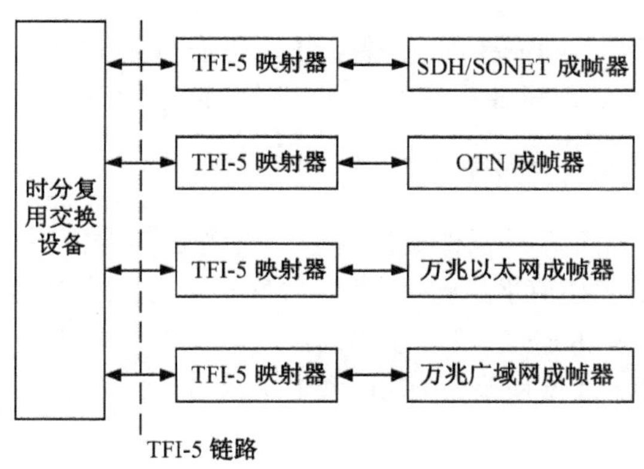

图 5-9　TFI-5 的系统参考模型

TFI-5 是针对目前时分复用交换设备和成帧器技术的多样性而提出的，它解决了不同设备提供商之间的技术接口问题，主要是 SDH/SONET 信号以及高速的非 SDH/SONET 信号如何映射到成帧器中去。TFI-5 支持的时分复用信号包括：①从 155Mb/s 到 40Gb/s 的 STM-1/4/16/64/256 信号；②符合 ITU-T 的 G.709 规定的 OTN（Optical Transport Network）信号，即 2.5Gb/s、10Gb/s 和 40Gb/s 的 ODU1/2/3（Optical Data Unit）等级信号；③10Gb/s 的万兆以太网数据包；④10Gb/s 的万兆广域网数据包。

TFI-5 具有以下特点：

（1）支持成帧器和时分复用交换设备之间的点对点连接。

（2）采用 SDH/SONET 帧结构的 A1/A2 字节定帧，B1 字节用于链路错误监控，B2 字节用于连接监控。

（3）TFI-5 采用分层结构：链路层、连接层和映射层，如图 5-10 所示。TFI-5 链路层定义了 TFI 数据链路有关数据发送和数据接收的信号格式。TFI-5 连接层对双向的端到端信号进行监控。TFI-5 映射层则将不同的客户端信号映射到一个或者多个连接层的时隙内。

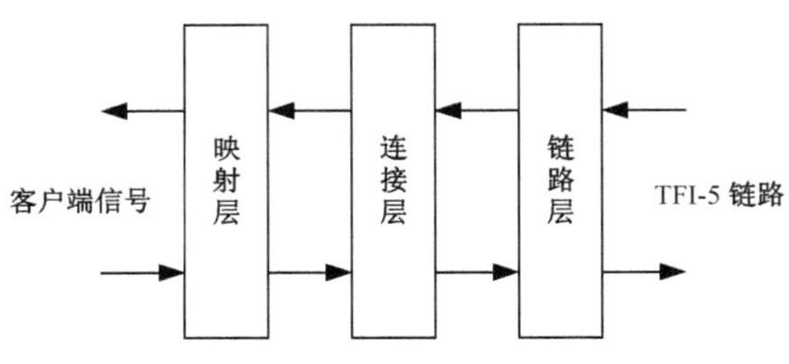

图 5-10　TFI-5 的分层结构

（4）所有的 TFI-5 帧需要在去斜移窗口内进行帧对齐，通过指针处理、复用/解复用或者映射过程将客户端信号同 TFI-5 帧进行对齐。

5.1.2.1　TFI-5 接口信号定义

在 TFI-5 中，只定义了三种端口信号。一个是数据信号 TFIDATA，一个是参考时钟信号 TFIREFCK，一个是 8kHz 的帧边界参考信号 TFI8KREF。TFIREFCK 和 TFI8KREF 应彼此频率同步，其相互间的游走应小于 TFIREFCK 的 +/−4UI。TFIDATA 是差分 CML 型电平信号。图 5-11 是 TFI-5 接口信号连接图模型。

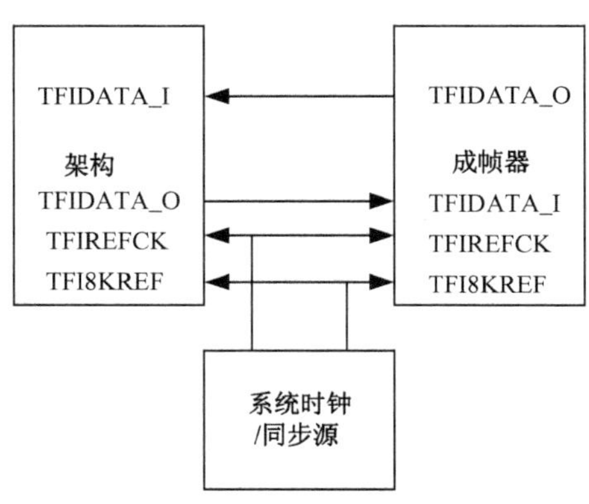

图 5-11　TFI 接口信号连接图模型

TFI-5 接口信号定义如下：

（1）TFIDATA：TFI-5 数据信号，是在时分复用交换设备和成帧器之间传送的数据信号。信号速率为 2.488Gb/s。

（2）TFIREFCK：TFI-5 参考时钟信号，为 TFI-5 数据信号 TFIDATA 提供时间基准。通常 TFIREFCK 为速率 155MHz，占空比为 50% 的周期信号。

（3）TFI8KREF：TFI-5 8kHz 的帧边界参考信号，为 TFI 系统中的所有设备提供帧边界参考。

5.1.2.2 TFI-5 的三层结构

TFI-5 采用的是分层结构，即分为链路层、连接层和映射层。链路层为网络元素各组件间的物理互操作性提供参考点。链路层定义了数据传输操作，包括了电信号信令及信号速率的定义，TFI-5 成帧，信号扰码操作，信号传输错误监测和帧对齐功能等。与 SDH/SONET 中的段层相似，链路层仅存在于物理端点间，即从成帧器上的发送端到交换设备上的接收端。它与形成数据流的客户端净负荷无关。每一个连接的链路层的操作是彼此独立的。

一个 TFI-5 帧的传输时间是 125μs。定义了两种波特率：标准的 SDH/SONET 2.488Gb/s 传输速率和可选的 3.1104Gb/s 传输速率。系统不需要一定能够支持 3.1104Gb/s 传输速率。

图 5-12 和图 5-13 分别是速率为 2.488Gb/s 和 3.1104Gb/s 的 TFI-5 连接的帧格式。TFI-5 的帧字节传输是从左到右，从上到下进行的。帧头字节 A1，A2 被链路层作为定帧符，B1 用于链路错误监控。这些字节在每一个链路的信号发送端设备中产生，并在链路的信号接收端设备中终止。

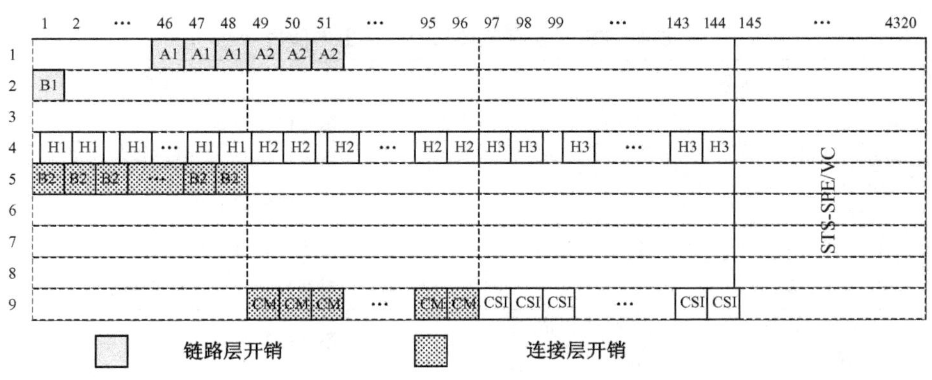

图 5-12 TFI-5 2.488Gb/s 的帧格式

TFI-5 的连接层是为在一个 TFI-5 帧中传输的 N 个 STS-1 时隙（N = 48，60）而定义的，目的是实现对每一个通过交换矩阵的 STS-1 时隙从入口帧

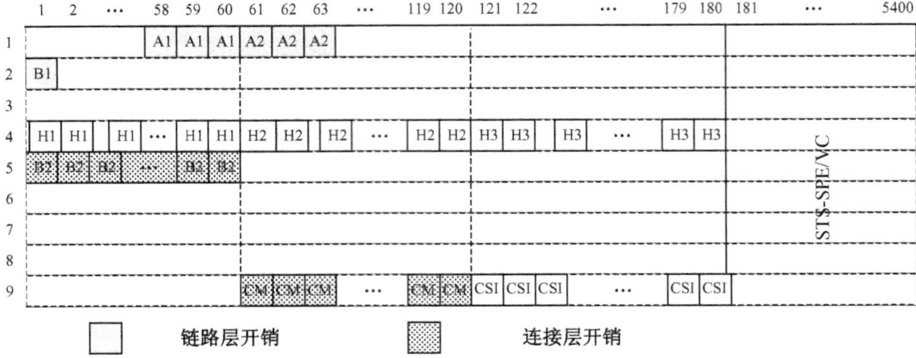

图 5-13 TFI-5 3.1104Gb/s 的帧格式

到出口帧的端到端的连接监控。它对每一个 STS-1 时隙提供了一个可选的下列服务：监控信号的传输是否出现错误以及链路的连接是否正确。TFI-5 的连接层使用 B2 和 CM（连通性监视）字节用于这些监控目的。

TFI-5 的映射层提供在连接层的一个或多个时隙上的客户端信号传输。它将客户端信号进行组合并映射到连接层的一个或多个 STS-1 时隙上。为了能以一个比单独的 TFI-5 连接更大的带宽传送客户端信号，TFI-5 的映射层可以将在不同的 TFI-5 连接上传输的 STS-1 时隙组合成一个群。没有被用于链路层和连接层的所有 TFI-5 帧的字节都可以被用于映射层。

既没有被用于链路层，也没有被用于连接层和映射层的 TFI-5 的信号帧字节将不被定义。但在第一行中的字节 1 到字节 $N-3$ 将被置为 0xF6，而第一行中的字节 $N+4$ 到 $2\times N$ 则被置为 0x28。图 5-14 是 TFI-5 层结构的一个例子。

表 5-4 是 TFI-5 信号帧字节在三个层次上的使用情况。

表 5-4 TFI-5 帧字节在三个层次上的使用情况

类型	名称	位置
属于链路层的字节。	A1	第 1 行的列 $N-2$ 到列 N
	A2	第 1 行的列 $N+1$ 到列 $N+3$
	B1	第 2 行的第 1 列
作为可选项，这些字节可用于连接层，否则被用于映射层。	B2	第 5 行的第 1 到第 N 列
	CM	第 9 行的第 $N+1$ 列到第 $2\times N$ 列
作为可选项，这些字节可用于客户状态指示，否则被用于其他的映射层功能。	CS1	第 9 行的第 $2N+1$ 列到第 $3\times N$ 列
作为可选项，这些字节可用于映射层，否则分别被置为 0xF6，0x28。	—	第 1 行的列 1 到列 $N-3$
	—	第 1 行的列 $N=4$ 到列 $2\times N$
属于映射层的字节用于净负荷传输。	其他	

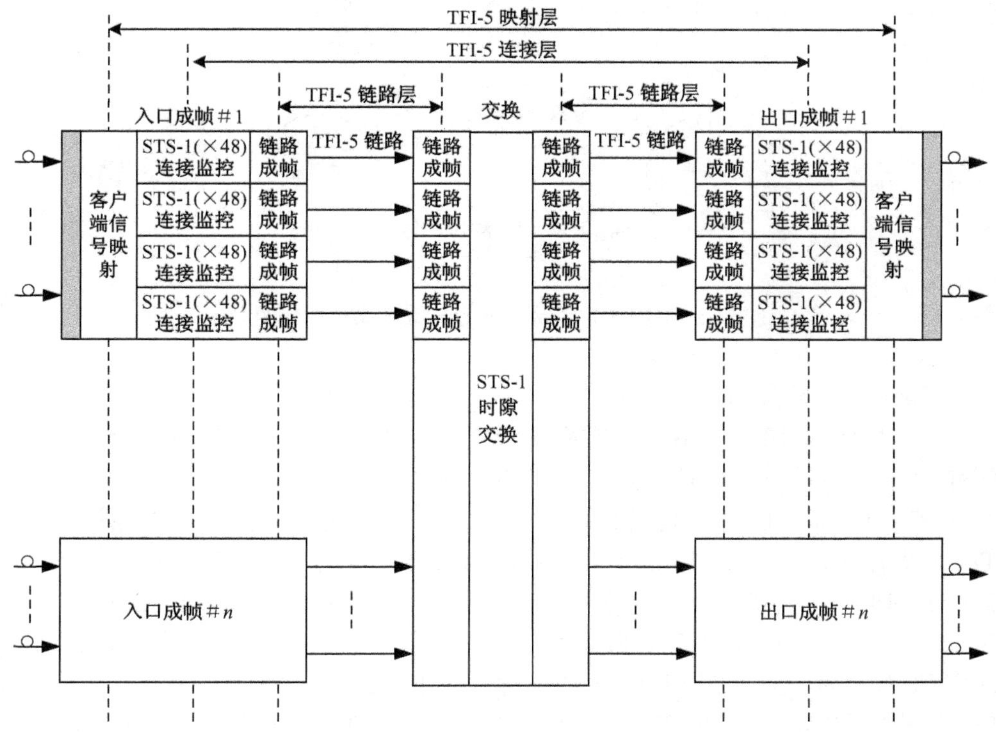

图 5-14　TFI-5 层结构示例

本节下面将对 TFI-5 的各个结构层做详细的介绍。

1. 链路层

(1) TFI-5 定帧符（A1，A2 字节）

由图 5-12 和图 5-13 中可以看出，在 TFI-5 帧结构的第一行中，有三对 A1/A2字节（三个 A1 字节后接着三个 A2 字节）。三个 A1 字节分别位于 $N-2$，$N-1$，N 列，而三个 A2 字节位于 $N+1$，$N+2$ 和 $N+3$ 列（$N=48$，60）。信号的发送端要将这 6 个字节按顺序插入到 TFI-5 帧结构中。A1 字节的值是 0xF6，A2 字节的值是 0x28。接收端通过搜寻 A1 和 A2 字节来确定 TFI-5 帧的边界。

在系统上电或重新复位时，信号的接收端将处于帧失步（OOF，Out of Frame）状态。在 TFI-5 帧被识别出后，信号接收端将从 OOF 状态转换到帧同步（INF，In-Frame）状态。处于 INF 状态之后，接收端还要不间断地对帧的接收情况进行监控。如果在一段规定的时间范围内不能对帧进行正确的识别，信号接收端则要再从 INF 状态转换到 OOF 状态。当信号接收端处于 OOF 状态时，它会将所有连接层和映射层中的字节都用“1”覆盖，以此对数据流向的下游元素发出帧接收错误告警。图 5-15 是 TFI-5 INF 和 OOF 状态转换条件示意图。

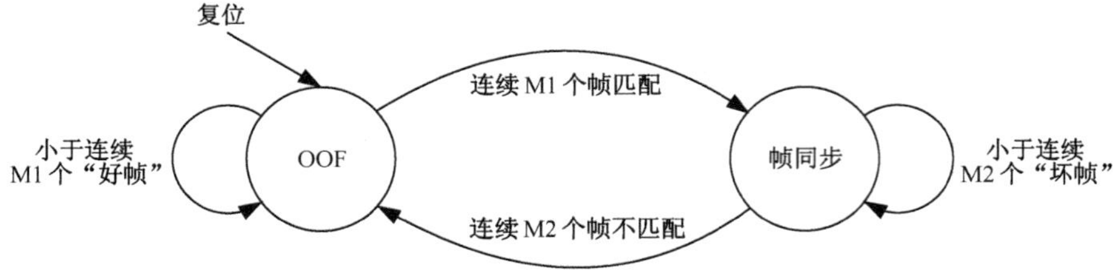

图 5-15　TFI-5 INF 和 OOF 状态转换条件示意图

（2）TFI-5 帧扰码

扰码操作的目的是确保码流有高密度的电平跳变，避免长连 0 和长连 1，从而有利于信号接收端时钟恢复。TFI-5 帧扰码操作所使用的多项式为 X^7+X^6+1，而扰码的过程与标准的 SDH/SONET 帧做的扰码操作相同。当 TFI-5 帧的第 1 行的第［$3\times N$］+1（$N=48$，60）列字节（SDH/SONET 帧的第一个 SPE 字节）的最高有效位一出现，扰码器应重新设置为“1111111”。位于 TFI-5 帧的第 1 行的第 1 列到第 $3\times N$（$N=48$，60）列的字节（SDH/SONET 帧的第一个 SOH 整行）不参与扰码操作。在一个 TFI-5 系统中，所有设备都应当使用标准的 SDH/SONET 扰码方式，除非在链路中的所有设备都可以支持可选的扰码方式。

所谓可选的扰码方式，是指对 TFI-5 帧的第 1 行的第 1 到第 $N-3$ 列和第 $N+4$ 到 $3\times N$（$N=48$，60）列字节也进行扰码，而 $N-2$ 到 $N+3$（$N=48$，60）列的字节则永远不参与扰码。在一些 TFI-5 帧的第 1 到第 $N-3$ 列和第 $N+4$ 到 $3\times N$（$N=48$，60）列字节被用于映射层的应用中，不能保证在这些字节位置处有足够的电平转换密度，则要求链路能支持这种可选的扰码方式。这种扰码方式可以使得当 TFI-5 帧的第 1 行的第 1 列到第 $N-3$ 列和第 $N+4$ 到 $3\times N$（$N=48$，60）列的字节位置被映射层使用时，系统仍然能保证码流有足够高密度的电平跳变。

当 TFI-5 帧的第 1 行的第 1 列到第 $N-3$ 列和第 $N+4$ 到 $3\times N$（$N=48$，60）列字节位置被映射层所使用，并且采用了标准的 SDH/SONET 扰码方式时，则这些字节的内容必须与在 ITU-T G.957 附件Ⅱ中所规定的一致，即应为连续识别数位（CID，Consecutive Identical Digits）。

（3）TFI-5 连接传输错误监控（B1 字节）

TFI-5 连接使用比特间插奇偶校验码对传输错误进行监控。由图 5-12 和图 5-13 可以看到，B1 字节位于 TFI-5 帧的第 2 行的第 1 列，它携带了一个使用偶校验的 BIP-8 码。在对上一个帧进行完扰码操作后，对其做 BIP-8 计算，计算的结果放在未扰码的当前帧的 B1 字节处。

BIP-8 码由 TFI-5 每一个连接的发送端计算并插入到 B1 字节处，接收端则对 B1 字节进行监控。

（4）TFI-5 连接去斜移

系统中所有 TFI-5 连接的标准速率都是 2.488Gb/s，可选速率为 3.1104Gb/s，频率锁定在一个公共的参考时钟上（TFIREFCK）。为了对来自于交换设备接口的多个 TFI-5 连接时隙上的客户端净负荷进行交换，各个连接的 TFI-5 帧的边界需要严格地对齐。

一个 TFI-5 帧的起始位置相对于 TFI8KREF 上升沿有数个 TFIREFCK 时钟周期的相对偏移（T）。T 应当被包含在一个完整的 TFI8KREF 时钟周期内，并且可以被以 8 个 TFIREFCK 时钟周期的步长在成帧器中通过系统软件来设定。成帧器应当在偏移量 T 处以 +/− 8 个 TFIREFCK 周期的时间精度输出各个 TFI-5帧的第一个 A2（字节 $N+1$）字节。图 5-16 是 TFI-5 帧时间偏移的示意图。

当一组 TFI-5 连接各携带有将要进行交换和复接的客户端净负荷时，这些连接的终端设备所能容许的总的斜移为 48 个字节周期，即最早到达和最晚到达的连接的时间差应当小于 48 个字节周期。获得 TFI-5 连接对齐的方法包括指针处理、复用/解复用和映射等。

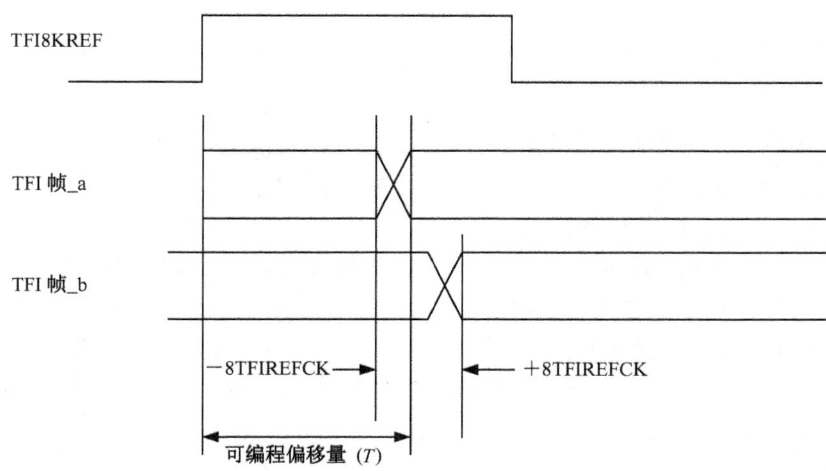

图 5-16　TFI-5 帧时间偏移示意图

2. 连接层

（1）TFI-5 连接错误监控（B2 字节）

TFI-5 连接错误监控是一个可选项。为了对连接错误进行监控，需要为 TFI-5帧中的每一个 STS-1 时隙计算出一个 B2 字节。如图 5-12 和图 5-13 所示，N 个 B2 字节在TFI-5帧的第五行的第 1 列至第 N 列（$N=48$，60）中传输。这些 B2 字节的位置与一个标准的 SDH/SONET 帧中 B2 字节所处的位置相同。在这里，B2 字节是一个使用偶校验的比特间插奇偶校验 BIP-8 码。它的获取是按如下方式进行的：对 TFI-5 帧中每一个 STS-1 时隙前一个还未进行扰码的帧的所有字节进行 BIP-8 计算（但头 3 行的位于第 1 列和第 $3\times N$ 列（$N=48$，60）字节除外）。计算出的 BIP-8 码被放置在当前帧的各 STS-1 时隙的 B2 字节位置。如果连接监控功能没有被使用，则 B2 字节的位置可以被 TFI-5 的映射层使用。当在执行连接监控功能时，可以支持这个选项的 TFI-5 系统设备应能随时使发送端插入 B2 字节和接收端监控 B2 字节的功能停止。

（2）TFI-5 连通性监视（CM 字节，Connectivity Monitoring）

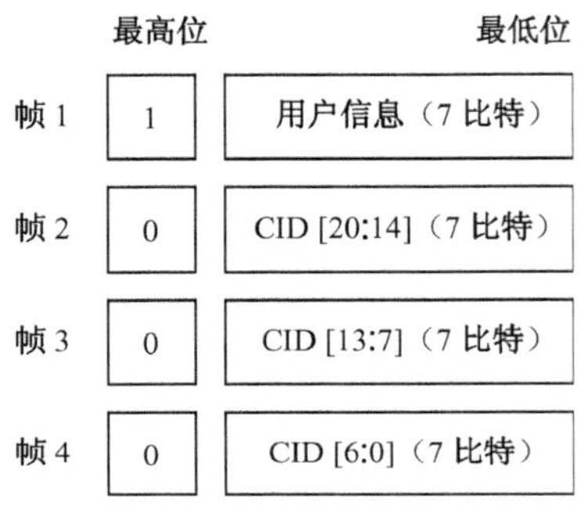

图 5-17　CM 字节的格式

连接连通性监视也同样是一个可选项。如图 5-12 和图 5-13 所示，N 个 CM 字节在 TFI-5帧的第 9 行的第 $N+1$ 到第 $2\times N$ 列位置传输（$N=48$，60）。这些 CM 字节在帧中的位置与在一个标准的 SDH/SONET 帧中的 M1/M0/Z2 字节所处的位置相同。使用 CM 字节的目的是监视每一个 STS-1 时隙是否在交换的过程中出现了连接错误。图 5-17 是 CM 字节的格式。

如图 5-17 所示，顺序排列的 4 个 TFI-5 帧中的 CM 字节构成了一个 CM 多帧结构。在这个结构中，第一个 CM 字节的最高位设置为 1，后三个 CM 字节的最高位设置为 0。最高位为 1 的 CM 字节的后 7 个比特是用户信息区，最高位为 0 的三个 CM 字节的剩余 21 个比特是 CID 区。

CM 是按如下方式进行的：在信号的发送端通过系统软件对 CID 区进行构造，在信号接收端由系统软件将 CID 信息读出。将所读出的 CID 值与所期望的 CID 值进行比较。因特定的 CID 值是对每一个 STS-1 时隙唯一的识别符，故采用这种方式可以对一个 STS-1 时隙在交换过程中是否发生了连接错误进行监视。CM 监视需要持续地进行。

如果连接连通性监视功能没有被使用，则 CM 字节的位置可以被 TFI-5 的映射层使用。当在执行连接连通性监视功能时，支持这个选项的 TFI-5 设备应能随时使发送端插入 CM 字节和接收端监视 CM 字节的功能停止。

（3）TFI-5 连接前向故障指示

当出现 TFI-5 连接失败（信号丢失，帧失同步），则将连接层和映射层的比特都设置为“1”。如果系统可以支持客户端状态指示（CSI，Client Status Indication）功能，则可以通过检测 CSI 字节是否为“1111 1111”而监测到这种情况的发生。

（4）TFI-5 连接开路指示

在进行时隙复用/交换过程中，如果一个输出的 STS-1 时隙没有与任何一个输入的 STS-1 时隙相连接，则这个时隙的连接层和映射层的所有字节都要被置为“0”。如果系统可以支持 CM，则可以通过检测 CM 字节是否为“0000 0000”而监测到这个情况的发生。

3. 映射层

映射是指将各 TFI-5 连接的客户端信号适配装入 TFI-5 帧结构，使之能在 TFI-5 连接中传输、复用和交换。TFI-5 映射使用了标准的 SDH/SONET 帧映射格式。非 SDH/SONET 客户端信号则可以先被装入到一个连续排列的一组 SDH/SONET STS-3c—SPEs/VC4s 中，然后再将这组 STS-3c—SPEs/VC4s 映射到 TFI-5 帧结构中传输。由于所有的 TFI-5 信号都是帧对齐的，并且帧净负荷也要与一个固定的指针偏移量对齐，所以非 SDH/SONET 客户端信号在 TFI-5 链路中传输时，不再需要额外的比特开销用于帧对齐。

没有被用于链路层和连接层的 TFI-5 帧字节都可以被用于映射层。除了帧中第一行的第 1 至 $N-1$ 字节（设置为 0xF6）和 $N+4$ 到 $2\times N$ 字节（设置为 0x28），那些没有被用于映射层，也没有被用于连接层和链路层的 TFI-5 帧字节不被定义。

（1）TFI-5 客户端状态指示字节（CSI）

客户端状态指示是一个可选项。成帧器利用 CSI 报告客户信号的状态或者对交换设备发出命令。对每一种客户信号类型来说，CSI 编码都是唯一的。

每一个 STS-1 时隙有一个单字节的 CSI 编码（SDH/SONET 帧中是 E2 字节）。由图 5-12 和图 5-13 可以看到，CSI 字节在 TFI-5 帧的第 9 行的第 $2\times N+1$ 到第 $3\times N$ 列中传输。属于同一个客户信号的所有时隙的 CSI 编码具有相同的数值。

SDH/SONET 信号的状态被编码到 CSI 中去，如表 5-5 所示。在这个表中的空白的 CSI 码是可以由用户编程的。与空白的 CSI 码所对应的每一个告警/条件可以是一个用户定义的 CSI 告警/条件的入口。告警/条件的产生是与具体的应用相关联的。

表 5-5　为 SONET/SDH 客户端信号定义的 CSI 码

CSI 码	告警/条件
1111 1111	TFI-5 链路信号丢失
1111 1111	TFI-5 链路帧丢失
1111 1110	软件干预——结束
1111 1101	软件 AIS 嵌入

续表

CSI 码	告警/条件
1111 1100	软件干预——开始
	信号丢失（LOS）
	帧丢失（LOF）
	段踪迹识别符不匹配
	信号失败——连接层（SF-L）/误码超出（EXC-MS）
	指针丢失（LOP）/Loss of Concat Ind（LOPC）
	无信号标识（UNEQ）
	通道踪迹识别符不匹配（TIM-P）
	净负荷标识不匹配（PLM）
	信号失败（SF-P）/误码率（BER）超出（EXC-P）
	PDI-P 码 28
	PDI-P 码 27
	……
	PDI-P 码 1
	信号质量降级——通道层（SD-P）
	信号质量降级——连接层（SD-L）
0000 0001	无告警
0000 0000	保留

（2）SDH/SONET 信号映射

SDH/SONET STS-1-SPE，STS-3c-SPE，STS-Nc-SPE，VC-4，VC-4Xc 和高阶 VC-3 都可以被映射到 TFI-5 时隙中。对某些特定的应用，SDH/SONET TOH/SOH 也可以被映射到 TFI-5 帧结构中传输。

1）SDH/SONET STS-SPEs/高阶 VCs 客户信号映射

SDH/SONET STS-SPEs/高阶 VCs 客户信号在 TFI-5 信号中的传输方式与在 STS-N/STM-N 信号中的传输方式相同。由 STS-SPE/高阶 VC 和指针构造出的一个 STS/AU 结构（对应于 SDH 的 AU 结构）应与 TFI-5 帧对齐。如果客户端信号没有与 TFI-5 帧对齐或与 TFI-5 速率有差别，则需要指针调整。这个 STS/AU结构将被映射到 TFI-5 帧中的指针字节 H1，H2 和 H3 位置以及 TFI-5 帧的 STS-SPE/VC 净负荷区中。具体的映射方式如下：

STS-1/AU-3 被映射到一个单独的 TFI-5 时隙中。

STS-3c/AU-4 被映射到 3 个 TFI-5 的时隙中。

连续排列的 STS-3×Nc/AU-4-Nc 信号被映射入一个 TFI-5 帧的 3×N 个时

隙中。

超出单独一个 TFI-5 时隙容量的一个 STS/AU 结构可被映射入几个 TFI-5 时隙中。图 5-18 是一个将 STS-768 客户信号映射入由 16 个 TFI-5 连接所组成的一组连接中的例子。在与 TFI-5 帧对准之后，将每 16 个客户信号字节编为一组，放入 TFI-5 链路中。字节 1～16 放入 TFI-5 ＃1 链路，字节 17～32 放入 TFI-5 ＃2 链路，……，字节 241～256 放入 TFI-5 ＃16 链路。图 5-19 是一个将 STS-192/STM-64 映射入由 4 个 TFI-5 连接所组成的一组连接中的例子。在这个例子中，字节 1～16 放入 TFI-5 ＃1 链路，字节 17～32 放入＃2 链路，……，字节 49～64 放入 TFI-5 ＃4 链路中。

STS/AU 结构可以使用属于不同的 TFI-5 信号的时隙，尽管这个结构并没有超出一个 TFI-5 信号的容量。

TFI-5 在传输虚拟连续排列的客户信号时既不需要特殊处理也不需要开销。虚拟连续排列的客户信号被看作为一个单独的 STS-SPE/VC 信号。此外，对于 SDH/SONET STS-SPEs/高阶 VCs 客户信号映射，还有如下特点：

a. 一个 TFI-5 系统支持任何一种标准的非连续排列的，连续的和虚拟连续排列信号的混合体。

b. 在一个 TFI-5 信号中传输的 STS-SPE/VC 可以是来自于几个 OC-*N* 和 STM-*N* 信号。

c. 在 TFI-5 信号中的时隙分配是按照 OC-*N*/STM-*N* 接口信号中的时隙分配进行的。

2）TOH/SOH 映射

TOH（Transport Overhead）和 SOH（Section Overhead）和 AU 指针字节通过那些没有被链路层和连接层用到的 TFI-5 帧的第 1 行到第 3 行和第 5 行到第 9 行中的第 1 到第 3× *N* 字节传输。TOH/SOH 映射有如下几个特点：

a. TOH/SOH 可以在与标准 SDH/SONET 帧中相同的位置上传输，也可以在不同的位置上传输。

b. 从一个 OC-*N*/STM-*N* 来的 TOH/SOH 字节可以被分布在几个 TFI-5 信号中。

c. 一个 TFI-5 信号可以传输来自于几个不同的 OC-*N*/STM-*N* 接口的 TOH/SOH字节。

d. 一般需要 TOH/SOH 字节与 TFI-5 时钟对齐。

需要注意的是，那些属于 TFI-5 连接层的 STS-1 时隙上的第 1 到第 3× *N* 列的字节将沿着与这些时隙在 TFI-5 系统中相同的路径传输。

(3) OTN 信号映射

TFI-5 系统可以支持 OTN 的 ODU1、ODU2 和 ODU3 信号传输。ITU-T 为 OTN 元素在 SDH 路径上的传输定义了虚拟连续的使用。VC-4-*X*v（*X* =

顺序	1	…	44	45	46	47	48	49	50	51	52	53	…	96	97	…
1	16 保留字节	…	16 保留字节	16 A1 字节	16 A1 字节	16 A1 字节	16 A1 字节	16 A2 字节	16 A2 字节	16 A2 字节	16 A2 字节	16 保留字节	…	16 保留字节	1 J0 15 z0	…
2	1 B1 15 保留															
3																
4																
5																
6																
7																
8																
9																

链路 1	16 保留字节	16 保留字节	16 保留字节	16A2 字节	16 保留字节	16 保留字节	J0
2	……	……	……	16A2 字节	……	……	
3	……	……	……	16A2 字节	……	……	
4	……	……	……	16A2 字节	……	……	
链路 5	16 保留字节	16 保留字节	16 保留字节	16 保留字节	16 保留字节	16 保留字节	
6	……	……	……	……	……	……	
7	……	……	……	……	……	……	
8	……	……	……	……	……	……	
链路 9	16 保留字节	16 保留字节	16 保留字节	16 保留字节	16 保留字节	16 保留字节	
10	……	……	……	……	……	……	
11	……	……	……	……	……	……	
12	……	……	……	……	……	16 保留字节	
链路 13	16 保留字节	16 保留字节	16A1 字节	16 保留字节	16 保留字节	16 保留字节	
14	……	……	16A1 字节	……	……	……	
15	……	……	16A1 字节	……	……	……	
16	……	……	16A1 字节	……	……	……	

图 5-18　STS-768 信号映射入由 16 个 TFI-5 连接的例子

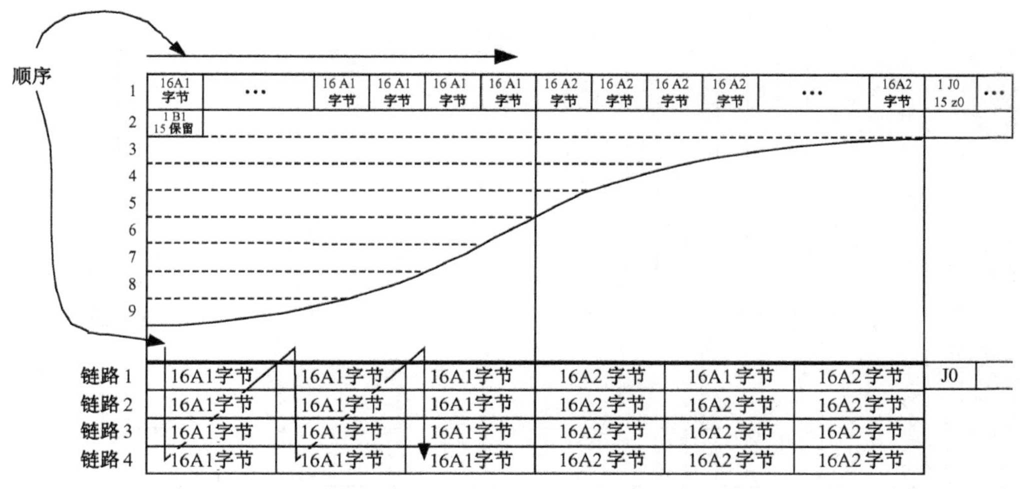

图 5-19 STS-192/STM-64 映射入由 4 个 TFI-5 连接的例子

17，68）的反向路径需要一个大的去斜移缓冲器和 H4 字节处理。在 TFI-5 系统中，不同的 VC-4 之间的相对延时最多是 48 个字节。表 5-6 是用于映射的VC-4-*X*v 的结构和在 TFI-5 系统中传输不同的 ODUk 所需要的 STS-3c/VC-4 时隙数目。

表 5-6 OTN 信号通过 STS-3c/VC-4 时隙在 TFI-5 连接上传输

客户端信号	正常比特速率/（Mb/s）	ITU-T 映射	在 TFI-5 系统中，客户端信号传输所需要的 STS-3c/VC-4 时隙
ODU1	2498.775126	C-4-17c	17
ODU2	10037.273924	C-4-68c	68
ODU3	40319.218983	C-4-272c	272

ODU1 客户信号在 TFI-5 连接上的传输是这样实现的：将 ODU1 映射入 C-4-17c并且将这个连续排列的容器放在 17 个 STS-3c-SPE/VC-4 时隙上传输。用于映射 ODU1 的 VC-4 的有效指针偏移量是 522。

图 5-20 详细地示出了 ODU1 映射入 C-4-17c 结构后在 17 个 STS-3c-SPE/VC-4 时隙上传输的过程。连续排列的 C-4-17c 结构被按列插入到 17 个 STS-3c/VC-4 时隙上，以这种方式产生的 17 个 VC-4 与数值为 522 的指针对齐，并且在 5 个 TFI-5 链路的任意组合上传输。STS-3c/VC-4 时隙的第 1 列（相当于在 SDH/SONET帧中的 J1，B3，C2，等）没有被使用，其值也没有被定义。STS-3c/VC-4时隙可以被分割在数个 TFI-5 链路中，或被复用在一路或多个 TFI-5链路中传输。

图 5-21 是一个从 17 个 STS-3c/VC-4 时隙上（接收到的任意 5 个 TFI-5 链路

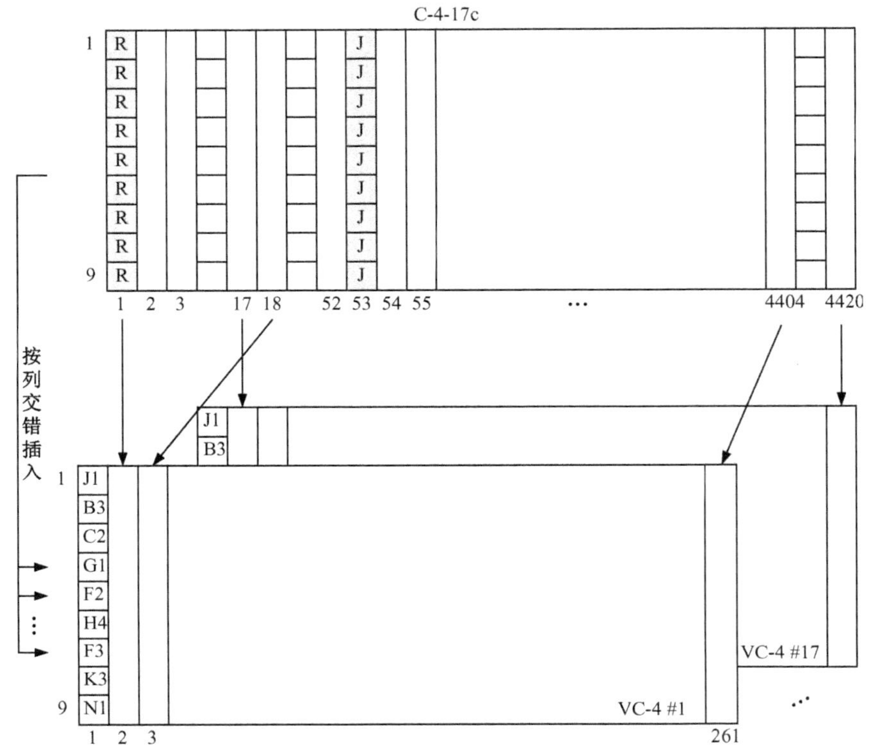

图 5-20　C-4-17c 结构按列插入到 17 个 STS-3c/VC-4 时隙上，在 TFI-5 链路中传输

的组合）重新构成 C-4-17c 结构的示意图。将 17 个 STS-3c/VC-4 时隙按列交叉排列从而获得 C-4-17c。

ODU2 客户信号在 TFI-5 连接的传输与 ODU1 传输类似：将 ODU2 映射入 C-4-68c 并且将这个连续排列的容器放在 68 个 STS-3c-SPE/VC-4 时隙上传输。用于映射 ODU2 的 VC-4 的有效指针偏移量是 522。

图 5-22 详细地示出了 ODU2 映射入 C-4-68c 结构后在 68 个 STS-3c-SPE/VC-4 时隙上传输的过程。连续排列的 C-4-68c 结构按列插入到 68 个 STS-3c/VC-4 时隙上，以这种方式产生的 68 个 VC-4 与数值为 522 的指针对齐，并且在 TFI-5 连接的任意组合上传输。STS-3c/VC-4 时隙的第 $3N+N$（$N=48$，60）列（相当于在 SONET/SDH 帧中的 J1，B3，C2，等）没有被使用，其值也没有被定义。STS-3c/VC-4 时隙可以被分割在数个 TFI-5 链路中，或被复用在 4 路或多个 TFI-5 链路中传输。在做 OTN 客户信号映射时，POH 开销字节没有被定义。

图 5-23 所示的是从 68 个 STS-3c/VC-4 时隙上重新构成 C-4-68c 结构的过程。68 个 STS-3c/VC-4 时隙按列交叉排列从而获得 C-4-68c。

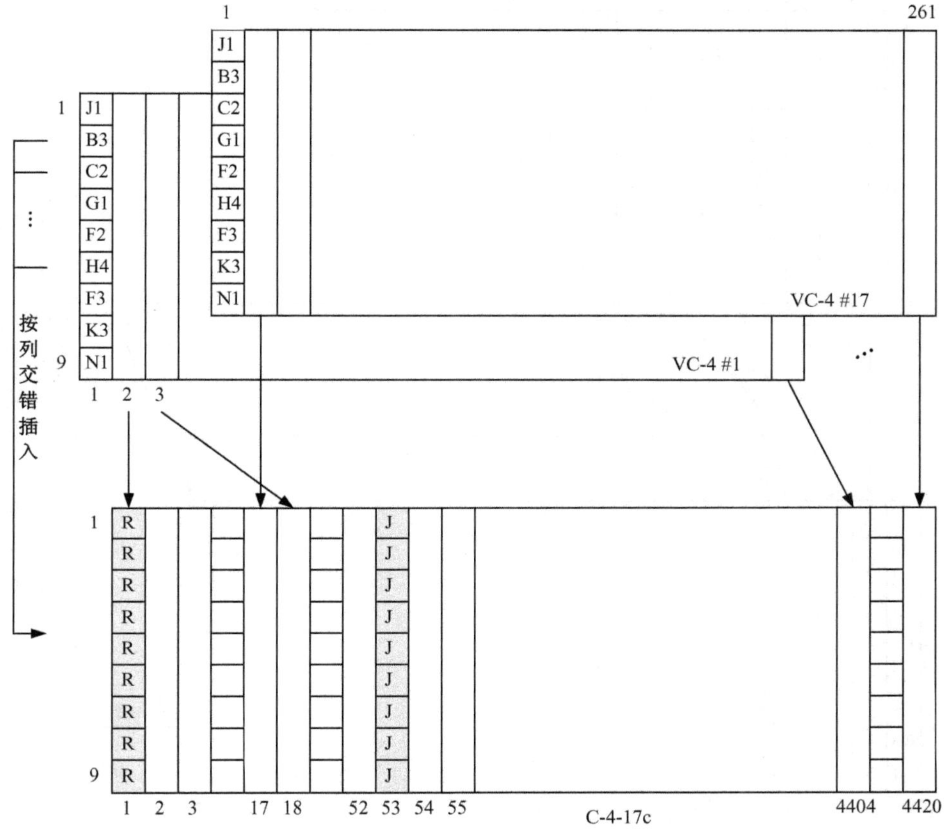

图 5-21　从 17 个 STS-3c/VC-4 时隙按列交叉排列重新构成 C-4-17c 结构

将 ODU3 客户信号映射入 C-4-*X*c 并且将这个连续排列的容器放在 n 个 STS-3c-SPE/VC-4 时隙上传输，从而实现 ODU3 客户信号在 TFI-5 连接上的传输。

（4）以太网信号映射

TFI-5 可以支持 10Gb/s 以太网信号。映射的方式与映射 ODUk 客户信号类似，即将 10GbE LAN PHY 映射入 C-4-*X*c 并且将这个连续排列的容器放在 n 个 STS-3c-SPE/VC-4 时隙上传输。用于映射 10GbE 的 VC-4 的指针有效偏移量是 522。10GbE LAN PHY 映射中，POH 开销字节没有被定义。

而 10GbE WAN PHY 信号映射是以具有 STS-192c-SPE/VC-4-64c 的 OC-192/STM-64信号为基础的，在 TFI-5 系统中可以将它看作为一个标准的 SDH/SONET信号进行处理。

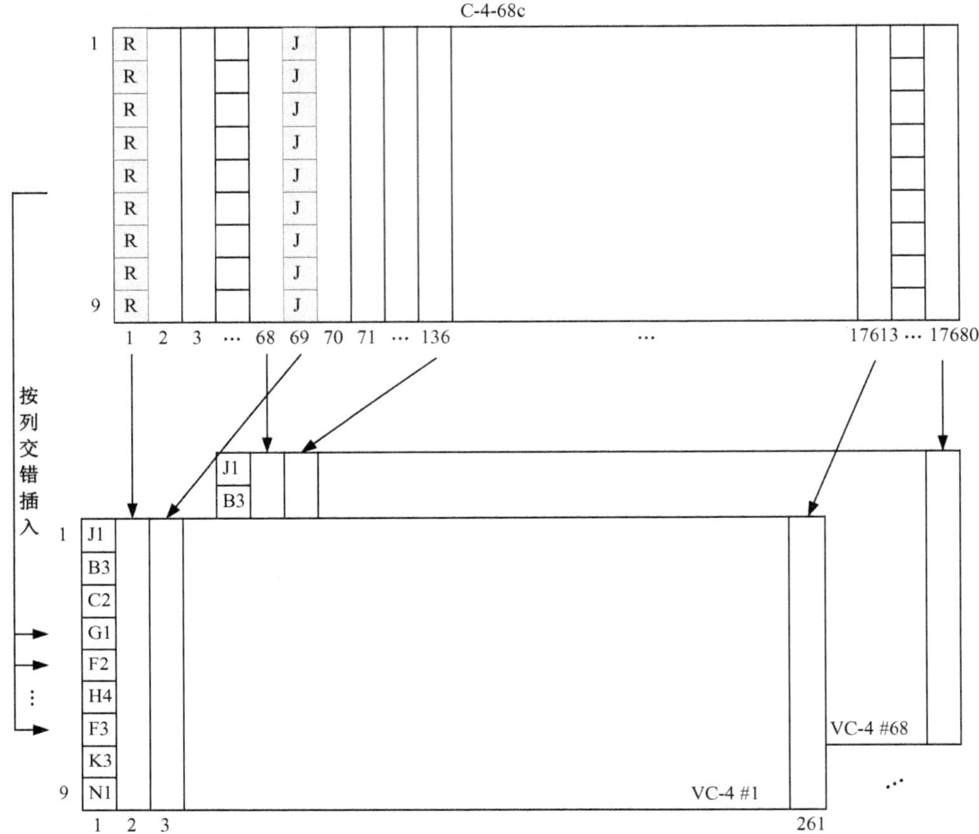

图 5-22 连续排列的 C-4-68c 结构按列插入到 68 个 STS-3c/VC-4 时隙，在 TFI-5 链路中传输

5.1.2.3 TFI-5 信号电平特性

TFI-5 信号在 PCB 板上的信号连接线上传输，包括两端的两个连接器在内，从信号发送端到信号接收端之间总的铜信号连接线的长度约为 76cm，信号的传输速率为 2.488～3.11Gb/s，信号线的特性阻抗为 100Ω。TFI-5 信号为点对点连接，单向传输。不同厂商所生产的 TFI-5 设备要能互通。总之，对 TFI-5 接口信号电平特性的定义要使其能满足上述这些要求。

图 5-24 所示的是 TFI-5 信号电平定义。

图中的信号幅度是指信号取真和取反之间的电压数值。峰-峰电压值定义为 2× （$U_{high}-U_{low}$），共模电压是 U_{high}和 U_{low}的平均值。

1. 差分输出电平特性

表 5-7 是 TFI-5 接口上的输出信号电平特性。

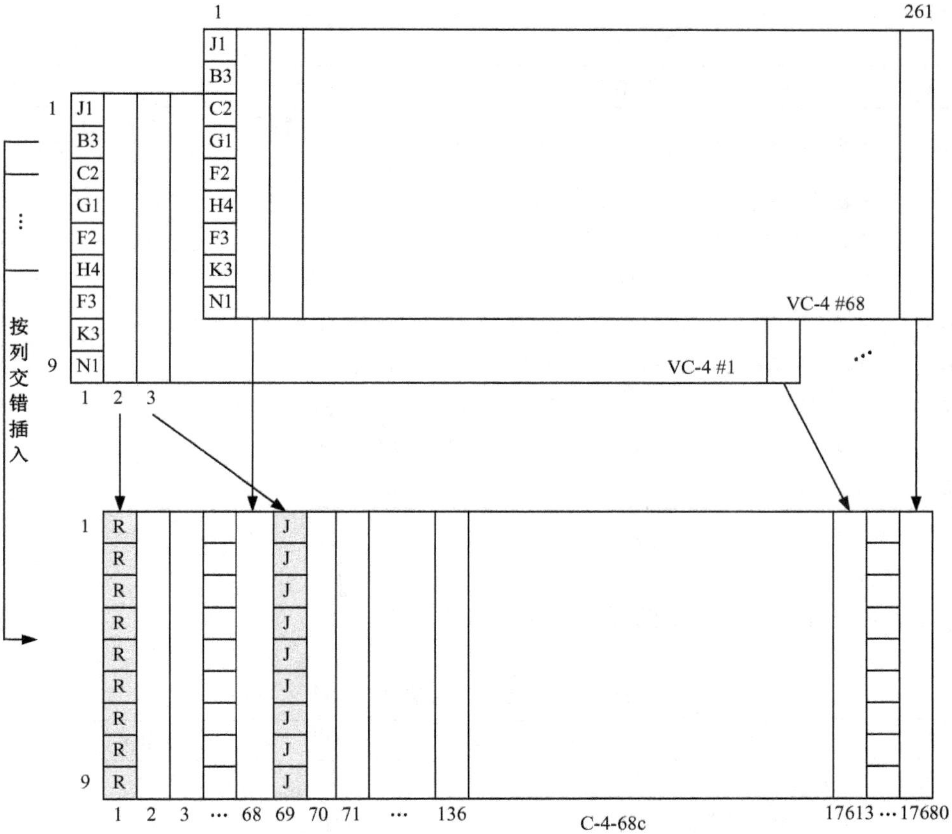

图 5-23　从 68 个 STS-3c/VC-4 时隙按列交叉排列重新构成 C-4-68c 结构

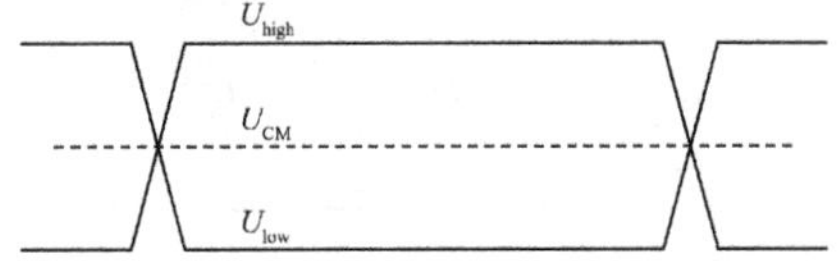

图 5-24　TFI-5 局部信号电平的定义

表 5-7　TFI-5 接口上的输出信号电平特性

符号	参数	最高值	最低值	单位	注释
U_{od}	输出差分电压	1.4		V	
U_{oh}	输出高电压	2.3		V	交流（AC）耦合；如果是直流（DC）耦合，参数从 U_{od}和 U_{cm}计算出来。

续表

符号	参数	最高值	最低值	单位	注释
U_{ol}	输出低电压		−0.1	V	交流（AC）耦合；如果是直流（DC）耦合，参数从 U_{od}和 U_{cm}计算出来。
U_{CM}	输出共模电压	U_{tt}	0.62	V	2×（$U_{high}-U_{low}$）
T_{DRF}	驱动上生/下降时间		50	ps	从 20%～80%，负载电阻 100Ω
I_{DSHORT}	短路电流	70	−70	mA	
UI_{D}	单位间隔	402	321	ps	2.488～3.11Gb/s，±100ppm
R_{SE}	单端输出阻抗	62.5	37.5	Ω	在直流（DC）状态下
R_{D}	差分阻抗	125	75	Ω	在直流（DC）状态下
RL_{SE}	单端回损		7.5	dB	0.004～0.75 波特率
RL_{OUT}	差分回损		7.5	dB	0.004～0.75 波特率

2. 差分输入电平特性

表 5-8 是 TFI-5 接口上的输入信号电平特性。

表 5-8　TFI-5 接口上的输入信号电平特性

符号	参数	最高值	最低值	单位	注释
U_{tt}	终端电压	1.30	1.10	V	
U_{vtt}	偏置电压源端阻抗	30		Ω	
U_{RCM}	输入共模电压	U_{tt}	0.6	V	2×（$U_{high}-U_{low}$）
Z_{INDIFF}	差分输入阻抗	125	75	Ω	
RL_{IN}	差分回损		10	dB	0.004～0.75 波特率
I_{off}	电源关掉时的电流	50	−50	mA	
U_{rpp}	无损害电压	1.45	−0.25	V	

5.1.2.4　TFI-5 接口的抖动特性

图 5-25 是一个接收器眼图模板的示意图。这个眼图模板定义了接收器的信号抖动及幅度。表 5-9 是眼图模板中所示的一些参数值的定义。

表 5-9　接收器眼图模板定义

XR1（UI）	XR2（UI）	YR1（V）	YR2（V）	DJ［ppUI］	总抖动［ppUI］
0.33	0.5	0.7	0.0875	0.37	0.65

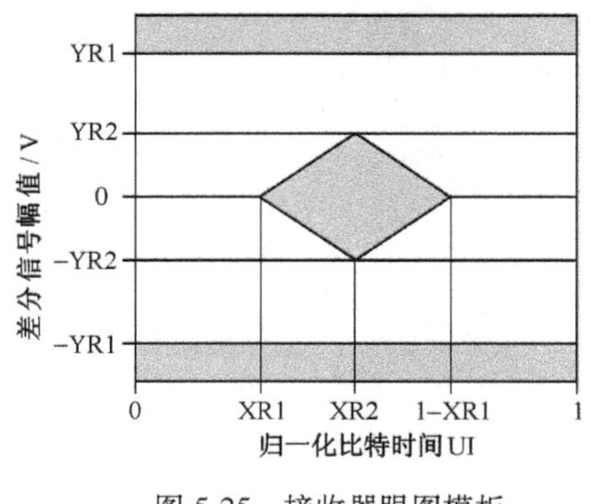

图 5-25　接收器眼图模板

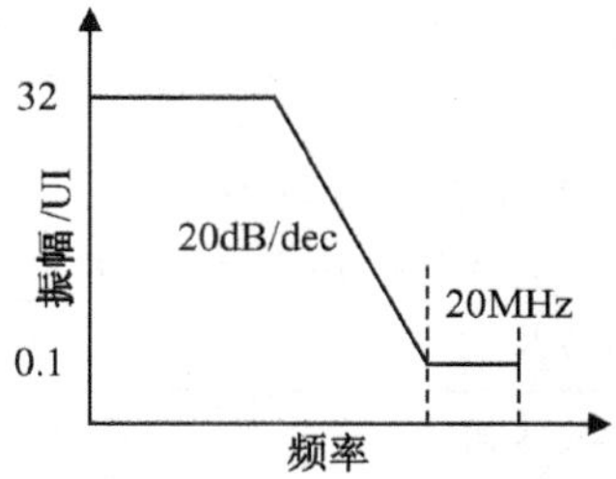

图 5-26　正弦抖动所允许的幅度频率的关系

接收器还应该能允许一定的正弦抖动。图 5-26 是正弦抖动所允许的幅度与频率的关系的示意图。从一个信道到另一个信道的相对游走可以是这个图中所示的 32UI 绝对游走的两倍。

5.1.2.5　TFI-5 相关的光接口定义

图 5-27 是 TFI-5 光学链路的一个应用模型。TFI-5 光学接口使用以 VCSEL 阵列为光源的并行光传输技术传送 TFI-5 数据帧，传送距离可达 100m，所使用的光缆为 50μm 的多模光纤带。表 5-10 为 TFI-5 光学接口的参数定义。

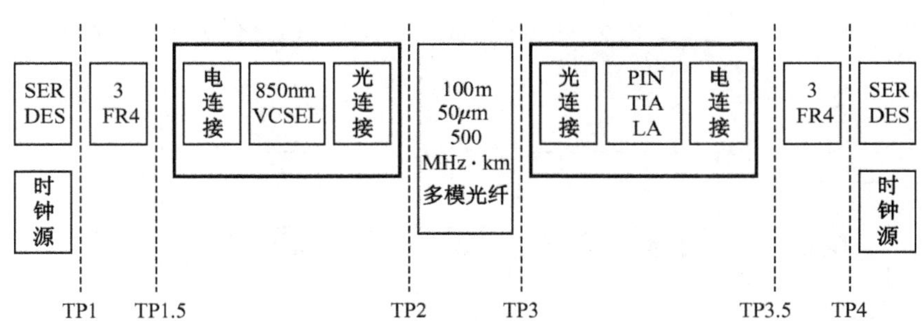

图 5-27　TFI-5 光学链路应用模型

表 5-10　TFI-5 光学接口的参数定义

参数	最小值	最大值	单位
发射器			
发射器 P_{out}	−8	−2.5	dBm
发射器 OMA	−7.2		dBm

续表

参数	最小值	最大值	单位
λ_c	830	860	nm
$\Delta\lambda_{rms}$		0.85	nm
T_{rise}/T_{fall}（20%～80%）		130	ps
RIN（OMA）		−118	dB/Hz
接收器			
接收器 PIN		−2.5	dBm
接收器 OMA	−14		dBm
P_{stress}OMA	−11.5		dBm
λ_c	830	860	nm
回损	12		dB
信号检测——要求的		−17	dBm
信号检测——不要求的	−30		dBm

表中的参数都是指对每一个信道，并且在2米光纤跳线的端点处的数值。接收器的灵敏度是误码率 BER≤10^{-12}，并且是在最坏的消光比情况下所允许接收的最小光功率。

图5-28是一个 TFI-5 的光纤链路模型。表5-11是有关光纤链路的参数定义。

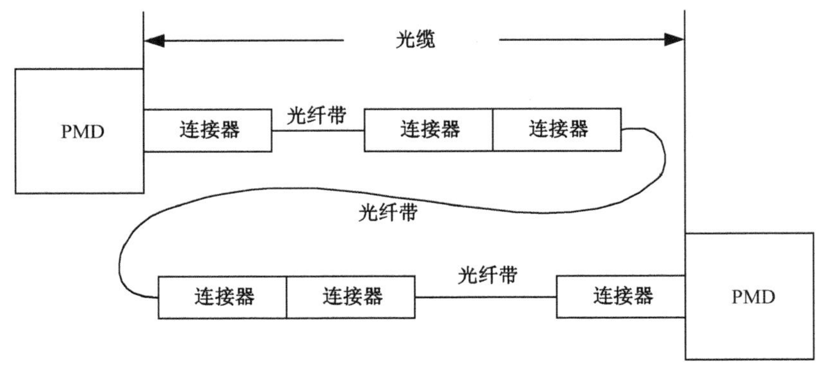

图5-28　TFI-5的光纤链路模型

表 5-11　TFI-5 光纤链路的参数定义

描述	最小值	最大值	单位
波长	830	860	nm
每个信道的速率		2.488	Gb
模式带宽	500		MHz·km
光纤损耗@850nm		3.5	dB/km
插入损耗（接头＋光纤损耗）		1.85	dB
链路功率预算	6.8		dB
在测试点 2 处的抖动模板参数 W，[DJ]		0.26	UI
在测试点 2 处的抖动模板参数 σ，[R_j　1　σ]		16	mUI
在测试点 3 处的抖动模板参数 W，[DJ]		0.26	UI
在测试点 3 处的抖动模板参数 σ，[R_j　1　σ]		18	mUI
传输距离	2	100	m

5.1.3　SFI-5 接口

串/并转换成帧器接口 SFI-5 标准是一个针对 40Gb/s 转发设备和成帧器设备电接口的标准。制定这个协议目的是为了能使 40Gb/s 数据传输系统的成本进一步降低。SFI-5 标准的制定和发布，是短距离 40Gb/s 接口开发的一个关键进展，它使标准化转发器和应用于这些短距离 40Gb/s 的器件得以顺利发展。高速 SERDES 器件和光模块的制造商就能够放心地去开发支援前向纠错（FEC）和 40Gb/s SDH/SONET 成帧器的器件，并确信这些产品是可以互通的。可以说，SFI-5 与 VSR5 为工业标准的 40Gb/s 转发器奠定了基础。

图 5-29 所示的是一个采用 SFI-5 电接口的 SERDES 器件、FEC 处理器和 SDH/SONET 成帧器之间的系统信号连接参考模型[49]。在这个图中，“接收”是指数据信号和与之相关的控制，状态信息的流向为从光接口指向系统的方向；而“发送”是指数据信号和与之相关的控制，状态信息的流向为从系统指向光接口的方向。

无论是在接收和在发送接口上，控制和状态信号都是与数据信号分开发送和接收的。接收和发送接口彼此之间也是独立工作的。

SFI-5 接口有如下的一些特性：

(1) 适应于从 SERDES 器件经 FEC 处理器，再到 SONET/SDH 成帧器之间的点对点连接，以及从 SERDES 器件与 SONET/SDH 成帧器之间的直接连接。

(2) 数据总线的宽度为 16 位，每一个比特信道的速率可达到 3.125Gb/s。

(3) 数据总线的带宽为 50Gb/s。这个带宽足以支持 STM-256、OTN OUT-3 和其他一些负荷数据速率为 40Gb/s，并且可以有 25％的 FEC 附加字节的系统。

(4) 在信号接收和信号传送两个方向的去斜移参考信道由从各个数据信道中采样得到的字节所组成。去斜移参考信道是第 17 个数据信道，其传输速率与其

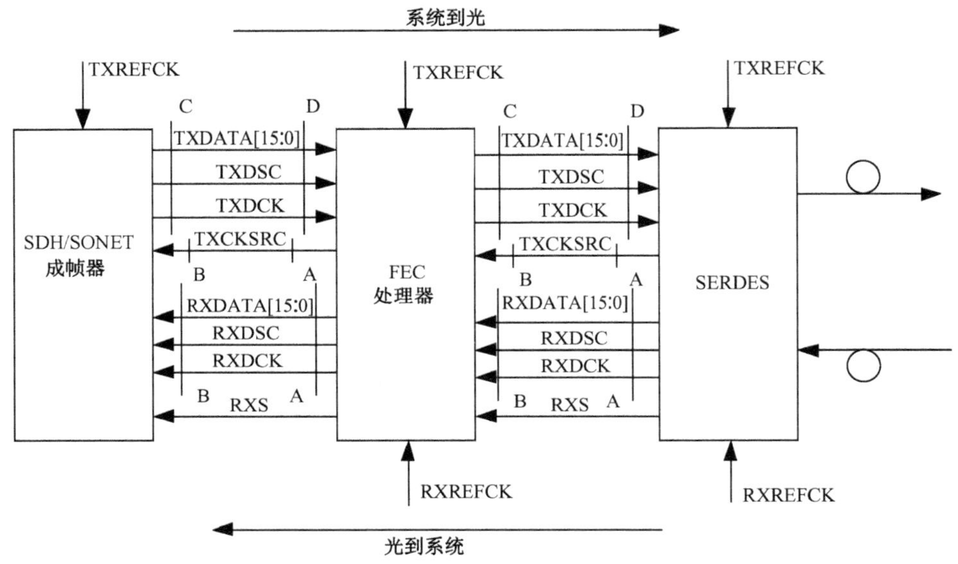

图 5-29　SFI-5 信号连接系统参考模型

他数据信道相同。去斜移操作须不间断地进行，用以监视各比特信道间斜移的发生。

（5）SFI-5 接口的功耗小，I/O 信号少，以简化电路板制造。

（6）SFI-5 接口的通用性强，能满足各种不同的应用需求。

5.1.3.1　SFI-5 接口信号定义

参考图 5-29，可以将在接口上传输的信号分为接收信号和发送信号两大类。从 SERDES 器件传向 FEC 处理器，再从 FEC 处理器传向 SDH/SONET 成帧器的信号，或者从 SERDES 器件直接传向 SDH/SONET 成帧器的信号，为接收信号。而从 SDH/SONET 成帧器传向 FEC 处理器，再从 FEC 处理器传向 SERDES 器件的信号，或者从 SDH/SONET 成帧器直接传向 SERDES 器件的信号，为发送信号。所有的接收和发送信号电平都是如在 SxI-5 建议中所定义的差分电流型电平信号。

1. 接收信号

（1）RXDATA ［15:0］

RXDATA ［15:0］ 为接收数据总线信号。从光接口传来的串行信号被以单向轮转的方式分割映射入 RXDATA ［15:0］。接收到的第一个数据比特被装入 RXDATA ［15］，而最后一个数据比特被装入 RXDATA ［0］。当 RXDATA ［15:0］是由 SERDES 器件生成时，其 16 位比特字相对于所接收到的光数据流上的8位位组是随机对准的。当RXDATA［15:0］是由FEC处理器所生成的时，其16位比特字是按8位位组对准的。RXDATA［15］载有所接收到的第一个字节的第一个比特，RXDATA［0］载有所接收到的第二个字节的最后一个比特。每一个RXDATA［x］信道上的信号都是从2.488Gb/s到3.125Gb/s的数据流。

RXDATA信号应频率同步于RXDCK，其二者之间会有一个静态的相位偏差。

（2）RXDSC

RXDSC（Receive Deskew Channel）是接收信号去斜移参考信道，它所传送的参考数据帧帮助完成对接收数据总线RXDATA［15:0］上的比特信道去斜移。

RXDSC上所传输的每一个参考帧由4个帧定位字节，4个扩展帧头字节以及从接收数据总线RXDATA［15:0］上复制出的128个采样字节（在每个信道上各按顺序采样8个字节）所组成。在接收数据总线上所做的字节采样是以单向轮转方式进行的，从RXDATA［15］开始，到RXDATA［0］结束。RXDSC数据速率也是从2.488Gb/s到3.125Gb/s。RXDSC帧的组成格式将在后面给出详细的介绍。

RXDSC信号应频率同步于RXDCK，其二者之间会有一个静态的相位偏差。

（3）RXDCK

RXDCK（Receive Data Clock）是接收数据时钟信号，它为RXDATA和RXDSC信号提供时间基准。通常RXDCK信号的占空比为50%，频率是RXDATA和RXDSC比特速率的1/4。RXDCK频率同步于RXDATA和RXDSC，对其相互间的静态相位偏差没有规定。规定信号的发送端器件必须要提供DSDCK信号，但信号的接收端器件可以不使用它。

（4）RXREFCK

RXREFCK（Receive Reference Clock）为接收参考时钟信号，它为信号接收设备提供时间基准。通常RXREFCK信号的占空比为50%，频率是RXDATA和RXDSC比特速率的1/4。在SERDES器件中，通常RXREFCK的频率与RXDCK相同。在FEC处理器中，RXREFCK是RXDATA、RXDCK和RXDSC信号源的频率基准。因为RXREFCK的抖动特性对系统的互通性没有直接的关系，在SFI-5建议中没有对其作进一步的说明。

必须为SERDES器件和FEC处理器提供RXREFCK信号，但可不必为SDH/SONET成帧器提供这个信号。在某些情况下，RXREFCK和TXREFCK可以共用器件的同一个管脚。

（5）RXS

RXS（Receive Status）是SERDES器件，FEC处理器和成帧器之间的状态信号。RXS的编码为：

RXS＝b0：空置

RXS＝b1：接收告警

接收告警是指 RXDCK 和 RXDATA 均不是从所接收到的光信号中所获得的。RXS 是一个异步信号，其 I/O 电平为 LVCMOS 型。规定信号的发送端器件必须提供 RXS，但信号的接收端器件可以不使用它。

2. 发送信号

（1）TXDATA［15∶0］

TXDATA［15∶0］是发送数据总线信号。在数据发送方向上，TXDATA［15∶0］上的信号在 SERDES 器件中被以单向轮转的方式分割映射入串行光发射数据信道中。TXDATA［15］载有被发送的第一个比特，而 TXDATA［0］载有被发送的最后一个比特。当 TXDATA［15∶0］是以 8 位码组对准时，TXDATA［15］载有被发送的第一个字节的第一个比特，而 TXDATA［0］载有被发送的第二个字节的最后一个比特。

每一个 TXDATA［x］信道上的信号都是从 2.488Gb/s 到 3.125Gb/s 的数据流。

TXDATA 信号应频率同步于 TXDCK，其二者之间会有一个静态的相位偏差。

（2）TXDSC

TXDSC（Transmit Deskew Channel）是发送信号去斜移参考信道，它所传送的参考数据帧用于完成发送数据总线 TXDATA［15∶0］上的比特信道去斜移。TXDSC 信号的传输速率为 2.488Gb/s 到 3.125Gb/s。

TXDSC 信道的每一个参考数据帧的构成方式与 RXDSC 信道参考数据帧的构成方式相同，即由 4 个帧定位字节，4 个扩展帧头字节以及从发送数据总线 TXDATA［15∶0］上所复制的 128 个采样字节所组成。对发送数据总线上的字节采样也是以单向轮转的方式进行的，从 TXDATA［15］开始，到 TXDATA［0］结束。

TXDSC 信号频率同步于 TXDCK，其二者之间会有一个静态的相位偏差。

（3）TXDCK

TXDCK（Transmit Data Clock）为发送数据时钟信号，它为 TXDATA 和 TXDSC 信号提供时间基准。通常 TXDCK 信号的占空比为 50%，频率是 TXDATA 和 TXDSC 比特速率的 1/4。TXDCK 应频率同步于 TXREFCK，TXDATA 和 TXDSC，对其相互间的静态相位偏差没有规定。规定信号的发送端器件必须要提供 DSDCK，但信号的接收端器件可以不使用它。

（4）TXCKSRC

TXCKSRC（Transmit Clock Source）为发送数据信道 TXDATA，TXDSC 和 TXDCK 提供时间基准。

通常 TXCKSRC 信号的占空比为 50%，频率是 TXDATA 和 TXDSC 比特速率的 1/4。TXCKSRC 是从信号接收端器件的 TXREFCK 信号得到的。TXCKSRC的传送方向为从光接口指向系统设备方向。

规定 TXDATA，TXDSC 和 TXDCK 信号的发送端器件必须能够接收从信号的接收端器件（FEC 处理器或 SERDES 器件）传来的 TXCKSRC 信号并将其连接到本身的 TXREFCK 作为 TXDCK，TXDSC 和 TXDATA 信号的频率基准。对信号接收端器件来说，发送 TXCKSRC 信号只是作为一个选项。如果信号接收端器件没有发送 TXCKSRC 信号，则信号发送端器件要将一个外部时钟源连接到它的 RXREFCK 为 TXDCK，TXDSC 和 TXDATA 信号提供频率基准，而且信号接收端器件必须能接收以这个频率参考基准所传来的信号。

（5）TXREFCK

TXREFCK（Transmit Frequency Reference）为在数据信号发送通道上的各器件（成帧器，FEC 处理器或 SERDES 器件）提供基准频率。通常 TXREFCK 信号的占空比为 50%，频率是 TXDATA 和 TXDSC 比特速率的 1/4。TXDATA 和 TXDSC 必须频率同步于 TXREFCK。对 TXDCK，TXDATA 和 TXDSC 相互间的静态相位偏差没有规定。

规定数据信号发送通道上的各器件必须要有一个外部时钟源连接到 TXREFCK上。

5.1.3.2 SFI-5 接口设备工作逻辑

在这一小节里将对 SFI-5 接口设备的工作逻辑作一个介绍。因为 SERDES 器件、FEC 处理器和 SONET/SDH 成帧器上的电接口工作逻辑基本相同，所以以 SERDES 器件上的电接口为例加以说明。

1. SERDES 器件接口设备工作逻辑

图 5-30 是一个 SERDES 器件的数据接收端口的工作逻辑模型。从图中可以看到，串行光数据流经时钟和数据恢复单元后，在解复用器中被以单向轮转的方式分割映射入数据接收总线的 16 个并行排列的比特信道中。所接收到的第一个比特被写入与 RXDATA ［15］ 相连的缓冲器中，而最后一个被接收到的比特被写入与 RXDATA ［0］ 相连接的缓冲器中。缓冲器就是一个 FIFO（First In, First Out）。各个比特信道之间的比特斜移可以通过这一组缓冲器消除。

去斜移参考信道 RXDSC 是这样产生的。参考帧生成控制器先插入各两个帧定位字节 A1（F6 Hex）和 A2（F6 Hex）以及 4 个扩展帧头字节（EH1～EH4）到去斜移参考信道 RXDSC 中，然后再加上从接收数据总线上的各个比特信道中所复制出的 128 个数据字节（从每个信道上各连续复制 8 字节）组成信道 RXDSC 上的一个参考数据帧。数据字节采样先从 TXDATA ［15］ 开始，以TXDATA ［0］ 结束。当以这样的方式对各个数据比特信道循环采样一遍后，再生成下一个

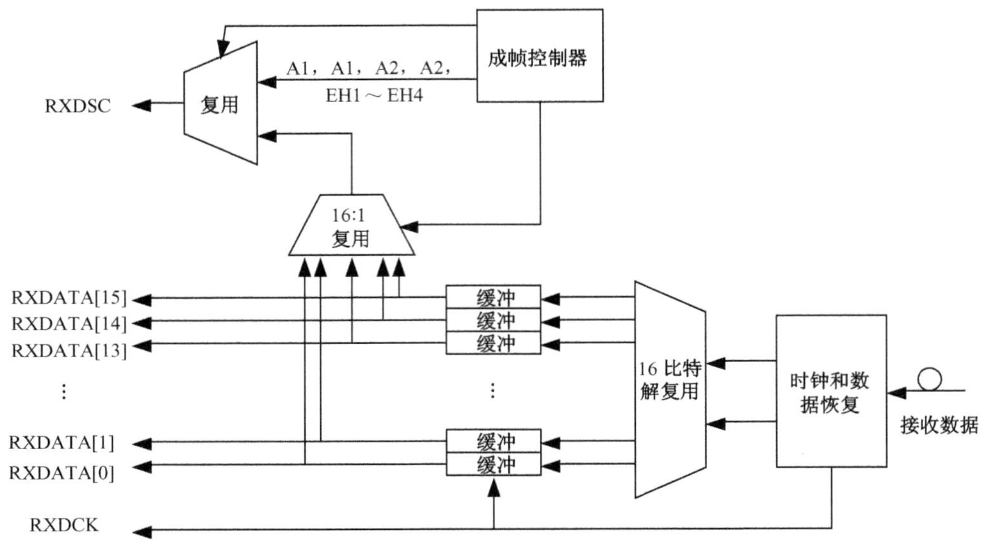

图 5-30　SERDES 器件数据接收端口的工作逻辑模型

参考数据帧。参考数据帧在 RXDSC 上被不停地产生并发送出去。

2．SERDES 器件数据发送端口工作逻辑

图 5-31 是一个 SERDES 器件的数据发送端口的工作逻辑模型。从图中可以看到，TXDATA［15∶0］和 TXDSC 上传来的信号先被 DDR 单元恢复，然后传给缓冲器。去斜移控制器通过识别 TXDSC 上的帧定位字节 A1 和 A2 以及 4 个帧头字节从而获知从 TXDATA［15∶0］上复制到的参考数据帧字节的开始位置。然后将 TXDATA［x］上的数据与 TXDSC 上相应的数据作比较来获知各个比特信道之间的斜移情况，再通过调节各个比特信道上的延时单元，从而完成去斜移操作。

完成了去斜移操作后的 TXDATA［15∶0］数据信号在复用器中被分割映射为串行数据流发送出去。

TXLOF 是一个帧失步告警信号，它是一个内部信号，在一个管理接口上输出。TXLOF 不属于 SFI-5 的管脚信号。如果 TXDSC 上的帧定位字节不能被去斜移控制器识别出并被锁住，则 TXLOF 被置位；当 TXDSC 上的帧定位字节被去斜移控制器锁住后，TXLOF 被清除。

TXOOA 是一个帧失对准告警信号，它也是一个内部信号，在一个管理接口上输出。TXOOA 也不是 SFI-5 的管脚信号。如果没有在 TXDSC 上发现与各比特信道上的数据字节相匹配的字节，则 TXOOA 被置位；当能在 TXDSC 上找到所有能与各个比特信道中的数据字节相匹配的字节后，则表明去斜移工作正常，

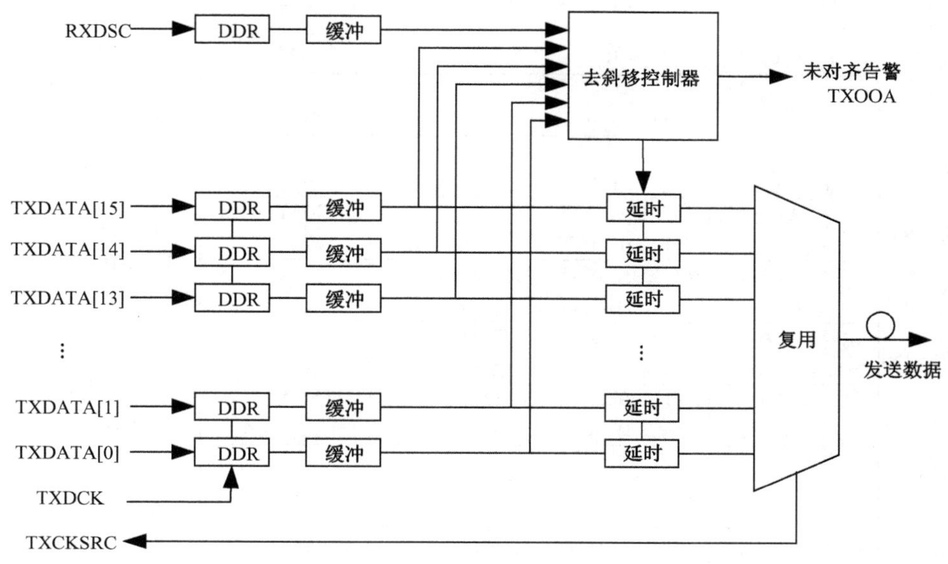

图 5-31　SERDES 器件数据发送端口的工作逻辑模型

TXOOA 被清除。

3. 比特信道去斜移逻辑

数据信号在从 SFI-5 接口的信号发送端器件传输到信号接收端器件的过程中，在各个比特信道上的传输延时是不同的，由此造成属于同一帧字节的各数据比特不能同时到达接收端器件的数据接收端口，先到达的比特可能比最晚到达的比特快几个比特周期，这即是发生了比特信道斜移。在 SxI-5 中对接口系统所能允许的最大斜移量作了规定。为了能跟踪、监测并修正比特信道斜移的发生，在 SFI-5 中使用了一个参考数据信道，称为去斜移信道，即在本节前面叙述过的 RXDSC 和 TXDSC 信道。

去斜移操作需要 SFI-5 接口的信号发送端器件和信号接收端器件配合完成。发送端器件将从 16 个比特信道中按顺序采到的参考数据字节复制到去斜移信道中，并与其他 16 个数据信道中的信号一起发送给 SFI-5 接口的信号接收端器件。

信号接收端器件的去斜移程序测量各个比特信道的斜移量，然后对相应的斜移量做出补偿。当接口设备上电或连接时，去斜移程序就要给出一个初始的斜移测量结果。在随后的数据信号传输过程中，由于一些外部条件的变化，会造成比特信道间的斜移情况发生变化，则接口设备应在可能发生的最大和最小斜移量范围内跟踪监测这种变化，去斜移程序则要不断地对斜移量做出修正。

图 5-32 所示的是在去斜移信道 RXDSC 和 TXDSC 中的参考帧格式。在每一个参考帧中，两个 A1 和两个 A2 字节构成帧定界符。4 个扩展帧头字节则留作

将来使用。在图 5-32 中，帧字节的传输是从左到右，从上到下进行的。

比特位	位值	位值	位值	位值	注释
1～32	A1 1111 0110	A1 1111 0110	A2 0010 1000	A2 0010 1000	帧字节
33～64	EH1 1010 1010	EH2 1010 1010	EH3 1010 1010	EH4 1010 1010	保留用扩展字节
65～96	R/TXDATA[15] Bits 1～8	R/TXDATA[15] Bits 9～16	R/TXDATA[15] Bits 17～24	R/TXDATA[15] Bits 25～32	来自 RXDATA [15] 或 TXDATA [15] 的连续 64 比特
97～128	R/TXDATA[15] Bits 33～40	R/TXDATA[15] Bits 41～48	R/TXDATA[15] Bits 49～56	R/TXDATA[15] Bits 57～64	
129～160	R/TXDATA[14] Bits 1～8	R/TXDATA[14] Bits 9～16	R/TXDATA[14] Bits 17～24	R/TXDATA[14] Bits 25～32	来自 RXDATA [14] 或 TXDATA [14] 的连续 64 比特
161～192	R/TXDATA[14] Bits 33～40	R/TXDATA[14] Bits 41～48	R/TXDATA[14] Bits 49～56	R/TXDATA[14] Bits 57～64	
193～1024					来自 R/TXDATA[14] 到 R/TXDATA [1] 的连续 64 比特
1025～1056	R/TXDATA[0] Bits 1～8	R/TXDATA[0] Bits 9～16	R/TXDATA[0] Bits 17 ～24	R/TXDATA[0] Bits 25～32	RXDATA [0] 或 TXDATA [0] 的连续 64 比特
1057～1088	R/TXDATA[0] Bits 33～40	R/TXDATA[0] Bits 41～48	R/TXDATA[0] Bits 49～56	R/TXDATA[0] Bits 57～64	

图 5-32　参考信道 RXDSC 和 TXDSC 的帧格式

图 5-33 所示的是 RXDATA ［15∶0］ 和 RXDSC 以及 TXDSC 信号的时序图。

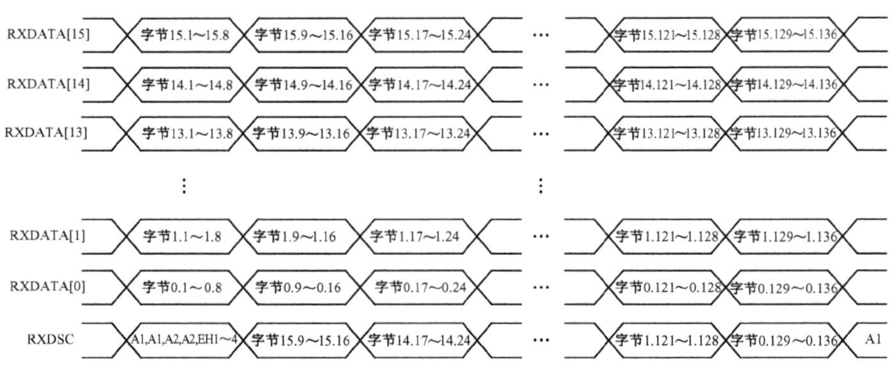

图 5-33　RXDSC，TXDSC 信号时序图

5.1.3.3　SFI-5 接口器件功能描述

本小节将对 SFI-5 接口器件在数据发送方向和数据接收方向所应完成的功能作一个描述。因 FEC 处理器和 SONET/SDH 成帧器与 SERDES 器件在 SFI-5 电

接口上所应完成的功能大同小异，这里只以 SERDES 器件为例而加以说明。

1．SERDES 器件数据接收功能

SERDES 器件在数据接收方向上要完成三个功能。首先在接收到的光数据流上完成时钟和数据恢复。接着将所恢复出的数据字节按单向轮转的方式完成串并转换，构成 16 位宽数据字。

SERDES 器件要完成的第二个功能是向 FEC 处理器或 SDH/SONET 成帧器连续地发送接收数据时钟信号 RXDCK。在工作温度范围内，光接收器的锁定范围应该大于 100ppm。将从光信号中提取出的时钟与一个参考时钟频率作比较。如果从光信号中所提取出的时钟频率相对于参考时钟频率的差大于 1000ppm 时，RXDCK 则被切换到以参考时钟为源信号。当这两个时钟差别为从 100ppm 到 1000ppm 之间的某一个值时，会发出一个失锁告警信号，同时 RXDCK 也会由以从数据流中提取出的时钟信号为源切换到以参考时钟信号为源。

如果探测到有接收数据丢失时，RXDCK 则应以参考时钟信号为源。

当 RXDCK 不是以从接收数据流中所提取出的时钟信号为源时，状态信号 RXS 被置高电平。为 RXDCK 作时钟源切换时，应不能影响到它的最小脉冲宽度和周期。

SERDES 器件要完成的第三个功能是连续不断地为去斜移信道 RXDSC 产生参考帧。

2．SERDES 器件数据发送功能

SERDES 器件在数据发送方向上首先要将数据信号从数据总线 TXDATA［15:0］上恢复出来。由于各个数据信道是频率同步的，而没有相位同步，因此这些信道的抖动特性是互不相关的。所以，在各个数据信道上所做恢复是彼此独立进行的。在信道中恢复出的数据被写入相应的缓冲器中，并且每经过 16 个光数据流比特周期被并行读出一次。缓冲器的作用是进行抖动补偿。并行数据流通过延时器后送入时分复用器，并以简单的单向轮转方式完成并/串转换后发送给光接口。

SERDES 器件利用去斜移信道（TXDSC）上的参考帧完成比特信道去斜移操作。当去斜移操作不能正常进行时，会发出告警信号 TXOOA。

5.1.4 SxI-5 接口

SxI-5 对 SFI-5 和 SPI-5 I/O 信号电平的一般特性做了规范，以保证 SxI-5 的信号链路能可靠工作在 2.488～3.125Gb/s 的速率上。在这里 SxI-5 中的 x 泛指 F 或 P。规范中包括了对输入、输出差分信号所应满足的指标，以及对信号抖动特性的规定等[50]。

5.1.4.1　SxI-5 接口的信号定义及规范

图 5-34 是一个 SxI-5 差分信号的参数定义示意图。表 5-12 为输出差分信号所应满足的特性指标。

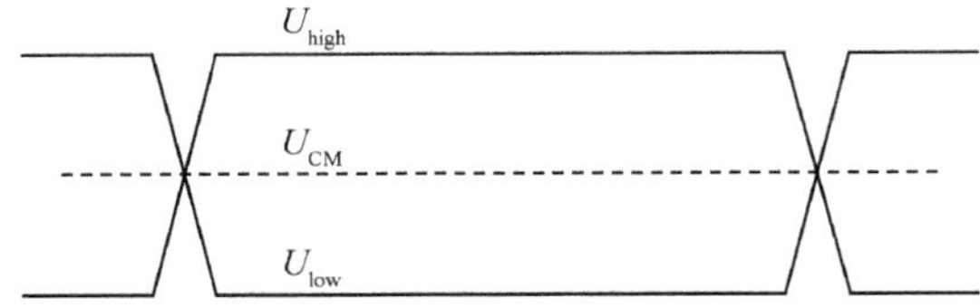

图 5-34　SxI-5 差分信号的参数定义

表 5-12　输出差分信号特性指标

符号	参数	最大值	最小值	单位
U_{CM}	输出共模电压	1.23	0.72	V
T_{DRF}	驱动上升/下降时间		50	ps
I_{DSHORT}	短路电流	50	−50	mA
UI_D	单位间隔	402	320	ps
R_{SE}	单端输出阻抗	65	35	Ω
R_D	差分阻抗	125	75	Ω
R_{HS}	单端回损		7.5	dB
RL_{DIFF}	差分回损		7.5	dB

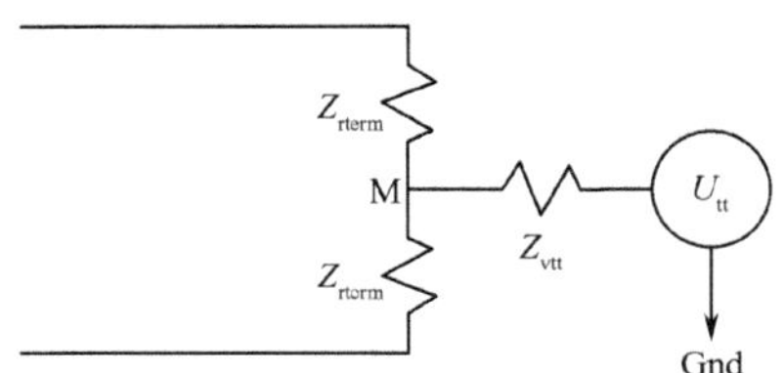

图 5-35　SxI-5 的终端信号

表中所列的共模输出电压 U_{CM} 是 U_{high} 和 U_{low} 的平均值，即 $U_{CM} = (U_{high} + U_{low})/2$。当使用了如图 5-35 中所示的，$1.05V < U_{tt} < 1.35V$ 的负载时，则 $37.5\Omega < Z_{rterm} < 62.5\Omega$，$0\Omega < Z_{vtt} < 30\Omega$。图 5-35 中的电路与驱动电路共地。

表 5-13 所列的是输入差分信号所应满足的特性指标。

表 5-13　输入差分信号特性指标

符号	参数	最大值	最小值	单位
U_{tt}	端点电压	1.30	1.10	V
$Z_{U_{tt}}$	偏置电压源阻抗	30		Ω
U_{RCM}	输入共模电压	U_{tt}	0.7	V
Z_{INDIFF}	差分输入阻抗	125	75	Ω
L_{DR}	差分回损		10	dB

5.1.4.2 SxI-5 接口的斜移、游走和抖动等规范要求

图 5-36 是眼图模板和抖动的参考模型。表 5-14 是在各个参考测量点上的参数要求。

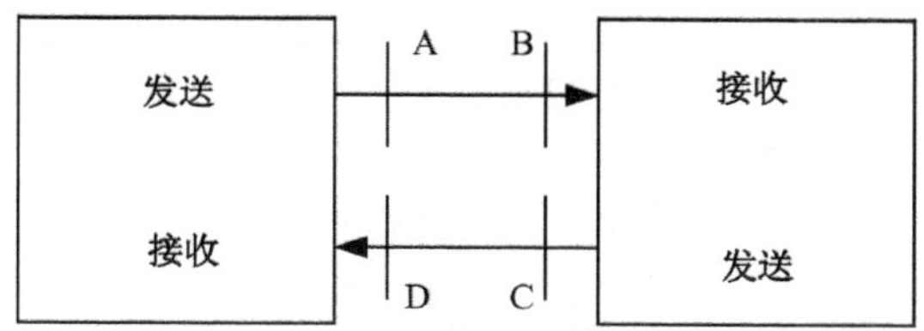

图 5-36 SxI-5 的眼图模板和抖动的参考模型

表 5-14 斜移、游走和抖动的相关参数要求

参数	信号类型	参考点				单位
		A	B	C	D	
斜移	数据	2.0	5.0	2.0	5.0	UI（峰值）
相关游走	全部	4.5	5.0	9.5	10.0	UI（峰值到峰值）
非相关游走	全部	0.60	0.65	0.6	0.65	UI（峰值到峰值）
总游走	全部	5.1	5.65	10.1	10.65	UI（峰值到峰值）
相对游走	全部	1.2	1.3	1.2	1.3	UI（峰值到峰值）
斜移＋（相对游走）/2	数据	2.6	5.65	2.6	5.65	UI（峰值）
确定抖动（DJ）	时钟	0.12	0.21	0.15	0.24	UI（峰值到峰值）
	数据	0.17	0.32	0.2	0.35	UI（峰值到峰值）
总抖动（TJ）	时钟	0.3	0.45	0.4	0.54	UI（峰值到峰值）
	数据	0.35	0.56	0.45	0.65	UI（峰值到峰值）

眼图模板定义了数据信号和时钟信号的水平（抖动）和垂直（信号幅度）量。图 5-37 和图 5-38 分别为发送器的输出信号（参考图的点 A 和点 C）和接收器的输入信号（参考图的点 C 和点 D）的眼图模板。

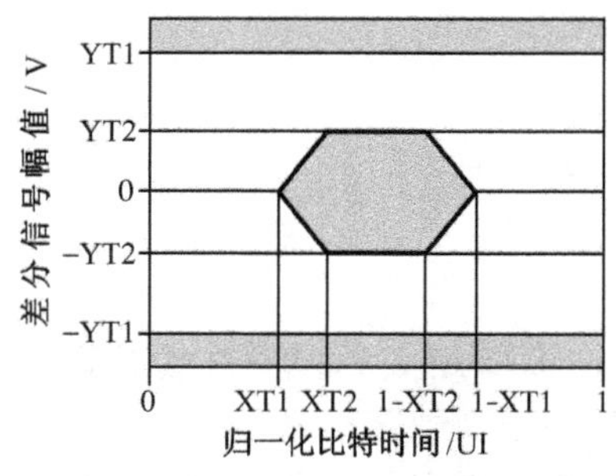

图 5-37 SxI-5 发送器输出信号眼图模板

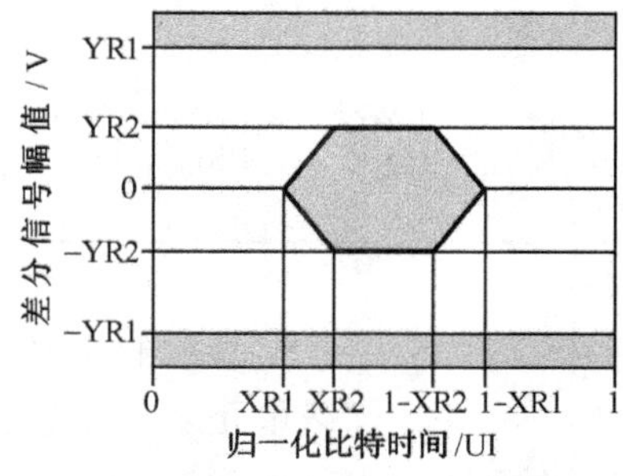

图 5-38 SxI-5 接收器输出信号眼图模板

表 5-15 和表 5-16 则为对眼图模板中一些相应参数的规定。

表 5-15　发送信号眼图模板参数定义

参考点	数据/时钟	XT1/(UI)	XT2/(UI)	YT1/(V)	YT2/(V)	DJ/[ppUI]	总抖动 J_{top} /[ppUI]
A	数据	0.715	0.45	0.50	0.25	0.17	0.35
A	时钟	0.15	0.45	0.50	0.25	0.12	0.30
C	数据	0.225	0.50	0.50	0.25	0.20	0.45
C	时钟	0.20	0.50	0.50	0.25	0.15	0.40

表 5-16　接收信号眼图模板参数定义

参考点	数据/时钟	XR1/(UI)	XR2/(UI)	YR1/(V)	YR2/(V)	DJ/[ppUI]	总抖动 J_{top} /[ppUI]
B	数据	0.28	0.39	0.50	0.0875	0.32	0.56
B	时钟	0.23	0.36	0.50	0.0875	0.21	0.45
D	数据	0.33	0.42	0.50	0.0875	0.35	0.65
D	时钟	0.27	0.39	0.50	0.0875	0.24	0.54

5.2　VSR5 的基本功能结构和实现

VSR5 规范中的 3 个技术解决方案的参考应用模型示于表 5-17 中。

表 5-17　VSR5 参考应用模型与 3 种技术解决方案的关系

参考应用模型	链路描述	12 路并行	CWDM	串行
1	局内直接连接，2～100m，没有光配线板	×	×	×
2	局内连接，2～300m，有 0～2 个光配线板	×	×	×
3	局间连接，2～600m，有 0～2 个光配线板		×	×
4	局内连接，2～600m，0～4 个光接续盒和 1 个 PXC			×
5	局间连接，2～2000m，0～4 个光配线板和 0～2 个熔接点		×	×

在 VSR5 协议中系统参数的定义分为规范性参数定义和参考性参数定义两种。例如，有关在网络单元之间传输信号的物理参数及数字信号格式的定义是规范性的；而对网元内部接口参数的定义，如 SFI-5 中的信息转换格式，则是参考性的。

5.2.1　40Gb/s VSR5 并行 12 路技术方案

图 5-39 是 40Gb/s VSR5 并行光技术方案的功能方框图。从图中可以看到，整个接口组件由一个转换器集成电路（IC）模块，光发射器模块和一个光接收器模块所组成。

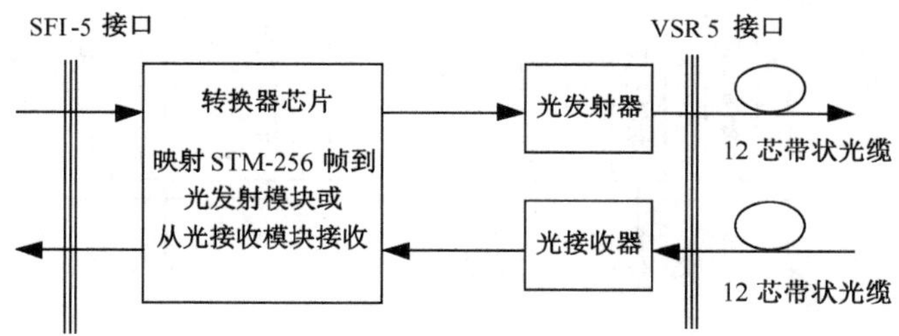

图 5-39　40Gb/s 并行 VSR5 功能模块方框图

通过一个 SFI-5 电接口，转换器 IC 接收由一个 SDH/SONET 外部成帧器通过位宽为 16 位的数据总线传来的电信号，其工作时钟频率为 2.488GHz。转换器 IC 将 16 位宽的并行数据流映射入 12 路并行发射信道中，驱动 850nm VCSEL 阵列发射激光。从激光器发出的光脉冲耦合到一个 12 芯的带状多模光纤光缆中，并以 3.318Gb/s 的速率在光纤链路中传输。如果使用标准的 50/125μm、带宽为 400 或 500MHz·km 的多模光纤，其链路长度可达 100m。如果使用 50/125μm、带宽为 2000MHz·km 的高带宽多模光纤，其链路长度最长可达 300m。

在接收方向上，光接收器模块接收从 12 芯带状光缆中以 3.318Gb/s 速率传来的光脉冲信号并将光脉冲信号转换成电信号送入转换器 IC 的接收电路部分。转换器 IC 的接收电路将 12 路电信号重新组合成 16 位宽的数据流通过 SFI-5 电接口发送给 SDH/SONET 外部成帧器。

5.2.1.1　转换器集成电路

在 12 路并行光技术方案中，转换器 IC 的作用是将通过 SFI-5 电接口传入的 16 位宽的数据流映射入 12 个并行的数据发送信道中，然后传送给光发射器模块。同时从一个并行光接收模块中接收 12 路并行传输信号并重新组合成 16 位宽的数据流，通过 SFI-5 电接口发送出去。为了完成这个功能，转换器 IC 包含了所有用于比特信道去斜移，数据帧生成，字节对准，状态机逻辑等所需要的数字电路，还包含了用于完成信号的输入/输出功能所需要的内部和外部时钟以及数据恢复等功能的模拟电路。转换器 IC 还包含了一个内部寄存器块（IRB，Internal Register Block）用于完成对 SFI-5 电接口和光接口的测试以及完成各种各样的监视和记数功能。

1. 数据信号发送电路

图 5-40 是转换器 IC 在信号发送方向上所应完成的基本功能框图。从图中可以看到，数据信号发送电路依次完成时钟/数据恢复，去斜移，字节对准/帧对准，BIP 处理，字节分割，PRBS 码组生成，12 信道数据发送等功能。

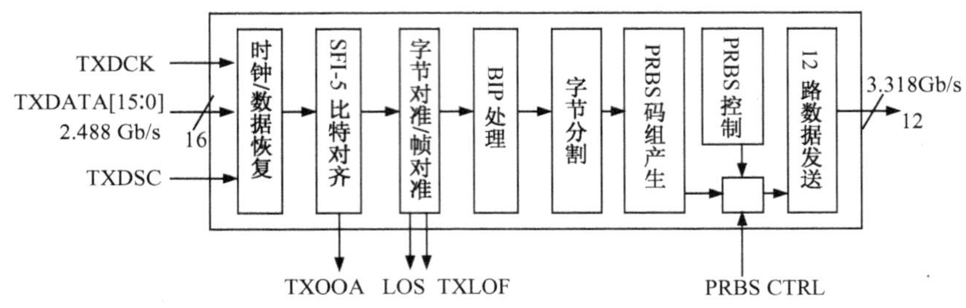

图 5-40　转换器数据发送电路功能框图

(1) 数据恢复和 SFI-5 比特位对齐

按照 SFI-5 规范中的规定，转换器 IC 将 TXDCK 上传来的时钟信号和数据总线 TXDATA［15:0］上传来的数据信号以 2.488Gb/s 的速率彼此独立地恢复出来。在 TXDATA［15:0］各个信道上恢复出的数据比特，其相互间的最大斜移应满足 SxI-5 实现规范中所允许的范围。最快和最慢的两个信道上的比特，其传输时间差不能大于规范中所规定的最大 UI 数。

去斜移是借助于信道 TXDSC 来完成的。TXDSC 是一个参考数据信道，包含了按 SFI-5 实现规范中所规定的帧格式从 16 个信道中的每一个信道所复制出的数据。SFI-5 电接口和去斜移部分含有一个缓冲器，去斜移控制器和延时单元用于各数据位的比特对齐。通过将每个信道中的数据与 TXDSC 信道中相应的数据做比较，使数据信道和参考信道之间的位错变小。一旦知道了延时的大小，相应信道的延时单元就可以进行调整将数据信道和参考信道对齐。每个数据信道成功地完成与参考信道的对齐后，数据信道彼此之间也就达到了对齐。

当 16 个数据信道之间没有达到比特对齐时，转换器 IC 将发出一个告警信号 TXOOA，直到比特对齐完成后这个告警信号才被清除。当 16 个数据信道之间的比特对齐完成后，每一个信道是否出现比特没有对齐的情况将继续被监视着，这样，转换器 IC 就能够跟踪比特没有对齐的变化情况使之不超过所允许的最大值以防引起数据传输误差。在内部寄存器块（IRB）中分配了一系列的计数器以记录每一个数据信道与参考信道中相应的数据之间所发生的没有匹配的事件。

(2) 帧和字节对准

帧字节对准和有关 SDH/SONET 帧的信息是通过观察传输数据中的 A1 和 A2 字节得到的。通过对数据流中的 A1 字节顺序的定位完成字节对准。而有关 SDH/SONET 帧的信息是通过判定 A1/A2 边界附近 A1 和 A2 字节的数量得到的。为了这个目的，VSR5 建议使用多重A1's 和A2's。数据到达转换器 IC 的 SFI-5 电接口时，从比特位 0 到比特位 15 一般是没有字节对准的，因此，在 SDH/SONET 帧的 8 位位组和 SFI-5 接口的信道之间并没有事先假定有某种确定的关系。

通常用一个数据丢失状态（LOS，Loss of Signal）信号来指出信道数据丢失的发生。当正确地接收了一系列连续对准的帧后，就重新获得了帧同步（In-sync）状态。VSR5 规范建议 LOS 状态机应遵循 ITU-T G.783 中的规定。在图 5-41 中是一个状态机的例子。在这个例子中，需要两个连续对准的帧来获得帧同步状态。

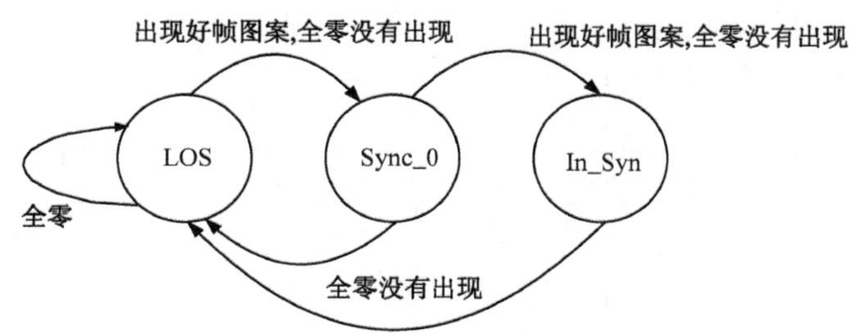

图 5-41　LOS 状态机的一个例子

在一个指定的时间长度内，如果连续地出现严重的错帧（SEF，Severely Errored Framing），则用一个 TXLOF 状态信号表明这样一个帧混乱的状态。当 SEF 状态结束并持续了一段指定的时间长度，表明又重新获得了正确的帧状态。SEF 状态机的使用及 LOS 的判定准则与 ITU-T G.783 中所建议的相一致。图 5-42给出了一个 SEF 状态机的例子。

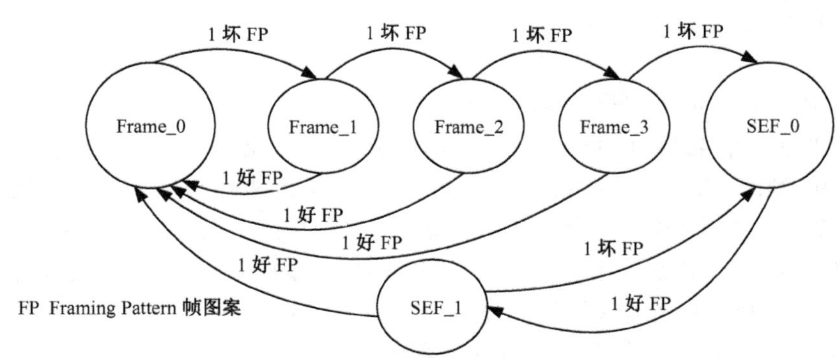

图 5-42　SEF 状态机的一个例子

(3) 帧字节分割映射

STM-256 帧以字节为单位被分割并依次分别映射入 12 个数据发送信道中。

STM-256 帧的第一个字节被放入信道 0 中，第二个字节被放入信道 1 中，依次类推。这一过程示于图 5-43 中。其中 X_n 是被保留的字节以备将来使用。

	1		59	60		64	65		69	70	
光纤 0	X_1	…	X_{697}	BC_0	…	$A1_{757}$	$A2_1$	…	$A2_{49}$	$A2_{61}$	…
光纤 1	X_2	…	X_{698}	BC_1	…	$A1_{758}$	$A2_2$	…	$A2_{50}$	$A2_{62}$	…
光纤 2	X_3	…	X_{699}	BC_2	…	$A1_{759}$	$A2_3$	…	$A2_{51}$	$A2_{63}$	…
光纤 3	X_4	…	X_{700}	BC_3	…	$A1_{760}$	$A2_4$	…	$A2_{52}$	$A2_{64}$	…
光纤 4	X_5	…	X_{701}	BC_4	…	$A1_{761}$	$A2_5$	…	$A2_{53}$	X_{65}	…
光纤 5	X_6	…	X_{702}	BC_5	…	$A1_{762}$	$A2_6$	…	$A2_{54}$	X_{66}	…
光纤 6	X_7	…	X_{703}	BC_6	…	$A1_{763}$	$A2_7$	…	$A2_{55}$	X_{67}	…
光纤 7	X_8	…	X_{704}	BC_7	…	$A1_{764}$	$A2_8$	…	$A2_{56}$	X_{68}	…
光纤 8	X_9	…	$A1_{705}$	BC_8	…	$A1_{765}$	$A2_9$	…	$A2_{57}$	X_{69}	…
光纤 9	X_{10}	…	$A1_{706}$	BC_9	…	$A1_{766}$	$A2_{10}$	…	$A2_{58}$	X_{70}	…
光纤 10	X_{11}	…	$A1_{707}$	BC_{10}	…	$A1_{767}$	$A2_{11}$	…	$A2_{59}$	X_{71}	…
光纤 11	X_{12}	…	$A1_{708}$	BC_{11}	…	$A1_{768}$	$A2_{12}$	…	$A2_{60}$	X_{72}	…

图 5-43　STM-256 帧字节在 12 路数据发送信道中的映射格式

从图 5-43 中可以看到，12 路并行块状帧前面的 704 个字节保留为将来使用。接着是 4 个未扰码的 A1 字节，再接着是 12 个 BIP-8 字节，然后是 48 个未扰码的 A1 字节，再后面是 64 个未扰码的 A2 字节。接下去又有 704 个字节保留为将来使用。转换器 IC 的数据发送电路将这些字节按顺序映射到 12 路数据发送信道中。STM-256 帧中的第一个字节将在信道 0 中传输，并且是最先发送，最先被接收。

（4）比特间差奇偶校验（BIP-8）

比特间差奇偶校验（BIP，Bit Interleaved Parity）是通过对当前的帧与下一个接收到的帧的 B1 字节的比较计算得到的。其产生方法同 SDH 的再生段开销中的 B1 字节产生方法相同，将 STM-256 帧结构中所有被校验的部分按 8 比特为一组，分为一系列 8 比特序列的码组。以 BIP-8 码为第 1 列，第 1 个 8 比特序列为第 2 列，依次排成一个监视矩阵。然后由每一 8 比特序列码组的第 1 比特与 BIP-8码的第 1 比特组成第 1 监视码组（矩阵的第 1 行），由每一 8 比特序列码组的第 2 比特与 BIP-8 码的第 2 比特组成第 2 监视码组（矩阵的第 2 行）。最后，由 BIP-8 码的第 1 比特为第 1 监视码组提供偶校验，即使得该监视码组中“1”的数目为偶数。由 BIP-8 码的第 2 比特为第 2 监视码组提供偶校验，以此类推。以这种方式计算得到的 BIP 出错累计在 IRB 中的一个计数器中。BIP-8 计算对扰码和非扰码的 B1 字节都是支持的。

需要为 12 个数据发送信道中的每一个信道计算出一个 BIP-8 字节，并且要覆盖下一帧在每一个信道中的第 60 列中相应的 A1 字节。在图 5-43 所示的 STM-256 帧映射入 12 个数据发送信道的格式中，这些字节被标成 BC_n。信道 0 计算得到的 BIP-8 覆盖下一帧的 $A1_{709}$，信道 1 计算得到的 BIP-8 覆盖 $A1_{710}$，依次类推。

（5）PRBS 码组的产生

在转换器 IC 中应包括一个 PRBS 信号发生器。这个信号发生器可以产生各种各样的码组，其目的是满足对系统和芯片的测试需要，例如误码率的在线检测等。通过 IRB 来控制对 PRBS 信号发生器的使用和对它的功能进行选择。

图 5-44 列出了 PRBS 信号发生器产生的码组的帧格式。

	1		59	60		64	65		69	70	71	72		51840
光纤 0	P_{51771}	…	$\overline{A1}_{697}$	BC_0	…	$A1_{757}$	$A2_1$	…	$A2_{49}$	$A2_{61}$	P_1	P_2	…	P_{51770}
光纤 1	P_{51771}	…	$\overline{A1}_{698}$	BC_1	…	$A1_{758}$	$A2_2$	…	$A2_{50}$	$A2_{62}$	P_1	P_2	…	P_{51770}
光纤 2	P_{51771}	…	$\overline{A1}_{699}$	BC_2	…	$A1_{759}$	$A2_3$	…	$A2_{51}$	$A2_{63}$	P_1	P_2	…	P_{51770}
光纤 3	P_{51771}	…	$\overline{A1}_{700}$	BC_3	…	$A1_{760}$	$A2_4$	…	$A2_{52}$	$A2_{64}$	P_1	P_2	…	P_{51770}
光纤 4	P_{51771}	…	$\overline{A1}_{701}$	BC_4	…	$A1_{761}$	$A2_5$	…	$A2_{53}$	$\overline{A2}_{65}$	P_1	P_2	…	P_{51770}
光纤 5	P_{51771}	…	$\overline{A1}_{702}$	BC_5	…	$A1_{762}$	$A2_6$	…	$A2_{54}$	$\overline{A2}_{66}$	P_1	P_2	…	P_{51770}
光纤 6	P_{51771}	…	$\overline{A1}_{703}$	BC_6	…	$A1_{763}$	$A2_7$	…	$A2_{55}$	$\overline{A2}_{67}$	P_1	P_2	…	P_{51770}
光纤 7	P_{51771}	…	$\overline{A1}_{704}$	BC_7	…	$A1_{764}$	$A2_8$	…	$A2_{56}$	$\overline{A2}_{68}$	P_1	P_2	…	P_{51770}
光纤 8	P_{51771}	…	$\overline{A1}_{705}$	BC_8	…	$A1_{765}$	$A2_9$	…	$A2_{57}$	$\overline{A2}_{69}$	P_1	P_2	…	P_{51770}
光纤 9	P_{51771}	…	$\overline{A1}_{706}$	BC_9	…	$A1_{766}$	$A2_{10}$	…	$A2_{58}$	$\overline{A2}_{70}$	P_1	P_2	…	P_{51770}
光纤 10	P_{51771}	…	$\overline{A1}_{707}$	BC_{10}	…	$A1_{767}$	$A2_{11}$	…	$A2_{59}$	$\overline{A2}_{71}$	P_1	P_2	…	P_{51770}
光纤 11	P_{51771}	…	$\overline{A1}_{708}$	BC_{11}	…	$A1_{768}$	$A2_{12}$	…	$A2_{60}$	$\overline{A2}_{72}$	P_1	P_2	…	P_{51770}

图 5-44　PRBS 产生的码组的帧格式

可以将图 5-44 的 12 路并行传输字节安排看成一个块状帧，其长度为 51840＝（9×270×16）×16/12 个字节，而这样一个块状帧中 A1 字节共 768＝48×16个，占了 64 列（其中大部分 A1 字节进行了替换，以实现测试和校验等功能）。

PRBS 码组的产生以及将该码组分割映射入 12 个数据发送信道，是以下列方式进行的：

a. 以（11100110000101111111111）作为一个反转的 PRBS23（$X^{23}+X^{18}+1=0$）的种子。

b. 第 71～51840 列和第 1～58 列：反转的 PRBS 填入第 71～51840 列，然后

继续添入下一帧的第 1～58 列。所有的信道都有了典型的 PRBS 比特。PRBS23 的比特 1 是种子之后产生的第一个比特。

c. 在第 59 列：信道 0～7 用反转的A1's 填入。信道 8～11 用A1's 字节填入。

d. 在第 60 列：在第 1 和第 2 帧中，全部填入 0。在随后的帧中，填入由前面的帧计算得到的 BC 字节。

e. 第 61～64 列用A1's 填入。

f. 第 65～69 列用A2's 填入。

g. 在第 70 列中，信道 0～3 用A2's 填入。信道 4～11 用反转的A2's 填入。

h. 复位种子，并重复步骤 a～g。

转换器 IC 还能够产生用于光信号抖动，消光比和上升沿/下降沿测试的特殊信号码组。

(6) 高速数据传输及 TXCLK 信号输出

转换器 IC 将经扰码的 SDH/SONET 帧按字节分割，映射入 12 个数据发送信道后以 3.318Gb/s 的速率输入到光发射器模块中。信号在最快和最慢的两个信道之间的传输时间差应小于 1ns。数据字节的最高位（MSB）被首先传输。转换器 IC 本身不需要对数据做进一步的编码。为了容易地与光发射模块集成在一起，12 个数据发送信道的输出电平是与电流型（CML，Current Mode Logic）电平兼容的，并且可以进一步被做到交流（AC）耦合。

作为一个选项，转换器 IC 还可以提供一个 829.5MHz 的时钟输出（TXCLK）。TXCLK 可被用于示波器或 BERT 的触发信号。

2. 数据信号接收电路

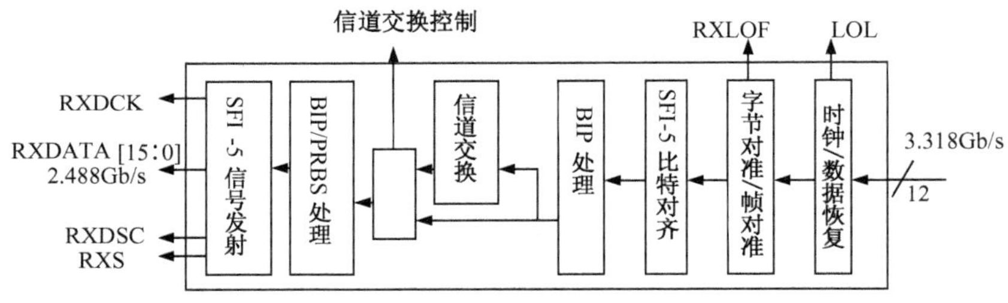

图 5-45 转换器数据接收电路功能框图

图 5-45 是转换器 IC 在数据信号接收方向上所应完成的基本功能框图。从图中可以看到，转换器 IC 接收从光接收器模块传来的 12 路 3.318Gb/s 速率的比特流，然后进行时钟和数据恢复，字节对准/帧对准，去斜移，线缆反转检测，PRBS 信号检测，BIP 处理，最后重新组合成 16 位并行比特流。RXDSC 参考数据传输信号和 RXS 状态信号通过 SFI-5 电接口发送给外部成帧器。

（1）时钟/数据信号恢复

在数据信号接收方向上，以3.318Gb/s速率进入转换器IC的数据信号其帧的组合方式与数据信号在发送方向上帧的组合方式相同。每个信道上的时钟和数据恢复也是彼此独立进行的。从数据接收信道5中提取出的时钟可作为后续信号处理所需要的内部时钟和RXDCK的基础。

转换器IC要能将一个连续的数据接收时钟（RXDCK）发送给外部成帧器。每个数据接收信道的光接收器的锁定范围在一定的温度范围内要超过100ppm。将从光信号中所提取出的时钟与一个参考时钟（RXREFCK）做比较。如果这两个时钟的差在100～1000ppm范围之间，将发布一个失锁状态，并且RXDCK的源信号也将从数据信号提取出的时钟信号切换到参考时钟信号。如果检测到有帧丢失，RXDCK就将以参考时钟为源。在RXDCK不是以接收到的数据流中所提取出的时钟为源时，将发出接收状态报警信号RXS。将接收数据时钟（RXDCK）的源进行切换时，不应影响到RXDCK的最小脉冲宽度和最小周期。

（2）帧对准和比特信道去斜移

通过检测12个数据接收信道中的A1/A2字节的边界，从而获得帧对准。如果在一段规定的时间内连续地出现严重的帧出错（SEF）现象，转换器IC将发出一个帧出错状态信号RXLOF。当SEF结束并经过一定的时间后，则清除RXLOF信号。SEF状态机的使用及LOF的准则与ITU-T G.783所建议的相一致。

各个数据接收信道上的数据信号之间可能会有一个不大于40ns的时间差。转换器IC必须能将各个信道重新对齐。在每一个比特流中的A1/A2字节的边界可作为一个标志而方便地用于这种比特对齐操作。

（3）线缆反转检测和改正

按照STM-256帧在12路光发送信道中的映射规则，信道8～11应包含有5个A1字节，其他信道只包含有4个。如果转换器IC的接收电路在信道0～3中检测到5个A1字节和在信道8～11上检测到6个A2字节，则表明光缆在与光模块连接时发生了扭转。这种情况下，转换器IC可以将信道调换，将信道0和信道11调换，信道1和信道10调换，等等。这样可以保证各个接收信道总能接收到正确的信号。这种自动改正光缆扭转的功能作为一个选项可通过IRB而被中止。其实现类似于VSR4-1.0中的帧分隔符（Frame Delimiter）功能。

（4）其他功能

转换器IC的数据接收电路还需要完成RXS状态信号输出，PRBS信号检测，BIP-8计算，RXDCK输出和RXDSC信道产生等功能。

RXS是一个状态输出信号，表明RXDATA和RXDCK都不是以接收到的数据流中所提取的时钟为源。

PRBS信号检测器用来同步和检测各个信道数据流中的比特出错。每一次比特出错都被记录在 IRB 计数器中。

比特间差奇偶校验（BIP-8）的计算与转换器 IC 的数据发送电路所做的 BIP-8 计算方式一样。对 12 个数据接收信道中的每一个信道都要计算 BIP-8，并且与位于第 60 列中的 BIP-8 数据进行比较。每一个出错信息都会记录在 IRB 中。

转换器 IC 的数据接收电路产生一个参考信道 RXDSC 从 SFI-5 电接口上输出。这个参考信道由扩展的帧头字节和 16 个并行数据信道中的每一个信道中数据的复制字节组成了一个具有 1088 比特的帧。表 5-9 示出了这样一个参考帧的结构。转换器 IC 连续地产生这样的参考帧并从 RXDSC 信道上输出。

3. 自环模式

转换器集成 IC 支持四种自环模式。这四种自环模式分别为：

a. Tx Line Side 自环：SFI-5 去斜移后，16 个信道的数据流环回到接收电路的 SFI-5 的输出端。

b. Rx Line Side 自环：在做串行化和在接收端的 SFI-5 上输出之前，接收到的数据流环回到发送电路的字节对准模块。

c. Tx Drop Side 自环：在做串行化之前，发送的数据流环回来接收电路的字节对准模块。

d. Rx Drop Side 自环：做完串行化之后，接收的数据流环回到发送电路的串行器中。

图 5-46 是四种自环模式的示意图。

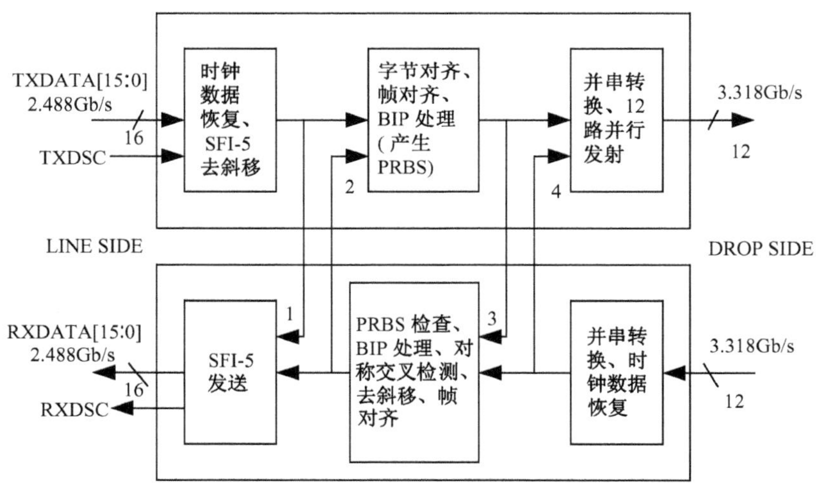

图 5-46　并行方案四种自环模式示意图

4. 交流和直流电气特性

转换器 IC 使用与在 SxI-5 实现规范中所定义的速率为 2.488Gb/s 的信道接口电平及时钟标准。

系统的抖动预算的定义是以图 5-35 中的参考点为基准的。对一个完整的系统的抖动分析，需要将图 5-47 与表 5-18 和表 5-19 结合来完成。

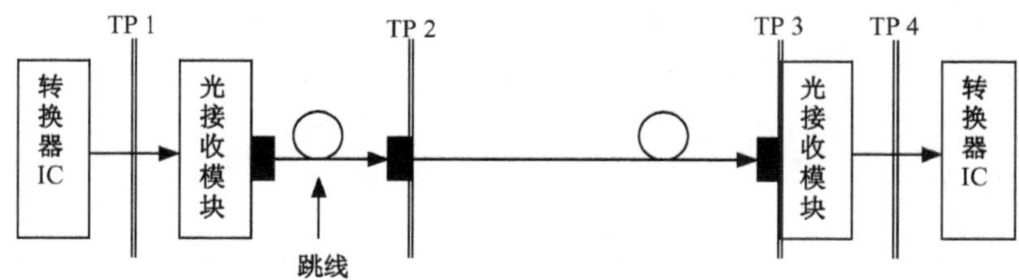

图 5-47　用于系统抖动分析的参考光纤链路模型

表 5-18　转换器 IC 的抖动预算

测量参考点	总抖动		确定的抖动		斜移	
	UI	ps	UI	ps	UI	ns
TP 1	0.24	72	0.08	24	3.3	1
TP 2	0.70	211	0.32	96	133	40

表 5-19　光纤参数定义

光纤类型	光耦合条件	光纤参数定义	链路长度/m
标准 50/125μm 光纤	无特别的光耦合条件	400MHz·km@850nm	2～160
标准 50/125μm 光纤	无特别的光耦合条件	400MHz·km@850nm	2～160
850nm 激光器优化的 50/125μm 光纤	环形光照耦合条件	Per TIA/EIA-492AAAC	2～320

5.2.1.2　光接口规范

VSR5 串行光技术方案中的光发射器模块由 1×12 VCSEL 阵列、驱动电路和控制电路组成。光接收器模块由光电探测器阵列、前置放大器、增益放大器、信号检测电路等组成。VSR5 规范中对 12 路并行光技术方案中所用到的光发射器和光接收器都做出了详细规范，如表 5-20 和表 5-21 中所示。每一个激光发射器和光接收器都需要满足表中所列参数的要求。

表 5-20　光发射器参数定义

参数	最小值	最大值	单位
信号速率	3.31776±20ppm		GBd
输出功率	−8	−2	dBm
消光比	6		dB
λ_c	830	860	nm
$\Delta\lambda_{rms}$（谱宽）		0.65	nm
RIN		−124	dB/Hz
t_r，t_f（20～80）		120	ps
信号非对齐		5	ns

表 5-21　光接收器参数定义

参数	最小值	最大值	单位
信号速率	3.31776±20ppm		GBd
3dB 电截止频率	2500	4300	MHz
R_x 灵敏度		−15	dBm
R_x 饱和度	−2		dBm
λ_c	830	860	nm
总的链路光反射		−12	dB
输入信号非对齐度		35	ns
信号检测——正确		−17	dBm
信号检测——错误	−31		dBm
信号检测滞变	0.5		dB

此外，VSR5 规范还对光纤、光纤链路的功率预算和系统的光学抖动预算等做了规定，如表 5-22 和表 5-23 所示。为了满足在 TP3 处对信号时延差的要求，带状光缆的各个光纤的单位长度微分时延差应小于 100ps/m。链路中所用到的光纤连接器应是带 12 个光纤端子的 MTP（MPO）型。

表 5-22　链路光功率预算

项目描述	数值		单位
光纤类型	标准 50μm/125μm MMF	850nm 激光器优化的 50μm/125μm MMF	
光纤带宽	400/500	2000	MHz·km
链路长度	160	320	m

续表

项目描述	数值		单位
连接器损耗	0	2.0	dB
链路功率预算	7.0	7.0	dB
插入损耗	0.6	3.2	dB
链路功率代价	5.4	2.9	dB
未分配的边际	1.0	0.9	dB

表 5-23　光学抖动预算

测量参考点	总抖动		确定的抖动		斜移	
	UI	ps	UI	ps	UI	ns
点 1	0.45	136	0.21	63	16.6	5
点 2	0.51	154	0.21	63	116	35

5.2.2　VSR5 CWDM 4×10Gb/s 技术方案

图 5-48 是 VSR5 CWDM 4×10Gb/s 光技术方案的功能方框图。接口组件仍然由一个转换器集成电路（IC）模块、光发射器模块和光接收器模块组成。在数据发送方向上，通过 SFI-5 电接口，转换器 IC 接收由一个 STM-256 外部成帧器（无前向纠错 FEC）或 G.709 FEC 处理器通过位宽为 16 位的数据总线传来的电信号，时钟频率为 2.488～2.7725GHz。转换器 IC 将 16 位并行信号映射入 4 路传输速率为 10.264～11.09Gb/s 的并行数据发送信道中，分别驱动 4 个波长在 1269.0～1355.9nm 之间的激光器。每个激光器的中心波长间隔为 24.5nm。从激光器发出的光经一个光波分复用器耦合到一根普通的单模光纤中，复用后的光信号以 39.813～43.018Gb/s 的速率在光纤链路上传输，其链路长度可达 2000m。

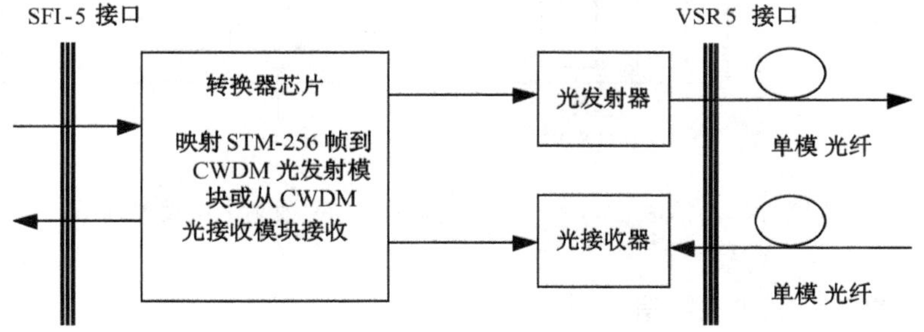

图 5-48　VSR5 CWDM 4×10Gb/s 功能模块框图

在数据接收方向上，从单模光纤中以 39.813～43.018Gb/s 速率传来的光信号，经光波分解复用器分解成 4 路速率为 10.264～11.09Gb/s 的光信号后被光探测器接收，光探测器将光信号转换成电信号后送入转换器 IC 中。转换器 IC 将 4 路电信号重新组和成 16 位宽的数据流通过 SFI-5 电接口发送给外部成帧器。

5.2.2.1 转换器集成电路

在数据发送方向上，转换器 IC 将通过 SFI-5 电接口传入的 16 位宽的数据流映射入 4 个并行数据发送信道中，然后传送给 CWDM 光发射器模块。同时在数据接收方向上，从 CWDM 光接收模块中接收 4 路并行数据信号并重新组合成 16 位宽的数据流通过 SFI-5 电接口发送出去。为了完成这个功能，转换器 IC 包含了所有用于比特信道去斜移，数据成帧，字节对准，状态机逻辑等所需要的数字电路，还包含了用于完成信号的输入/输出功能所需要的内部和外部时钟以及完成数据恢复等功能所需要的模拟电路。转换器 IC 还包含了一个内部寄存器块（IRB）用于完成对 SFI-5 电接口和光接口的测试以及完成各种各样的监视和记数功能。

1. 数据信号发送电路

在数据发送方向上，转换器 IC 的数据信号发送电路将完成时钟/数据恢复，SFI-5 比特位对齐，帧分割，PRBS 产生和控制，64B/66B 转换等功能，如图 5-49所示。

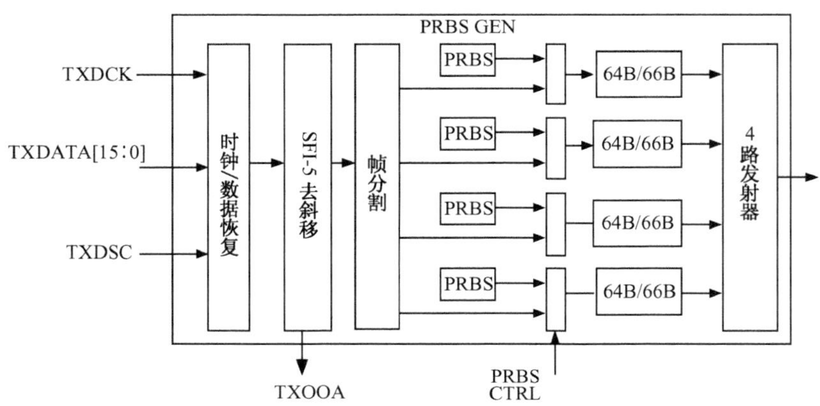

图 5-49　4 信道 CWDM 方案转换器 IC 信号发射方向功能框图

（1）数据恢复和比特信道去斜移

按照 SFI-5 实现规范中的规定，转换器 IC 将 TXDCK 上的时钟信号，数据总线 TXDATA［15：0］上的数据信号以及参考信道 TXDSC 上的数据信号以 2.488Gb/s 的速率彼此独立地恢复出来。在 TXDATA［15：0］各个信道上恢复出的数据比特，其相互间的最大非对齐度应满足 SxI-5 实现规范中所允许的范围。最快和最慢的两个比特信道，其传输时间差不能大于规范中所规定的最大 UI 数。其比特信道去斜移的过程与在 12 路并行技术方案中所描述的相同，这里不再赘述。

（2）数据帧生成和字节对准

比特信道去斜移完成后，从数据信道 0 至 15，将每一个信道中的数据按每 64 个比特分成一组。对每组 64 个比特按 $1+X^{39}+X^{58}$ 生成多项式进行扰码操作。信道 0，1，2，3 中的数据映射入 λ_0，信道 4，5，6，7 中的数据映射入 λ_1，信道 8，9，10，11 中的数据映射入 λ_2，信道 12，13，14，15 中的数据映射入 λ_3。转换器 IC 以 01 和 10 为帧头比特对数据组做 64B/66B 转换，从而形成各个信道数据组的边界。在数据接收方向上所做的字节对准，就是将比特 01 作为一个标志，01 比特的后面要跟着 3 个 10 比特，再接着又是一个 01 比特作为下一帧的开始。在这些标志比特之间的是 64 个经扰码的数据比特。图 5-50 示出了将 STM-256 帧映射入 4 个波长的光发射信道的格式。

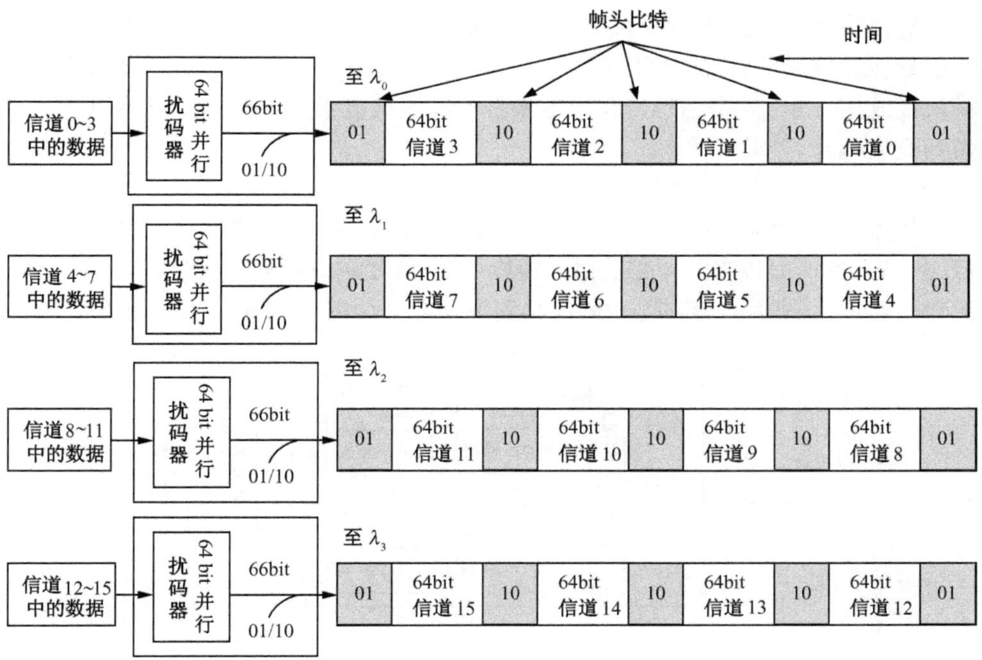

图 5-50　STM-256 帧映射入 4 个波长的光发射信道的格式

（3）PRBS 码组生成器

转换器 IC 含有一个 PRBS 信号发生器产生各种各样的 PRBS 码组用于系统

和芯片的测试。PRBS信号发生器的使用和功能的选择通过IRB控制。PRBS码组被注入到整个的64B/66B的帧结构中，至少可以支持PRBS $2^{23}-1$ 的码组。所生成的PRBS字节不断地重复，如图5-51所示。其中PRBS字节用Pn标记。产生PRBS $2^{23}-1$ 码组的生成多项式是 $X^{31}+X^{28}+1=0$，并且是以反向输出。

在每一个同步字节后的PRBS码组从波长0至波长3重复。每8个连续的字节后是一个同步字节，其PRBS码组生成格式示于图5-39中。

	同步	字节1	字节2	字节3	字节4	字节5	字节6	字节7	字节8	同步		15520
λ_0	01	P1	P2	P3	P4	P5	P6	P7	P8	10	…	P_{155312}
λ_1	01	P1	P2	P3	P4	P5	P6	P7	P8	10	…	P_{155312}
λ_2	01	P1	P2	P3	P4	P5	P6	P7	P8	10	…	P_{155312}
λ_3	01	P1	P2	P3	P4	P5	P6	P7	P8	10	…	P_{155312}

图5-51　PRBS帧格式

转换器IC以10.264～11.09Gb/s的速率将数据传送给光发射器模块。在最快和最慢的数据信道之间可以有最大120个比特的速度差。为了容易地与光发射模块集成在一起，4个信道的输出电平是与电流型电平兼容的，并且可以进一步做到交流耦合。

2. 数据信号接收电路

数据信号接收方向上，转换器IC接收从光探测器模块以10.264～11.09Gb/s的速率传来的4路数据。转换器IC需要完成时钟/数据恢复，帧对准，比特位对齐，66b/64b转换，PRBS检测等功能，如图5-52的功能方框图所示。

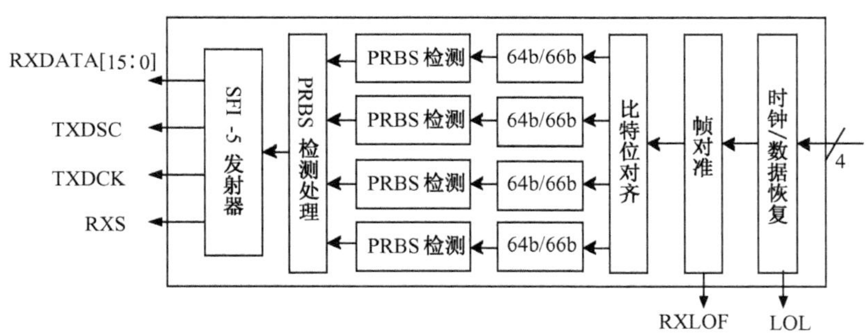

图5-52　4信道CWDM方案转换器IC信号接收方向功能框图

(1) 时钟/数据恢复

各个数据通道上的时钟和数据恢复是彼此独立进行的。从信道1提取出的时钟被用于后续的内部时钟和 RXDCK 的基准。

转换器 IC 的一个功能就是要保证将一个连续的接收数据时钟（RXDCK）发送给 G.709 FEC 处理器或 STM-256 外部成帧器。在一个的稳定范围内，每个信道的光接收器的锁定范围要能超出 100ppm。将从光信号中所提取出的时钟与一个参考时钟做比较。如果这两个时钟的差大于 1000ppm，则 RXDCK 的源信号将从由数据信号提取出的时钟信号切换到参考时钟信号（RXREFCK）。当这两个时钟差在 100～1000ppm 范围内的某个值时，会发布一个失锁状态，同时，RXDCK 也将以参考时钟（RXREFCK）为源。

如果检测到有接收数据丢失的现象，则 RXDCK 也将以参考时钟（RXREFCK）为源。

在 RXDCK 不是以从接收到的数据流中提取出的时钟信号为源时，接收状态告警信号 RXS 将会被置位。

在对接收数据时钟（RXDCK）的源进行切换时，要求应不能影响到 RXDCK 的最小脉冲宽度和最小周期。

（2）帧对准和去斜移

4 个信道中数据的帧对准和去斜移是通过对在 64B/66B 转换中所加入的“01”和“10”比特的检测获得的。图 5-53 示出了帧对准和 64B/66B 逆变换的过程。在各个信道中所接收到的数据之间可能有高达 120 个比特的错位发生。转换器 IC 必须能够将这些信道重新对齐。各个信道中出现的“01”和“10”比特可以方便地作为标志位帮助完成去斜移。

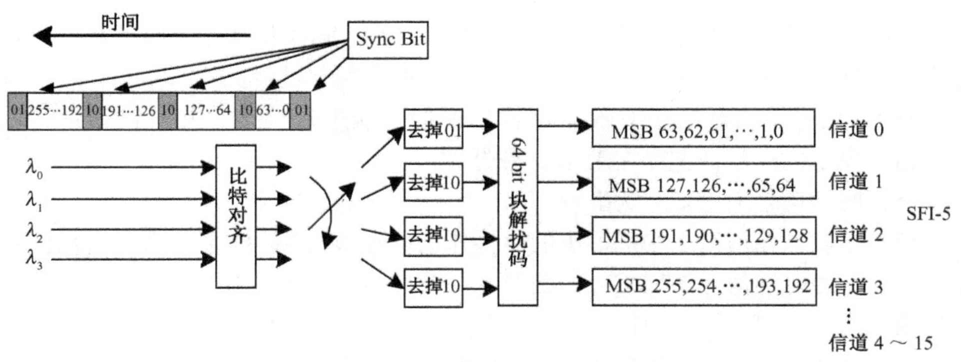

图 5-53　接收数据的帧对准和去斜移

将每个信道中接收到的数据以同步比特“01”和“10”为标志，每 66 个比特分为一组，并以循环方式将这些数据块映射入 16 个并行传输信道中。先去掉同步比特，再经扰码器解码恢复为 STM-256 帧。扰码器是以 $1+X^{39}+X^{58}$ 为生成多项式的自同步扰码器。

(3) 数据帧丢失

使用一个帧丢失（LOF，Loss of Frame）状态机来指出信号传输过程中数据帧出错的状态。如果连续地接收到 16 个以上的错帧，就达到了 LOF 状态。当连续地接收了 64 个正确的帧后，意味着信号接收器处于帧同步状态。

判断是否出现了严重的帧出错（SEF）的条件是同步比特“01”和“10”是否能在正确的位置被检测到。信号接收电路在 66 比特数据组的边界处寻找同步比特“01”，接着是边界为“10”的 3 个帧。每 256 个比特将重复出现一次“01”和三次“10”同步比特。如果在特定位置所探测到的同步比特不是“01”和“10”，则判断有帧出错发生。当连续地探测到 16 个错的帧边界后，则达到了 SEF 条件。当连续地探测到 64 个正确的帧边界后，SEF 条件被清除，信号接收器重新回到帧同步状态。图 5-54 是一个 TXLOF 状态机的例子。

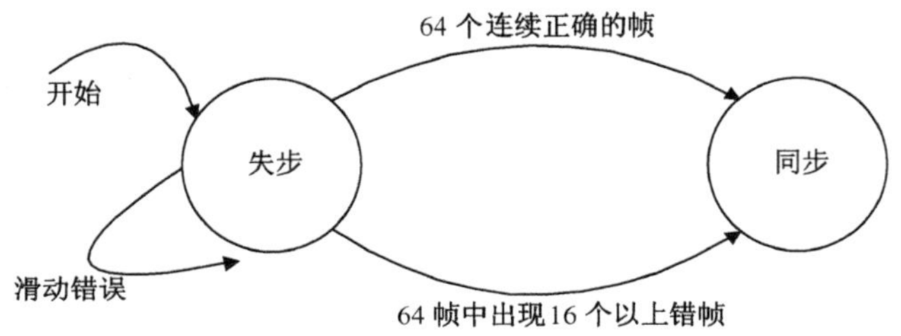

图 5-54 TXLOF 状态机

(4) RXS 状态输出及 PRBS 信号检测

RXS 是一个异步接收状态信号。二进制数字 1 表明去斜移处理正在进行或还没有成功。二进制数字 0 表明 4 个信道接口的去斜移已经完成。

PRBS 信号检测器用于对数据比特流中的错误进行检测，并对错误进行修正。错误发生的次数被记录在 IRB 计数器中。

(5) 时钟信号 RXDCK 输出

信号接收器在信道 1 中提取出的时钟作为转换器 IC 数据接收部分所用到的时钟，并作为时钟信号 RXDCK 的信号源。通常 RXDCK 的速率是 622.08MHz。在信道 1 处于 LOF 的状态时，RXDCK 以输入的参考时钟信号（RXREFCK）为源。如果从接收到的数据流中所提取出的时钟与参考时钟相比较有一个 1000ppm 以上的差别的话，则 RXDCK 将被切换到以 RXREFCK 为源。

(6) RXDSC 信道的产生

转换器 IC 产生一个参考信道 RXDSC 在 SFI-5 上输出。参考信道由扩展的帧头字节和 16 个数据信道中的每一个信道中所复制出的字节所组成，共 1088 个字节。参考信道中的数据帧结构同在 SFI-5 规范中所描述的一致，如图 5-32 所示。参考帧被连续不断地产生并从 RXDSC 信道上输出。

（7）其他功能

转换器 IC 中的 IRB 被用于错误监测和完成系统及芯片级的测试需要。IRB 可以通过一个标准的双线接口控制。

转换器 IC 在 16 个并行数据信道上使用相同的，如 SxI-5 实现规范中所定义的，电平和时钟。转换器 IC 含有用于完成 SFI-5 接口测试所需要的所有功能，如在 SxI-5 实现规范中所定义的。

3. 自环模式

转换器集成 IC 支持四种自环模式。这四种自换模式分别为：

a. Tx Line Side 自环：SFI-5 去斜移后，16 个信道的数据流环回到接收电路的 SFI-5 的输出端。

b. Rx Line Side 自环：在做串行化和在接收端的 SFI-5 上输出之前，接收到的数据流环回到发送电路的字节对准模块。

c. Tx Drop Side 自环：在做串行化之前，发送的数据流环回来接收电路的字节对准模块。

d. Rx Drop Side 自环：做完串行化之后，接收的数据流环回到发送电路的串行器中。

图 5-55 是四种自环模式的示意图。

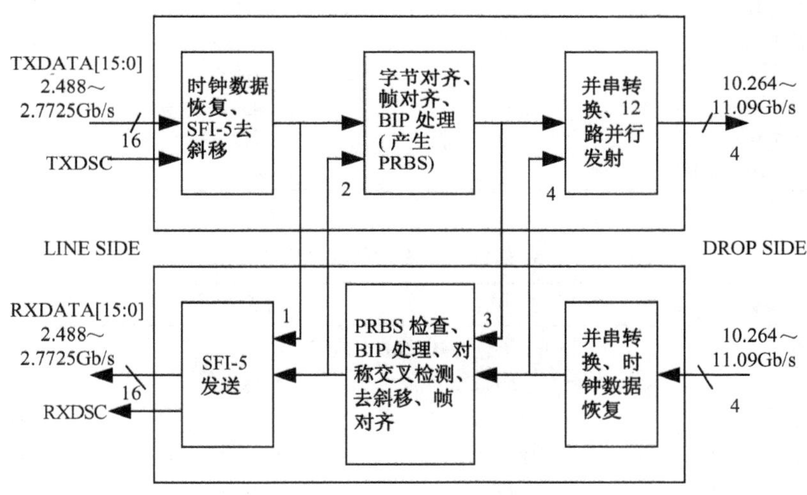

图 5-55　CWDM 方案的四种自环模式示意图

5.2.2.2　光接口规范

VSR5 规范中对 4×10Gb/s CWDM 光技术方案中所用到的光发射器和光接收器都做出了详细规范，如表 5-24 和表 5-25 中所示。每一个激光发射器和光接收器都需要满足表中所列参数的要求。对光发射器和接收器的光学参数的测量分别在点 1 和点 2 进行。

表 5-25 中所列出的光接收器灵敏度是指在具有最坏的消光比条件下，包括光路损耗（其中连接器的损耗是 20dB）和可能的串音，在保证系统的 BER≤10^{-12}时光接收器所能接收的最小功率。每个信道的光信号的功率是互不相关的，各个信道之间的光功率差可以最大到 5dB。光纤链路回损是指整个光纤链路中的光反射损耗，包括各个接头的反射损耗。

表 5-24　光发射器参数定义

参数	最小值	最大值	单位
信号速率	10.264～11.09		Gb/s
波长范围	1269.0	1355.9	nm
中心波长～信道 1	1269.0	1282.4	nm
中心波长～信道 2	1293.5	1306.9	nm
中心波长～信道 3	1318.0	1331.4	nm
中心波长～信道 4	1342.5	1355.9	nm
$\Delta\lambda_{rms}$（谱宽）		0.62	nm
消光比	6.0		dB
平均发射功率，4 信道		5.5	dBm
平均发射功率，单信道	−5.5	−0.5	dBm
RIN		−132.5	dB/Hz
t_r，t_f（20～80）		45	ps
激光器光反射		−12	dB
整个光纤链路光反射		−12	dB

表 5-25　光接收器参数定义

参数	最小值	最大值	单位
信号速率	10.264～11.09		Gb/s
波长范围	1269.0	1355.9	nm
中心波长～信道 1	1269.0	1282.4	nm
中心波长～信道 2	1293.5	1306.9	nm
中心波长～信道 3	1318.0	1331.4	nm
中心波长～信道 4	1342.5	1355.9	nm
平均接收功率，4 信道		5.5	dBm
平均接收功率，单信道	−12.0	−0.5	dBm
每个信道的电 3dB 带宽		13.2	GHz
光接收器光反射		−12	dB
光纤链路回损		−12	dB

此外，VSR5 规范还对光纤，光纤链路的功率预算和系统的光纤链路抖动预算等做了规定，如表 5-26 和表 5-27 所示。

表 5-26　光纤链路功率预算

参数描述	参数值				单位
参考链路模型	模型 1	模型 2	模型 3	模型 4	
光纤类型	G.652	G.652	G.652	G.652	
光纤带宽	SMF	SMF	SMF	SMF	
链路长度	2～100	2～300	2～600	2～2000	m
接头损耗预算	2.0	2.0	2.0	2.0	dB
功率预算	6.5	6.5	6.5	6.5	dB
信道插入损耗	0.04	0.12	0.25	0.83	dB
链路功率损耗	3.5	3.5	3.5	3.6	dB
预留边际功率	2.96	0.88	0.75	0.07	dB

表 5-27　光纤链路抖动预算

相关点	总的抖动		规定的抖动	
	UI	ps	UI	ps
点 1	0.431	39	0.200	18
点 1 到点 2	0.170	15	0.050	5
点 2	0.510	46	0.250	23

5.2.3　串行光传输技术方案

VSR5 串行光传输技术方案适用于所有的光纤链路参考应用模型。串行光传输的 40Gb/sVSR 接口的基本构成仍然由三部分组成，即转换器集成电路模块。光发射器模块和光接收器模块。尽管 OIF 在制定 VSR5 协议时主要考虑使其能传输 SONET/SDH 帧格式的数据，但为了扩大其市场应用范围，做为一个选项，它还可以传输 G.709 数字打包器（Digital Wrapper）帧格式的数据信号。

系统的光纤链路功率预算以 ITU-T G.693 为参考。VSR5 串行光传输技术方案采用 1310nm 或 1550nm 的光源。为了适用于所有 OIF 所提供的光纤链路参考应用模型，设计系统的光学参数时应以链路的最大光功率损耗为 4dB 和 12dB 两种情况分别考虑。按 4dB 光功率损耗预算设计的链路其最大长度可达 2km，并且不需要光电交叉连接设备。按 12dB 光功率损耗预算设计的链路中可以有一个光电交叉连接设备，如光纤链路参考应用模型 4。对于按最大光功率损耗 12dB

设计的光纤链路，如使用1310nm激光器，标准G.693要求其最小光功率损耗应为8dB。如使用1550nm激光器，G.693要求其最小光功率损耗应为3dB。然而，这两个数值都大于光纤链路参考应用模型4中所定义的最小光功率损耗0dB。G.693指出光纤链路的最小光功率损耗0dB在短期内是不能达到的。如果光纤链路的光功率损耗小于所规定的最小光功率损耗时，需要在光纤链路中使用光衰减器。

在使用1310nm的系统中，使用标准的单模光纤（G.652）。在采用1550nm的系统中，既可以使用G.653光纤，也可以使用G.655光纤。光发射器和光接收器应能工作于40Gb/s数据传输速率的范围，包括SDH/SONET的数据速率39.813Gb/s和G.709的数据速率43.018Gb/s（可以有20ppm的偏差）。

系统接口是全双工的，在光纤对的两端各有一个Transponder。图5-56是系统的功能框图。

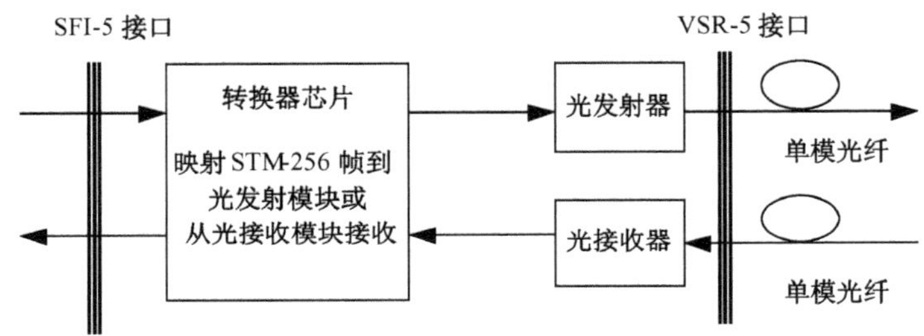

图5-56　STM-256串行光传输技术方案功能框图

通过SFI-5电接口，Transponder接收和发送STM-256/G.709帧格式的信号。Transponder中的转换器IC接收由一个STM-256外部成帧器（无前向纠错）或G.709 FEC处理器通过位宽为16位的数据总线传来的电信号，时钟频率为2.488～2.7725GHz。转换器IC将16位并行信号转换为39.813～43.018Gb/s的串行信号并驱动1310nm或1550nm激光器。从激光器发出的光耦合到一根单模光纤中以39.813～43.018Gb/s的速率传输。光纤链路的长度可达2000m。

在接收方向上，从单模光纤中以39.813～43.018Gb/s速率传来的光信号，经光接收器接收转换成电信号送入转换器IC中。转换器IC将串行电信号重新组合成16位宽的数据比特流通过SFI-5电接口发送给外部成帧器或G.709 FEC处理器。

5.2.3.1　转换器集成电路

转换器IC是将一个16位位宽的并行数据流时分复用为一个串行数据流送给光发射模块，并把光接收器传来的电的串行数据流解复用为16位宽的并行数据流发送给外部成帧器。

1. 数据信号发送电路

转换器 IC 的数据信号发送电路接收由 SFI-5 接口传来的 16 位宽的并行数据流。SFI-5 接口模块完成时钟/数据恢复和比特信道去斜移的功能，以补偿数据在传输过程中所发生的比特失对齐。数据发送电路简单地将并行数据流时分复用（Time Division Multiplex，TDM）为一个串行数据流。在这个过程中没有做任何字节或帧边界的识别。并行数据总线 TXDATA［15:0］上的数据字节以一种单向轮转的方式被转换为串行数据。TXDATA［15］上含有第一个被发送出去的比特。TXDATA［0］上含有最后一个被发送出去的比特。

并/串转换部分通常包括一个时钟同步锁相环 PLL，它从一个外部参考时钟源产生一个具有低抖动特性的时钟信号。这个时钟信号为串行数据流提供了一个抖动的参考基准，并且做为电路在完成并/串转换时所需要的时钟。

转换器 IC 的数据发送电路还可以产生并行的 PRBS 信号码组并将其时分复用为串行信号用于进行光输出功能的测试。这个功能通过一个管理接口进行控制。

图 5-57 是转换器 IC 在数据发送方向上所应完成的功能方框图。

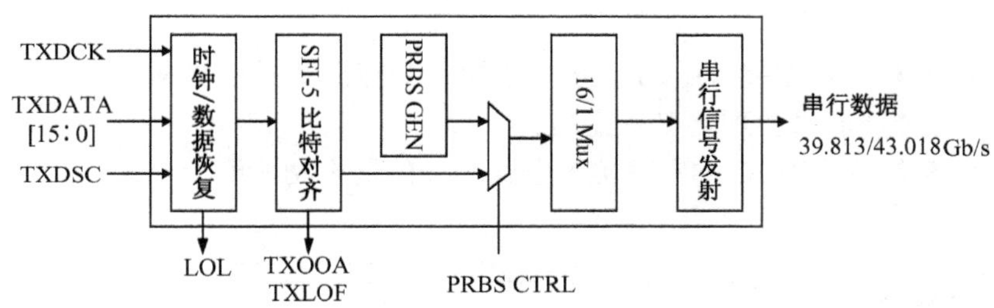

图 5-57　单信道串行方案转换器 IC 信号发送方向功能框图

（1）数据恢复和 SFI-5 上的去斜移

SFI-5 接口部分以 SFI-5 实现协议中所规定的方式恢复数据总线 TXDATA［15:0］上的数据和 TXDSC 信号，工作时钟频率为 2.488～2.688GHz。尽管 SFI-5 实现协议规定端口设备必须能工作在速率 2.488～2.7725Gb/s 的范围内，但在 VSR5 中只要求转换器 IC 能在 SFI-5 接口上工作在速率 2.488～2.688Gb/s 的范围内即可。

在 TXDATA［15:0］各个信道上恢复出的数据比特，其相互间的最大斜移应满足 SxI-5 实现协议中所允许的范围。最快和最慢的两个比特信道，其传输时间差不能大于协议中所规定的最大 UI 数。其比特信道去斜移的过程与在 12 路并行光传输技术方案中所描述的相同，这里不再赘述。

（2）PRBS 信号生成器

转换器 IC 中包含一个 PRBS 信号发生器，它可以产生一个 $2^{31}-1$ 的串行

PRBS 信号以满足系统和芯片的测试需要。PRBS 信号发生器的功能选择以及对它的使用通过 IRB 进行控制。用于产生 $2^{31}-1$ PRBS 信号的生成多项式是 $X^{31}+X^{28}+1=0$，并以反向输出。

2. 转换器 IC 数据接收电路

转换器 IC 的数据信号接收部分从光探测器接收一个串行的数据信号流。它首先对所接收到的信号做一个质量分析，并产生一个 RXS 状态信号。这一部分通常包括一个时钟恢复功能，即从 NRZ 数据信号中提取出一个 40GHz 的时钟信号。这个时钟信号除满足系统的时分解复用需要，还被一直上传到 SFI-5 接口。

转换器 IC 数据接收部分将接收的串行数据信号经时分解复用转换成 16 位位宽的字节并经 SFI-5 接口传送出去。这样一个转换过程不需要进行字节或帧边界的识别。串行数据以一种单向轮转方式映射入并行数据总线 RXDATA［15∶0］中。RXDATA［15］中装入接收到的第一个字节，RXDATA［0］中装入接收到的最后一个字节。

SFI-5 的接口产生一个参考信道 RXDSC 并在 SFI-5 接口输出。这个信号包括帧字节和帧头字节，以及所复制的 16 个并行信道的数据字节，用于在 SFI-5 的端口完成比特对准。

转换器 IC 的数据接收电路部分还包括一个探测所接收到的 PRBS 测试信号的功能。这个功能由管理接口所控制。

图 5-58 是转换器 IC 的数据接收电路部分的基本功能框图。

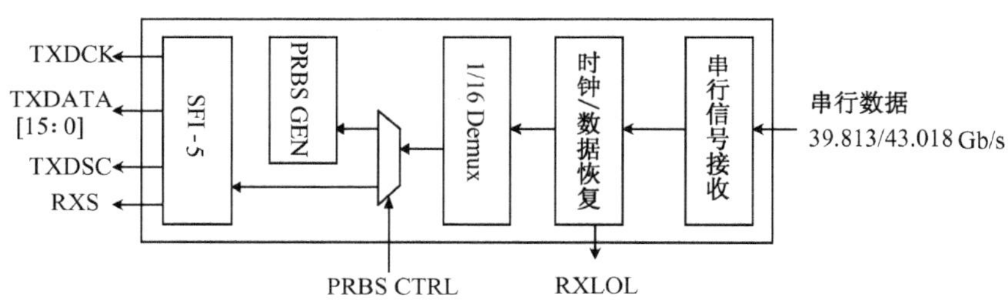

图 5-58　单信道串行方案转换器 IC 信号接收方向功能框图

(1) 时钟丢失

转换器 IC 的一个功能就是要保证将一个连续的接收数据时钟（RXDCK）发送给 FEC 处理器或成帧器。在一定的温度范围内，每个信道的光接收器的锁定范围要能超出 100ppm。将从光信号中所提取出的时钟与一个参考时钟做比较。如果这两个时钟的差大于 1000ppm，则 RXDCK 的源信号将从由数据信号提取出的时钟信号切换到参考时钟信号（RXREFCK）。当这两个时钟相位差在 100～1000ppm 范围内的某个值时，将会发布一个失锁状态，同时，RXDCK 也将以参考时钟（RXREFCK）为源。

如果检测到有接收数据丢失（LOS）的现象，则 RXDCK 也将以参考时钟（RXREFCK）为源。在 RXDCK 不是以从接收到的数据中提取出的时钟为源时，接收状态告警信号 RXS 将被设为高电平。将接收数据时钟（RXDCK）的源进行切换时，不应能影响到 RXDCK 的最小脉冲宽度和最小周期。

（2）PRBS 信号检测

转换器 IC 的信号接收电路部分包括一个 PRBS 信号检测器。PRBS 信号检测器用于对 PRBS 信号生成器发出的 PRBS 串行信号进行检测。如果发现比特出错，则将所发现的错误累计在 IRB 计数器中。

5.2.3.2 光接口规范

表 5-28 是有关系统的光学接口的参数定义。表中所定义的参数是参考 ITU-T G.693 中关于 VSR 链路的参数定义得到的。光纤链路的功率预算分别对应于 1310nm 和 1550nm 光源。最大光功率衰减为 4dB 的光纤链路适用于光纤链路参考应用模型 1～3、5，链路长度可达到 2km。最大光功率衰减为 12dB 的光纤链路适用于光纤链路参考应用模型 4，通过一个光/电交叉设备，其链路长度为 600m。尽管在光纤链路参考应用模型 4 中所定义的链路长度仅为 600m，但在 ITU 中所定义的链路模型中，长度可达 2km。光学链路的数据格式为 40Gb/s 的 NRZ 信号。数据速率既兼容 SONET/SDH 的 39.813GB/s，又兼容 G.709 的 43.018GB/s。

表 5-28　光学参数定义参考

链路光功率衰减	0～4dB	0～4dB	8～12dB	3～12dB
光源波长	1310nm	1550nm	1310nm	1550nm
ITU-T 应用编码	VSR2000-3R1	VSR2000-3R2 VSR2000-3R3 VSR2000-3R5	VSR2000-3M1	VSR2000-3M2 VSR2000-3M3 VSR2000-3M5
OIF 光纤链路参考应用模型	1，2，3，5	1，2，3，5	4	4
光纤类型	G.652	G.652 G.653 G.655	G.652	G.652 G.653 G.655

对最大光功率衰减为 4dB 和 12dB 光纤链路的抖动的定义分别为 ITU 在标准 G.783 中为 SONET/SDH 和在 G.825 中为 G.709 所做的定义。

第六章　应用甚短距离光传输的相关技术

VSR是现代光网络的一个重要组成部分，在骨干网的汇聚层和宽带接入网的数据交换中心等传输速率达到甚至超过10Gb/s的设备之间，需要传输的距离很近（百分之八十的10Gb/s数据通信链路连接在100m距离以内），以前基本采用成本很高的串行光发射和接收设备。如果使用带有VCSEL阵列和多模光纤的VSR连接，可以实现相同的效果而且成本大幅度降低。万兆以太网、光纤通道等高速互连技术同样要求在较短距离上实现大容量信号的传输，其物理层和数据链路层实现同VSR技术非常相似，甚至可以直接采用VSR的相关技术。从第五章中也可以了解到，VSR为万兆以太网等数据包格式的网络体系提供了不同速率等级的电接口。

VSR作为一系列为短距离高速率传输量身定做的解决方案，揉合了业界很多优秀的技术和一些成熟的规范，不仅具有优异的性能，同时也拥有良好的开放性，可以集成在相关领域的设计方案中。

本章介绍同VSR密切相关的高速以太网、光纤通道等相关网络传输技术

6.1　高速以太网技术

6.1.1　以太网的主要技术分类

IEEE为了把多种局域网技术统一起来，形成一个工业化的标准，制订了"802"计划。"802"委员会分成几个工作组，其中一个就是著名的IEEE802.3工作组，它研究基于以太网技术的局域网标准。1982年，IEEE 802.3标准的草稿版本面世。经过20多年的发展，IEEE802.3分委会制订了多种局域网的国际标准。其已颁布的标准如图6-1所示，包括五个主要部分。

1. 1Mb/s以太网

1BASE5于1986年制订，是一个关于1Mb/s以太网标准。其实当时10Mb/s的以太网已经出现，但是采用同轴电缆连接。传输速率为1Mb/s的采用星形拓扑结构的以太网展现了很多优点，在多家公司的支持下，IEEE802.3通过了这个标准。1BASE5中的1表示传输速率为1Mb/s，5表示传输距离为500m。

2. 10Mb/s以太网

1987年，SynOptics公司开发了在双绞线上运行10Mb/s以太网的产品，并最终和惠普的多端口集线器一起形成了IEEE802.3的10BASE-T标准。在这个阶段出现了以光纤连接的以太网。20世纪80年代初，长波长多模光纤的商业化

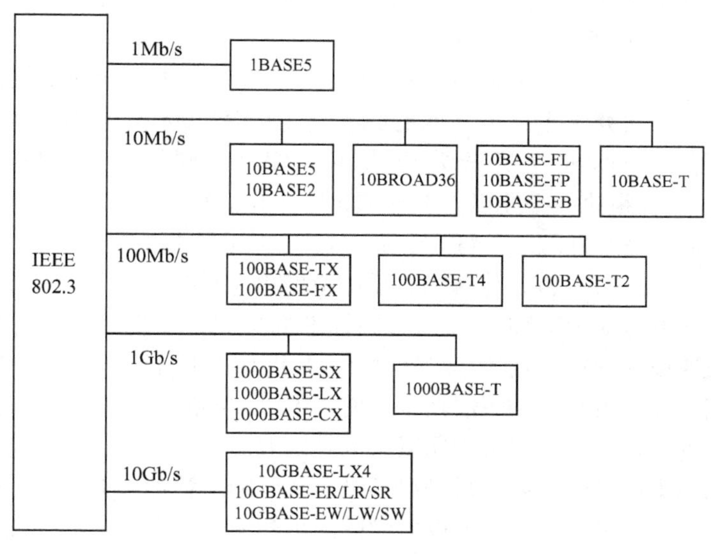

图 6-1 IEEE802.3 制订的局域网国际标准

引起轰动。当然由于当时光纤技术还不太成熟，光以太网不具备推向市场的条件。

10BASE5 标准的传输速率为 10Mb/s，基于粗同轴电缆，传输距离为 500m；10BASE2 标准的传输速率为 10Mb/s，基于细同轴电缆，传输距离为 200m；10BROAD36 标准的传输速率为 10Mb/s，基于双电缆带宽或中分带宽的 75 欧姆 CATV 同轴电缆，这种物理介质的使用使以太网可以利用小区的有线电视网络传输，是很有开拓性的一个标准，传输距离为 3.6km；10BASE-FL 标准的传输速率为 10Mb/s，基于多模或单模光纤，传输距离为 2～100km；10BASE-FP 标准的传输速率为 10Mb/s，基于光纤，传输距离为 1km；10BASE-FB 标准的传输速率为 10Mb/s，基于光纤和同步信令中继器，传输距离为 2km；10BASE-FP 标准的传输速率为 10Mb/s，基于光纤，传输距离为 1km；10BASE-T 标准的传输速率为 10Mb/s，基于双绞线和多端口集线器，传输距离为 100m。

3. 100Mb/s 以太网

10Mb/s 以太网技术的成熟为快速以太网的出现打下坚实基础。快速以太网基本上沿用了 10Mb/s 的帧格式、载波侦听与冲突检测方法、程序接口等主要架构，但是传输速率可以达到 100Mb/s，可以实现对 10Mb/s 的无缝兼容。

1995 年 3 月 IEEE 发布了 IEEE802.3u 标准。这个标准的出现意味着快速以太网形成。100BASE-TX 标准的传输速率为 100Mb/s，基于 5 类 UTP 全双工模式，传输距离为 100m；10BASE-FX 标准的传输速率为 100Mb/s，基于多模光纤（850nm 波长）全双工/半双工模式自适应，传输距离为 2km；10BASE-T4 标准的传输速率为 100Mb/s，基于四对 3 类 UTP，传输距离为 100m；10BASE-T2 标准的传输速率为 100Mb/s，基于两对 3 类双绞线，传输距离为 100m。

4．1Gb/s 以太网

快速以太网的 IEEE802.3u 标准发布以后，“802”委员会马上就进行更高速度的以太网标准研究。千兆以太网的标准化工作从 1995 年就开始了。1996 年，数十家设备生产商成立了千兆以太网（GEA）联盟。IEEE802.3 成立了 IEEE802.3z 工作组执行千兆以太网标准化的工作。1998 年，基于光纤的千兆以太网标准 IEEE802.3az 得到通过。1999 年，IEEE802.3 推出了 IEEE802.3z/802.3ab标准，将传输介质的范围由光纤扩大到 5 类非屏蔽双绞线。

千兆以太网是对 IEEE802.3 以太网标准的扩展，在基于以太网协议的基础之上，将快速以太网的传输速率（100Mb/s）提高了 10 倍，达到了 1Gb/s。千兆以太网应用了成熟可靠的物理层技术；使用了以太网通用的帧结构；兼容了半双工和全双工的操作方式。因为千兆以太网是以太网技术的改进和提高，所以在以太网和千兆以太网之间可以实现平滑升级。对于网络管理人员来说，也不需要再接受新的培训，凭借已经掌握的以太网的网络知识，完全可以对千兆以太网进行管理和维护。从这一意义上来说，千兆以太网技术大大节省了网络硬件升级所需要的各种开销，也大大降低了新技术的推广成本。1998 年 6 月，在第一个千兆以太网的标准 IEEE 802.3z 正式批准后，千兆以太网的技术得到迅猛发展。

1000Base-LX 使用长波激光作为信号源，采用波长为 1300nm 的激光器，可以驱动多模光纤和单模光纤。使用多模光纤时，在全双工模式下，工作距离可以达到 550 米。

1000Base-SX 使用短波激光作为信号源，采用波长为 850nm 的激光器，只能使用多模光纤。使用 62.5μm 多模光纤时，在全双工模式下，工作距离为 275m；使用 50μm 多模光纤，在全双工模式下，工作距离为 550m。

1000Base-CX 是使用 2 对 150 欧姆的屏蔽双绞线，也称短铜跳线，用 9 芯 D 型连接器连接，工作距离为 25m。

5．10Gb/s 以太网

1999 年 3 月 IEEE 成立 802.3ae 工作组，开始制订万兆以太网的标准。第一份草案于 2000 年 9 月份通过初审，2002 年 6 月万兆以太网的技术标准正式出台。万兆以太网联盟（10GEA）为万兆以太网标准的制订做出巨大贡献。该联盟由 3Com、Cisco、Intel、Nortel、Sun 等上百家公司组成，其中包括我国的华为、中兴等国内著名通信公司。其目的支持 IEEE802.3ae 工作组的工作，加速万兆以太网标准的制订，并使万兆以太网标准得到广大通信设备制造商的承认，加快万兆以太网实用化和商业化步伐。

除了上述的几个主要标准外，IEEE802.3 正在制订一些其他的标准。

IEEE802.3ak 是 IEEE 基于同轴电缆的万兆以太网建议标准，也称之为 10GBASE-CX4。它规定在四对双轴铜线（CX4）上传输 10Gb/s 的以太网数据包，工作距离约为 90m，预计可能会增加到 300m，可以连接处在同一数据中心的高速服务器和交换机。

IEEE802.3ah 是 IEEE 为把以太网应用到接入网领域而设定的标准，也称为“第一英里以太网”。随着千兆以太网和万兆以太网的出现，局域网速度大大增加，为互连网高速运行创造新的条件，但是连接局域网和城域网的接入网一直是网络速度大幅提升的瓶颈。IEEE 为了把以太网应用到这“第一英里”接入网中，制订了 IEEE802.3ah 标准，希望它可以大大提升网络性能，并降低接入网的成本。

IEEE 还在积极策划制订 10GBASE-T 标准，目的是使万兆以太网可以通过双绞线传输，其可能采用的电缆是 CAT5e 电缆。

6.1.2 千兆以太网

千兆以太网的体系结构如图 6-2 所示。

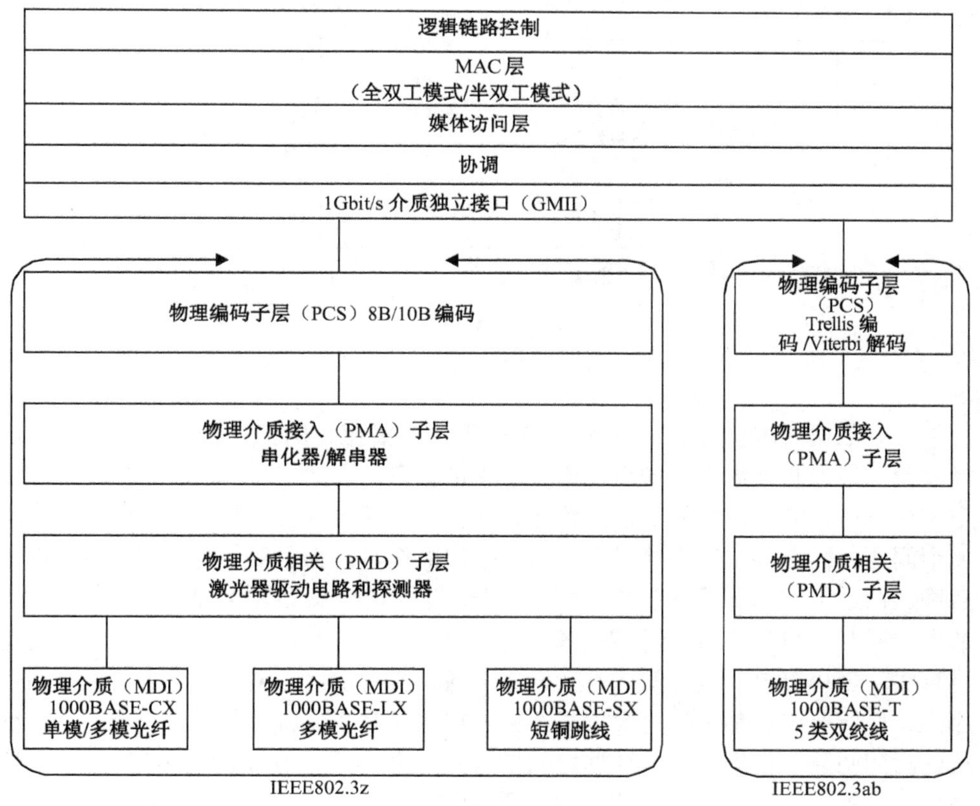

图 6-2　千兆以太网的体系结构

6.1.2.1 千兆以太网的MAC层

千兆以太网的MAC层可以工作于半双工模式或全双工模式。在1Gb/s的传输速率下，沿用以往以太网的帧格式和CSMA/CD算法会产生一些问题。CSMA/CD仅使用在半双工MAC层中，是通过对载波多路侦听和冲突检测，来处理共享带宽时产生的带宽竞争冲突的问题。其运行的流程图如图6-3所示。

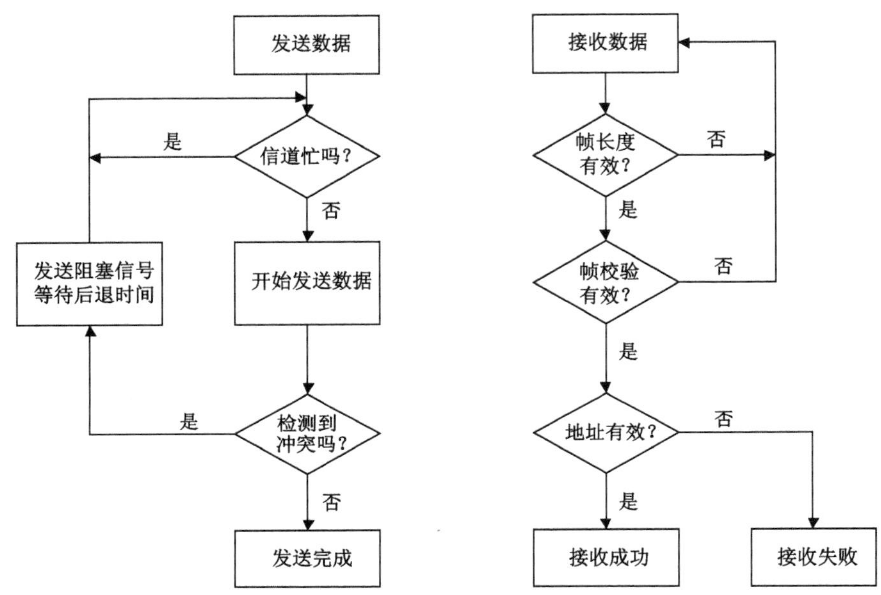

图6-3　千兆以太网的改进CSMA/CD算法

当有数据要求发送时，MAC首先侦听物理信道，确认是否有另外的用户已经在使用信道收发数据。如果信道处于繁忙状态，它就推迟传送，直到信道重新空闲再发送；如果信道处于空闲状态，它就开始发送数据。在这个步骤中会出现一个问题，当有多个节点同时有发送数据的操作时，它们都侦听不到载波，在各自确认信道空闲的情况下会同时发送数据，这个时候就会发生冲突。所以在发送数据的同时，MAC开始必须弄清楚是否有冲突。如果检测到发生冲突，执行退避算法，随机等待一段时间后重新发送，同时所有发生冲突的节点都要发出阻塞序列，使所有节点都可知道发生了冲突。在这段时间以后，各个节点等待一个随机的时间间隔，再重新发送数据。如果没有冲突的话，通常在MAC发送了一段最小以太帧大小的数据后如果还没检测到冲突，那么可以认为信道已经被它占据，它可以成功地发送完数据。

当接收数据时，MAC层首先检测所接收到信息的长度。如果小于以太网帧的最小长度，则 MAC 认为所收到的是由于冲突产生的碎片，把接收到的帧抛弃掉。如果数据足够长，MAC 层检测帧是否为有效帧。通过 CRC 校验等方法检测，如果帧出现错误，则丢弃这个帧；如果检测有效，再检验帧的目的地址是否是本节点的 MAC 地址；如果不一致，则数据接收失败；如果两者一致，则复制接收这个帧，接收数据成功。

6.1.2.2 GMII 千兆位介质无关接口

由 10Mb/s 和 100Mb/s 中的介质无关接口升级而来，接收数据和发送数据各使用一个 8 位宽度的数据总线，使用 125MHz 的时钟，使用 40 针管脚的接口和短铜线。GMII 传输的数据有四种：

（1）发送数据：这些数据从 MAC 发送到别的局域网节点。其中包括 8 比特宽度的发送数据，1 比特宽的发送数据时钟（时钟为 125MHz），发送数据允许信号，发送数据错误信号。

（2）接收数据：这些数据从以太网链路中传入 MAC 中。包括 8 比特宽的接收数据，接收时钟，接收数据有效信号，接收数据错误信号。

（3）以太网控制信号：载波侦听信号和冲突检测信号。

（4）管理信号：数据时钟管理信号和收/发数据管理信号。

由于没有采用差分总线的形式，传输距离非常近。所以不能做成可外接的接口，只能实现芯片到芯片的连接，总的传输速度可以达到 1Gb/s。它连接着 MAC 层和物理层。采用不同传输介质的千兆以太网物理层可以共用一个 MAC 层。

在 GMII 以下层中，IEEE 定义了两种千兆以太网物理层标准。一种是基于光纤和短铜跳线来传输的 IEEE802.3z，包含三个物理介质的标准，它们是 1000BASE-LX、1000BASE-SX 和 1000BASE-CX。另一种是基于 5 类双绞线来传输的 IEEE802.3ab，即 1000BASE-T。

6.1.2.3 IEEE802.3z

PCS：物理编码子层。8B/10B 编码被 1000BASE-LX、1000BASE-SX 和 1000BASE-CX 共同采用。这种编码方式把 8 位数据通过编码后变为 10 位数据，由于编码的码字比原始数据多了 4 倍，可以尽量采用“0”、“1”个数相等的码字，减少物理链路中产生较长时间直流电流的概率。同时它还规定了 12 种特殊的码字，用于系统同步和其他控制功能。它还具有一定的纠错能力和时钟恢复能力。

PMA：物理介质接入层。这层包含了一个串化/解串器，提供了一个标准化的 10 位宽的接口，把从 PCS 接收到的 10 位带宽数据转换为串行数据传给下一层的物理介质使用，或是把从下层物理介质接收到的串行数据转换为 10 位宽带的数据送给 PCS 层。

PMD：物理介质相关子层。这部分包括激光器驱动电路、激光器、探测器、短铜跳线驱动、线路编码、光纤和短铜跳线等。IEEE 规定 1000BASE-X 的线路采用最简单的非归零编码的方式，用低电平或低光强表示 0，用高电平或高光强表示 1。

IEEE02.3z 还规定了一个自动协商机制。其主要功能是链路初始化时，两个以太网设备之间自动协商，了解链路和对方的性能，通过一些自动配置功能对链路正确设置。自动协商功能主要是对设备半双工模式或全双工模式协商以及协商流量控制。

链路刚刚进行连接时，自动协商协议允许网络设备发出一个 16 位宽度的消息，其内容包括设备是否支持半双工模式或全双工模式，是否支持流量控制，以及远程故障信息位查询其他节点的故障类型。

6.1.2.4 IEEE802.3ab

PCS：物理编码子层。在 10BASE-T 标准中，物理编码层采用 Trellis 编码和 Viterbi 解码。通过 Trellis 编码可以补偿损失的噪声余量，Viterbi 解码可以用接收器对所接收数据进行差错探测和修正。

PMA：物理介质接入层。其功能是发送和接收 5 类双绞线缆中的信号。

PMD：物理介质相关子层。提供与物理介质的物理连接。

MDI：物理介质相关接口。直接驱动物理介质。1000BASE-T 的物理介质是 4 对 5 类双绞线，每一对双绞线传送 250Mb/s 的数据流，传输距离为 100m。5 类双绞线在以太网中得到广泛应用，千兆以太网在 5 类双绞线上的成功使所有在双绞线上运行的快速以太网可平稳升级到千兆以太网。

1000BASE-T 物理层收发数据的过程是 Trellis 编码器接收 GMII 发过来的 8 位数据，通过 Trellis 编码以后发给信号脉冲调幅器后，发给过滤器，然后通过数/模转换后发给混合线路，最后通过双绞线传输出去。接收数据的过程是接收的数据通过混合线路，经过模/数转换后变为数字信号。数字信号通过均衡器近端串音和远端串音的耦合发给 Viterbi 解码后转换为 8 位宽的数据发给 GMII，GMII 把数据传给上面的 MAC 层。

6.1.2.5 千兆以太网的帧结构

千兆以太网和以前的以太网兼容，其帧的主体结构是相同的，其结构如图 6-4 所示。

7 字节	1 字节	6 字节	6 字节	2 字节	46～1500 字节	4 字节	0～448 字节
前导码	帧起始定界	目的地址	源地址	类型/数据域	数据域	帧校验	扩展域

图 6-4 千兆以太网的帧结构

以太网最小帧长为 64 字节，最大帧长为 1518 字节。由前导码、帧起始定界、目的地址、源地址、类型和数据域帧校验字节组成。

以太网帧的前导码为 7 个字节，每个字节都是 10101010，其作用是为了以太网的前同步。帧起始定界为 1 个字节，内容为 10101011，指示着以太帧的开始。目的地址长 6 个字节，其内容为接收帧 MAC 地址。源地址长 6 个字节，其内容为发送帧的 MAC 地址。图 6-4 是以太网帧的格式，包含了目标和源的物理地址。为了识别目标和源，以太网帧的前面是一些前导字节，类型和数据域以及冗余校验。类型/数据域长 2 个字节，用来表示传输数据的类型，以及一些链路信息，接收端可以通过这些信息决定使用什么样的上层应用模块，使一台电脑可以运行多种协议。数据域长 46～1500 字节，内部为以太帧的有效载荷，当以太网帧小于最小帧长时，可以在其中填充冗余字节扩大帧长。帧校验域长 4 个字节，其内容是 32 位长的 CRC 校验码，用来检测数据传输中是否产生错误。

与以太网帧不同的是千兆以太网添加一个扩展域，长 0～448 字节，把以太网的最小帧长扩展到 512 个字节。

使用半双工模式的以太网必须考虑到网络最大传输延时和冲突检测的关系。如果以太网中距离最远的两个用户同时发送数据时，会产生冲突；但是由于最大传输延时的存在，可能会发生一个用户知道产生冲突，执行阻塞等相应操作，然而另外一个用户不知道有冲突的存在。如果其帧长小到冲突信息反馈回来时已经传完了的话，它会认为这是一次成功的数据发送，转而执行另外的操作；可是实际上由于冲突，其数据已经被破坏了。因此，规定了一个最小帧长，其长度应该使其发送时间大于最大传输延时。以太网的最小帧长为 64 字节，千兆以太网的最小帧长为 512 个字节。

为了和原有以太网兼容，千兆以太网不能在 MAC 层以上修改帧格式，仍然和原有以太网一样。但是为了加大最小帧长，在 MAC 层的以太网帧中增加了一个扩展域，当以太网帧长小于 512 个字节时，MAC 对扩展域填充，扩大帧长，这就是千兆以太网的载波扩展。可是扩展域大比特数的填充严重影响数据传送的效率。为了改善这点，当传送多个帧时，只对第一个帧扩展，其他的后续帧只添加一个帧间隙，并不扩展，这个方法叫帧突发。

6.1.2.6 VCSEL 在千兆以太网的应用

千兆以太网推广应用的一个重要条件就是其成本，市场对千兆以太网的高期望很大一部分是基于以太网设备价格的低廉。可以说成本最终对千兆以太网的成败起到决定性的作用。在这种对成本严格的要求下，千兆以太网使用 VCSEL 成为必然的一个选择。

VCSEL 在千兆以太网中已经使用得非常多了，它可以用两种方案应用到千兆以太网链路中。

（1）直接作为千兆以太网的物理层器件，如图 6-5 所示。

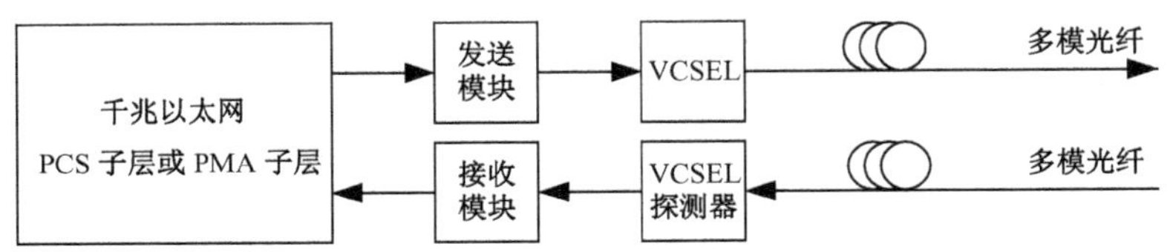

图 6-5　VCSEL 到千兆以太网的接口

发送数据时，数据从千兆以太网的 PCS 子层或 PMA 子层传给发送驱动模块，驱动电路驱动 VCSEL 激光器发光，从多模光纤向目的端传送。探测器把多模光纤链路上的光信号转成电信号，发给接收模块，然后把数据传给千兆以太网链路。

（2）把多个千兆以太网的数据通过一个 SDH 映射器映射成 SDH 帧，也就是所谓 POS（Packet over SDH）的形式，然后把 SDH 帧传给基于 VCSEL 阵列的 VSR 模块。VSR 对 SDH 是无缝兼容的，可以直接把映射器传过来的 SDH 帧通过多模光纤阵列传到目的端。VSR 接收模块把接收数据的数据转成 SDH 帧，传给解映射器，解映射器把它分解成多路千兆以太网的数据，传送给千兆以太网，如图 6-6 所示。

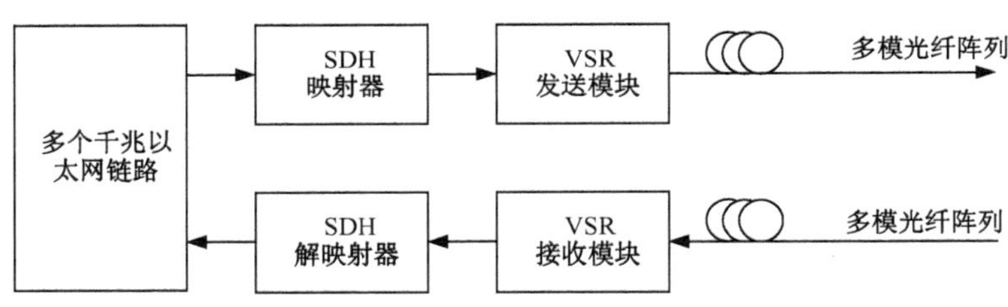

图 6-6　多个千兆以太网链路到 VSR 的映射

6.1.3　万兆以太网

以太网技术由于简单、高效、成本低廉等特点在局域网中得到普遍应用，在当前局域网技术中占据主导地位。但是以前的以太网技术传输速率低，传输距离近，一直不能把其应用区域扩展到广域网汇聚层和骨干层。千兆以太网技术部分地改变这种状况，不过其带宽还是不能完全满足广域网的要求，传输距离大部分在 5km 以下。万兆以太网技术改变了这种状况，它的传输速率为 10Gb/s，传输距离可以达到 40km，完全可以满足广域网汇聚层和骨干层的要求。万兆以太网把以太网扩展到了广域网，标志着以太网技术进入一个新阶段。可以采用全以太网结构搭建局域网、城域网和广域网的网络体系结构。万兆以太网技术秉承以太网的技术简单、运行高效、成本低廉等优点对现有广域网技术发起冲击，虽然现在在广域网设备中占据的比例并不大，但是其扩大趋势越来越强烈。

6.1.3.1 万兆以太网的功能结构

万兆以太网主要由媒质接入控制（MAC）层、连接 MAC 层和物理层接口、物理传输介质四部分组成，其功能结构图 6-7 所示。

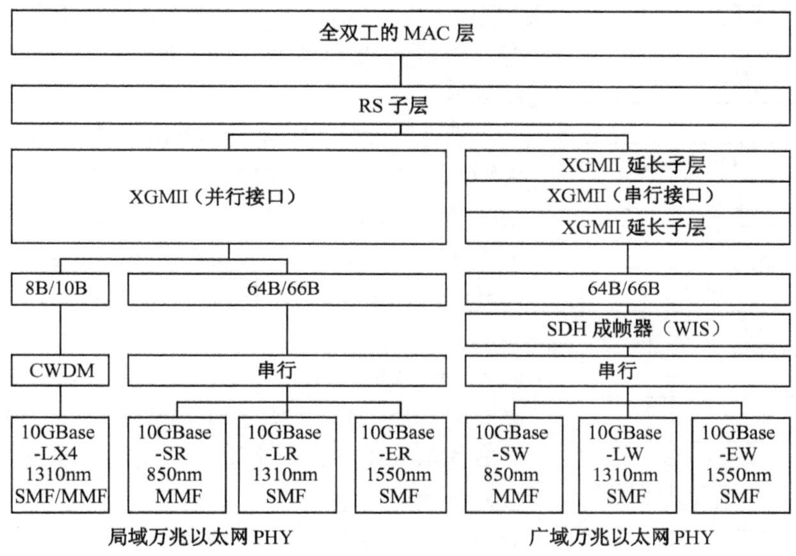

图 6-7 万兆以太网的功能结构

万兆以太网技术由于使用纯光纤传输介质，传输能力加大，传输误码率降低，以前以太网中通用的 CSMA/CD 机制不再使用。通过一个工作于全双工方式的媒质接入控制（MAC）层和 10Gb/s 介质独立接口（XGMII）或 10Gb/s 以太网连接单元接口（XAUI）连接，再向下连接的就是万兆以太网的物理层和物理传输介质。媒质接入控制层（MAC）对应的是数据链路层，而以太网的物理层对应于 OSI 模型的物理层。

为了分别在局域网和广域网上应用，万兆以太网的物理层分为两大类：

（1）局域万兆以太网的物理层

包括 WWDM 的物理层和串行的物理层。WWDM 的局域物理层是唯一采用 8B/10B 编码的物理层编码结构，其他皆为 64B/66B 编码。串行的物理层定义了三种使用不同物理传输介质的物理介质相关层。

（2）广域万兆以太网的物理层

包含一个广域网接口子层，广域网接口子层含有一个简化的 SDH 成帧器。可以把 SDH STM-64 复接成 SDH STM-256，其有效数据传输速率大约为 9.58Gb/s。和局域万兆以太网的物理层类似，它也定义了三种使用不同物理传输介质的物理介质相关层。

6.1.3.2 万兆以太网的分层结构

万兆以太网继承了现有以太网的结构，如图 6-8 所示。在 MAC 控制层及以上层，其实现方法也基本一致。当然，万兆以太网的 MAC 层是工作在全双工状态，局域万兆以太网和广域万兆以太网共用着 MAC 层。

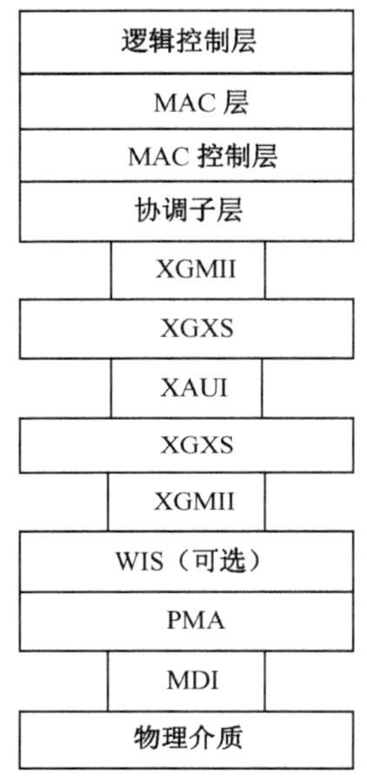

图 6-8 万兆以太网的分层结构

万兆以太网和现有以太网最大的不同是万兆以太网兼容 SDH。因为以太网是异步的，在高速率长距离传输的广域网中，时钟频率和相位产生比较大的抖动。加上 STM-64 的有效传输速率约 9.58Gb/s，和局域万兆以太网的传输速率是有差异的。为了适应 SDH 的兼容，对以太网的帧结构做了一定调整，在其中增加了长度域和 HEC 域。以太网的最大帧长为 1518 字节，所以必须用两个字节指示帧长，这两个字节填充到长度域中。然后在复接帧中对这八个字节进行 CRC 校验，所得到的两个字节填充到 HEC 域中。

万兆以太网增加了一个 XAUI 接口。“X”代表 10Gb/s，“AUI”代表以太网连接单元接口，它是对 XGMII 接口的扩展。从 XGMII 到 XAUI 的转换在 XGXS 里完成。

XGMII 包括四组信号：

发送时钟（TX_CLK）：发送传输时钟，是输出信号。

发送数据（TXD）：32 位发送数据线，是输出信号。

接收时钟（RX_CLK）：接收时钟，是输入信号。

接收数据（RXD）：32 位接收数据线，是输出信号。

XAUI 包括两组信号：

差分发送总线：4 位宽度，共 8 条数据线，是输出信号。

差分接收总线：4 位宽度，共 8 条数据线，是输入信号。

在 MAC 层和物理层间，由 XGMII 连接。XGMII 提供了一个全双工，传输速率为 10Gb/s 数据通道。XGMII 的两个单向通道独立工作，各包含 32 位数据总线、时钟信号线和控制信号线，双向总线共为 74 条数据线。但是 XGMII 接口

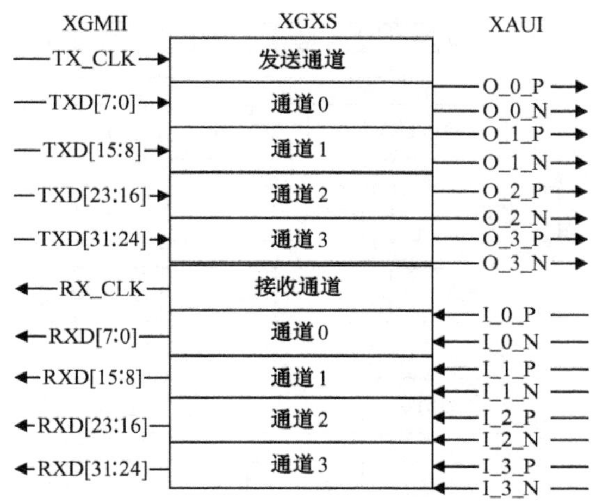

图 6-9　万兆以太网从 XGMII 到 XAUI 的转换

工作距离仅为 7cm，这使它的作用大大受限。为了克服这个缺点，在 XGMII 上扩展了一个接口，即 XAUI，如图 6-9 所示。XAUI 的传输速率比 XGMII 快，数据位宽比 XGMII 小。XAUI 是全双工，传输速率为 12.5Gb/s 数据通道。它包含两个独立工作的单向通道，每个通道由 4 位自发时钟的串行差分总线组成，每一个串行差分链路的传输速率为 3.125Gb/s，采用 8B/10B 编码方式进行编码，4 位差分总线有 8 条数据线，两个通道共 16 条数据线。由于它采用差分总线，总线间的电磁干扰很小。采用自发时钟使得其时钟和数据的变形补偿能力大大加强。以上的特点使得 XAUI 的工作距离扩展到了大约 50cm，从而可以应用到芯片间、板间甚至是芯片光纤连接等领域中。实际上 XAUI 不仅可以作为 XGMII 扩展的一个数据接口，也可以完全代替 XGMII 的功能。

XAUI 有一定的自适应功能。由于采用 8B/10B 编码，在它的总线中可以传递一些控制字符。这些控制字符在插入附加帧间隔期间或空闲期间使用，可以维持连接以及差分总线的字节对齐。控制字符“K”是用来实现帧同步的。当任一差分信道中检测到字符“K”就把该字符以后的内容解码后放入同一个帧中。但是由于 4 个差分信道独立工作，各个信道中的“K”字符可能不会同时到达，于是 XAUI 定义了一个“A”控制字符。在插入附加帧间隔期间，当信道检测到字符“A”，各个独立的信道按字符“A”对齐，从而纠正信道的传输字节斜移，如图 6-10 所示。XAUI 可以纠正 40 比特长度（12.8ns）的字节斜移。除此之外，在接收端和发送端的时钟是有差异的，XAUI 定义了一个“R”字符来进行调节。XAUI 在检测到接收的数据速率和将发送的数据速率的差异后，可以在插入附加帧间隔中增加或删减“R”字符来校正接收和发送的数据速率的差异，从而尽量实现同速率传输。

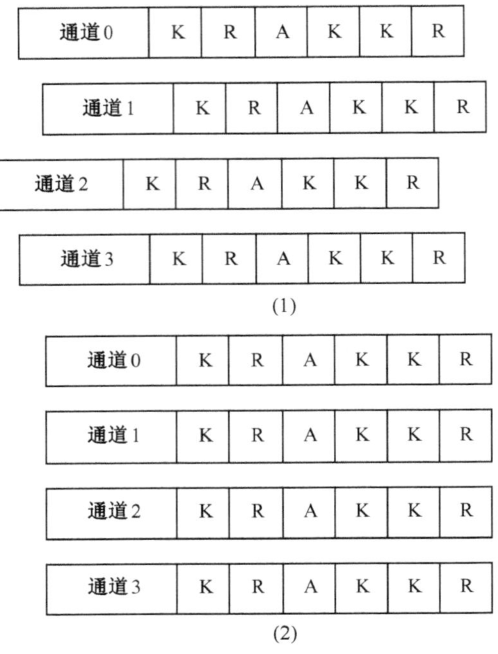

图 6-10　XAUI 的去斜移实现

物理编码（PCS）子层连接着协调（RS）子层和物理介质接入（PMA）子层。PCS 子层的功能是将经过 MAC 层传来的数据映射到自身的编码和物理层信号系统上去。XGMII 接口连接 PCS 子层和 RS 子层，PMA 服务接口使其与 PMA 子层连接。除了 WWDM 的局域万兆以太网的 PCS 层采用 8B/10B 编码外，其他类型的万兆以太网 PCS 子层都是采用 64B/66B 编码。

在广域万兆以太网的物理层定义了一个可选的广域网接口子层（WIS），它连接着物理编码（PCS）子层和物理介质接入（PMA）子层。由于 SDH STM-64 的有效传输速率约 9.58Gb/s，和万兆以太网的 10Gb/s 并不相同，在 WIS 子层接收到 MAC 层 10Gb/s 数据后，必须把它进行一定的速率转换才能变成 SDH 的速率进行传输。WIS 定义了插入附加帧间隔的功能，在接收的以太网帧之间插入附加帧间隔来调整传输速率。附加帧间隔的字节数和以太网帧的长度成正比。经过 WIS 调整后万兆以太网的传输速率变为 SDH STM-64 的传输速率在广域网中传输。SDH 是一个同步传输网络，要求接收端和发送端共用一个时钟，以太网是异步传输网络，接收端和发送端的时钟不完全相同。万兆以太网的接口并不是 SDH 的同步接口，其帧结构和 STM-64 帧结构有一定的差异。WIS 是一个经过简化的 STM-64 成帧器。它产生的帧虽然含有 STM-64 的帧格式、指针、映射以及分层开销，仅保留了同步定位字节 A1 和 A2、踪迹字节 J0、段层误码监视

B1、保护倒换字节 K1 和 K2、同步状态字节 S1 及备用字节 Z0，其他的字节填充全 0 比特。这样不仅可以使网络管理人员把广域万兆以太网的物理层网络近似看为 SDH 网络，查看广域网物理层的信息，进行性能监测和故障隔离，并且由于其数据不是采用低速率复用到高速率数据流的方法，而是直接放到 STM-64 净荷中，所以同时避免了复杂的同步复用过程。WIS 和 PMA 子层之间还定义了一个 10Gb/s 的 16 比特接口（XSBI），它把一个 STM-64 帧分为 16 路传输。

物理介质接入（PMA）子层连接在物理编码（PCS）子层和物理介质相关接口（MDI）间。它的功能是提供一个串行化服务接口，可以实现时钟恢复和 SERDES 功能，同时还可以从接收数据中分离出用于帧定界的对准符号以及对接收/发射激光器的驱动。

物理介质相关接口（MDI）连接物理介质接入（PMA）子层和万兆以太网的物理传输介质。

6.1.3.3 万兆以太网的物理层 VSR 实现

在很多方面 VSR 传输系统和万兆以太网是密切相关的，可以应用到万兆以太网中。

VSR4-1.0 作为一种传输标准 STM-64 帧的系统，和万兆以太网是很容易兼容的。只要把其成帧器换成 WIS 的简化成帧器，原来 STM-64 的成帧器和 SERDES 间的 16 路传输信道可以通过万兆以太网中定义的 XSBI 接口直接传输。再加入万兆以太网 WIS 上层的其他模块，就可以在 300m 以内实现广域万兆以太网的传输。

它采用的多路 850nm 并行多模光纤和 VCSEL 技术可以直接移植到局域万兆以太网中。SERDES 可以移植到 PMA 子层，帧定界和时钟恢复等功能通过修改后也可以移植到 PMA 子层，可以实现了 PCS 子层以下子层的所有功能。这样再加上 PCS 子层及以上子层，就可以产生一个采用 850nm 光纤和 VCSEL 技术的标准局域万兆以太网了。

万兆以太网是全光纤传输的网络，全部用光纤组网。局域万兆以太网可以用单模或多模光纤连接，广域万兆以太网目前只采用单模光纤连接。其连接方式同 VSR4 的要求基本一致，如表 6-1 所示。

表 6-1 万兆以太网的物理层介质

波长	光纤类型	复用类型	激光器	传输距离
850nm	多模	串行	VCSEL	300m
850nm	多模	CWDM	VCSEL	100～300m
1310nm	单模	串行	DFB	2～10km
1310nm	单模	WWDM	DFB	100m～10km
1550nm	单模	串行	DFB	2～40km

从表中可以看到万兆以太网定义了多种传输光纤，距离覆盖了从100m到40km多种应用。在局域万兆以太网中，VCSEL的使用是比较多的。由于它用多模光纤并行传输的方式，成本大大降低，而且没有使用波分复用技术，实现起来相对比较简便。广域万兆以太网采用的1550nm单模光纤使万兆以太网的传输距离达到40km，满足了广域网的距离要求，使得万兆以太网在广域网中的应用成为可能。

随着VSR技术的发展，已经可以在数公里距离内实现40Gb/s的数据传输，这为以太网向更高速度扩展奠定了一定的基础。

6.2 光纤通道技术

光纤通道（fiber channel）是一种可以在网络节点间高速率传输数据的网络体系。主要应用于服务器与服务器、服务器与存储网络以及数据中心设备之间的甚短距离高速互连。它在多种电缆类型，包括多模光纤、同轴电缆和屏蔽双绞线上提供了从133Mb/s到10Gb/s的带宽。

光纤通道最突出的地方就是其高速的传输速率，几乎不受传输协议的限制，可以运行IP协议、SCSI协议等多种协议。其网络拓扑支持点对点回路、仲裁环路、交换结构和共享带宽的混合回路。光纤通道可以为各种应用程序提供高质量的服务，在硬件上支持无错分包技术，具有很高的可靠性。特别适合存储区域网等需要在短距离内准确传输高速数据的场合。

6.2.1 光纤通道的主要工作方式

6.2.1.1 点对点连接

最简单最基本的一种光纤通道连接方式，采用全双工信道直接连接两个网络节点，通常是用于服务器和存储系统之间的直接连接，如图6-11所示。

图6-11 光纤通道的点对点连接

6.2.1.2 仲裁环路

网络节点连入仲裁环中，所有的节点共享一个环路带宽，类似于令牌环结构。由仲裁环对节点的使用权进行判决，仲裁环有单环和双环两种构造，最多可以接入 126 个节点。当增删节点时，整个环路进入初始化状态以便重新分配地址，任意一个节点损坏，有可能引起环路崩溃，如图 6-12 所示。

图 6-12 光纤通道的仲裁环路方式

6.2.1.3 交换结构

网络节点通过光纤通道与交换机连接，交换机直接与节点进行一对一的通信。交换式结构最多可以接入 1600 万个节点，如图 6-13 所示。

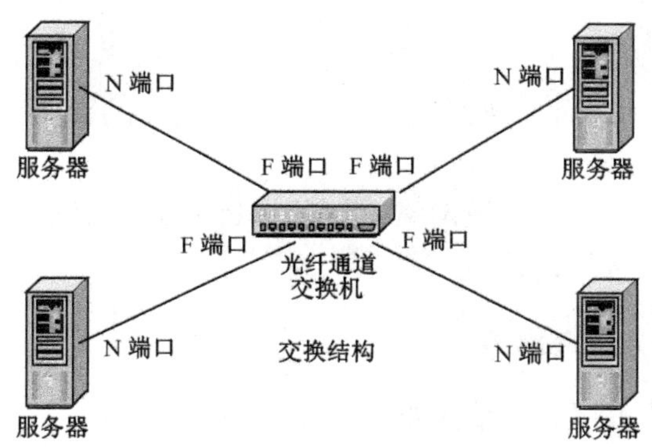

图 6-13 光纤通道的交换结构方式

6.2.1.4 共享带宽的混合回路

如图 6-14 所示，这种结构可以把仲裁环路和交换结构等多种网络拓扑综合在一起，组合成一个大的混合网络，不同网络拓扑连通的时候采用特定的连接端口。

光纤通道可以构建完整的校园网络，这个网络中可以包含点对点回路、仲裁环路和交换式结构等多种连接方式。适用于超级计算中心、数据中心、设计中心和规模比较大的政务中心。通过光纤通道公用交换机，各个中心可以联通实现数

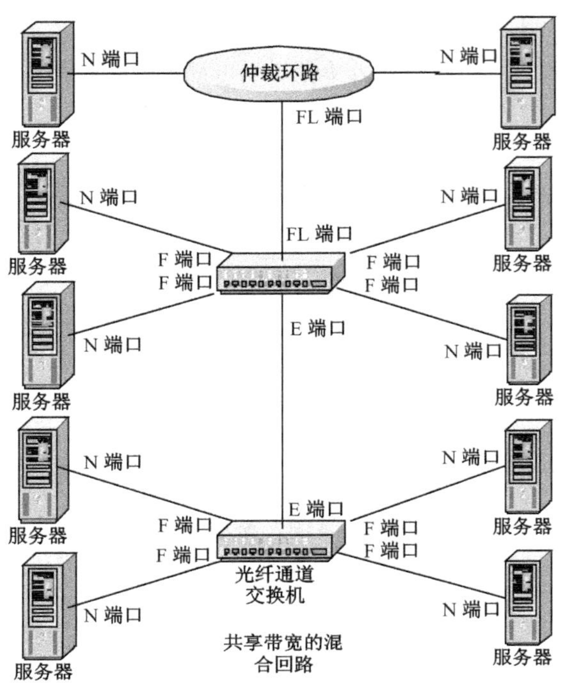

图 6-14　光纤通道的共享带宽混合回路方式

据共享，形成一个高速的校园级网络，如图 6-15 所示。目前，光纤通道应用得最多的还是存储网络这个领域。

6.2.2　光纤通道的分层结构

光纤通道可分为五层，层结构如图 6-16 所示。

FC-0 层、FC-1 层和 FC-2 层定义了光纤通道的物理层的标准，FC-3 层和 FC-4 层定义了服务和网络协议等其他方面的内容。

FC-0 是光纤通道的第一层，包括传输介质、连接器、时钟恢复和串并转换器等内容。光纤通道的介质可以是铜缆也可以是光纤。铜缆通常是采用 DB-9 和 1×3 差分接头的双绞线。光纤则通常采用双 SC 连接器和 50μm/125μm 的多模光纤。当长距离的传输时，就需要单模光纤了，现在光纤通道采用单模光纤传输的距离可以达到 10km。光纤通道可以配置多种传输速率，其速率范围从 133Mb/s 一直到 10Gb/s。

对物理层传输介质而言，光纤通道选择 VCSEL 是一个理想的解决方案。特别是对 10Gb/s 的光纤通道设计方案而言，由于 VCSEL 比较容易集成为 VCSEL 阵列，用多路并行传输，每路不需要太高的速率就可以满足要求。

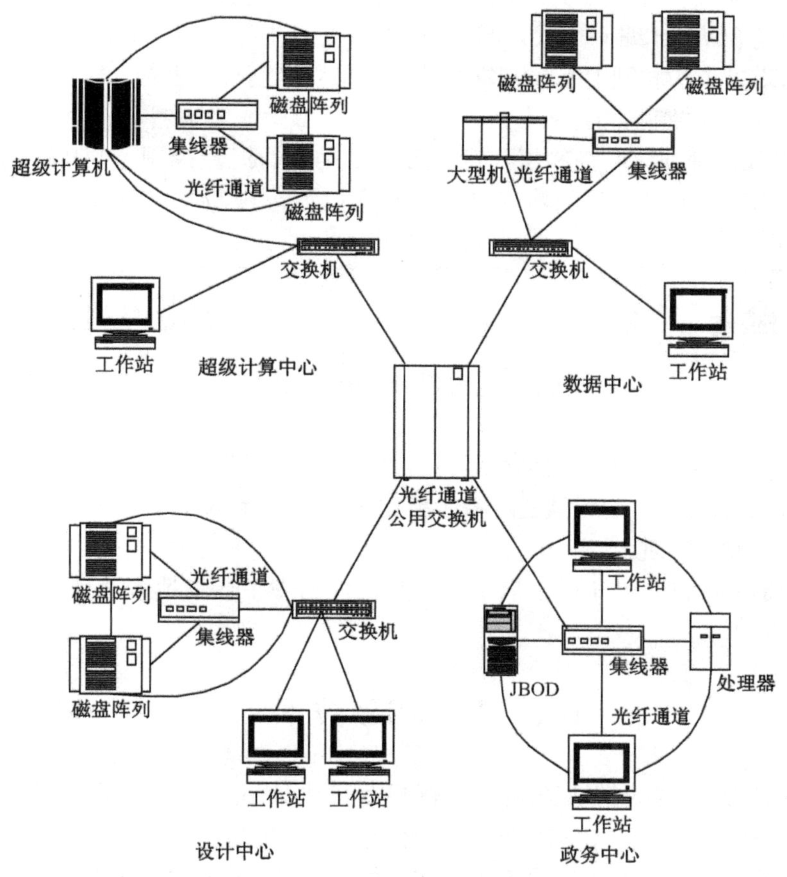

图 6-15　光纤通道构成高速校园级网络

<table>
<tr><td rowspan="2">FC-4</td><td colspan="4">通道协议</td><td colspan="2">多媒体</td><td colspan="4">网络协议</td></tr>
<tr><td>IPI</td><td>SCSI</td><td>HIPPI</td><td>SBCCS</td><td>Video</td><td>Audio</td><td>802.2</td><td>IP</td><td>ATM</td><td>FCLP</td></tr>
<tr><td>FC-3</td><td colspan="10">普通服务</td></tr>
<tr><td>FC-2</td><td colspan="10">帧协议/流量控制</td></tr>
<tr><td>FC-1</td><td colspan="10">8B/10B 编码</td></tr>
<tr><td rowspan="2">FC-0</td><td colspan="4">并行介质独立接口
串并转换</td><td colspan="6">串并转换
串行介质独立接口</td></tr>
<tr><td>133Mb/s</td><td>266Mb/s</td><td>531Mb/s</td><td>1.06Gb/s</td><td colspan="2">2.12Gb/s</td><td colspan="2">4.25Gb/s</td><td colspan="2">10Gb/s</td></tr>
</table>

图 6-16　光纤通道的分层结构

FC-1 是编码层，定义了光纤通道的编码方式和帧定界等内容。光纤通道现在采用的都是 8B/10B 编码方式，与 VSR 采用的编码层一致。它除了可以防止信元流中出现过长的相同电平损害链路外，还可以产生特殊字符，对比特对准和帧边界对齐等其他控制功能。

FC-2 协议处理和流量控制层，定义源目的地址、流量控制、帧排序管理和服务级别等内容。光纤通道的帧结构如图 6-17 所示，共 2148 个字节，其中有效载荷为 2048 个字节。

4 字节 帧起始	24 字节 帧头	64 字节 可选帧头	2048 字节 有效载荷	4 字节 CRC 校验码	4 字节 帧结束

图 6-17　光纤通道的帧结构

FC-3 定义了一个节点上的多个端口可以提供的多种服务。

FC-4 定义了如何将 IP、ATM 等多种传输协议映射入下一层的光纤通道中去，通常通过软件实现。

光纤通道的标准还在不断发展中，现在已经出现了传输速率达到 10Gb/s 的标准 ANSI T11.2。

6.3　RapidIO 技术

VSR 采用低成本的解决方案，在较短距离内实现高速的数据传输。由于 VSR 本身技术的灵活性，使得它可以广泛使用于高速互连的各种应用。除了千兆以太网、万兆以太网和光纤通道各项技术外，还可以应用到其他的一些需要低成本高速率的互连技术中，比如 RapidIO 和 InfinBand 技术。以 RapidIO 和 InfinBand 为代表的高速短距离互连技术在物理层上采用光互连是其发展趋势之一。

CPU 运行速率的飞速提高，使得总线速率的进展相形见绌。总线的速率甚至成为系统总体性能提升的瓶颈。同时众多位宽不同的总线标准的出现，使总线接口日益烦琐。为了应对这些问题，出现了 RapidIO 技术。RapidIO 是一种开放式的高速率接口标准，可灵活应用于多种总线的高速互连。同时 RapidIO 还考虑到未来性能进一步提高的问题，可以很方便地进行升级。

6.3.1　RapidIO 的应用

RapidIO 可以应用到 CPU、高速 ASIC 和存储器等芯片之间的互连或是高速设备控制面板和功能模块等板块之间的互连或是设备与设备互连等多个领域。RapidIO 还考虑到和 PCI 总线兼容的问题，可以汇接多路高性能 PCI 总线，如图 6-18 所示。

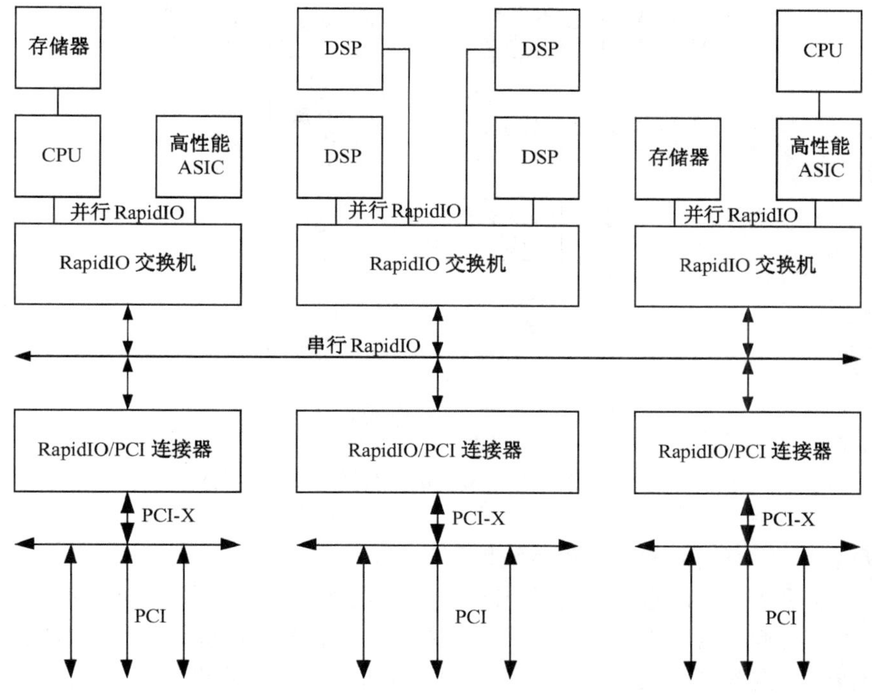

图 6-18　RapidIO 的应用领域

并行 RapidIO 连接 CPU 和存储器以及高速 ASIC，实现了芯片级互连，当然通过这种方式也可以连接多个 DSP 形成性能高超的 DSP 处理阵列。并行 RapidIO 通过 RapidIO 交换机后转成高速串行 RapidIO 后和其他板块汇接出的串行 RapidIO 连通，实现板块级互连。高速串行 RapidIO 接入 RapidIO/PCI 连接器，RapidIO/PCI 连接器可以进行 RapidIO 和 PCI 总线数据的双向转换，使得 RapidIO 和 PCI 总线兼容。

6.3.2　RapidIO 的原理和组成

RapidIO 的传输方式是一种呼叫请求和呼叫响应的工作模式。控制器等呼叫方向被呼叫方发出呼叫请求的信息包，被呼叫方接收到请求后进行相应操作，然后给呼叫方发回响应信息包。其工作过程如图 6-19 所示。

主控器要被呼叫方执行某些操作，必须向发出操作请求，生成的呼叫请求信息包向被呼叫方传递。首先呼叫信息包通过验证模块，验证模块对该信息包进行检测，查看有没有错误，同时给呼叫方返回相应的信息，如果没有错误的话，请求信息包通过验证模块向被呼叫方传递。到达被呼叫方之前，要对呼叫请求信息包进行验证，以确认请求信息包没有错误，避免被呼叫方产生误操作，同时返回

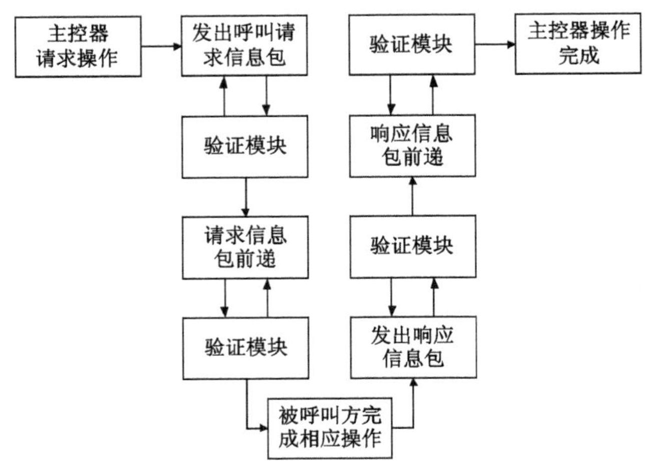

图 6-19 RapidIO 的传输方式

相应信息，没有错误则信息包传给被呼叫方。

被呼叫接收到请求后，完成主控器要求的相应操作，然后向呼叫方发出响应，生成的响应信息包向呼叫方传递。响应信息包先传给验证模块，对响应信息包的格式和内容进行验证，查看错误，同时向被呼叫方反馈验证信息，确认无误后，响应信息包向呼叫方传送。在呼叫方接收响应信息包前，还要经过一次验证模块的检验，其过程和以前的验证过程类似。当主控器接收到响应信息包后，该次传输操作完成。

RapidIO 按功能可以分三个层次，它们是物理层、传输层和逻辑层。物理层的主要功能是完成 RapidIO 物理连接，除此还有验证和流控等功能；传输层的主要功能是保证传输能够成功进行，数据可以正确地达到接收方，它主要包括源地址和目的地址等内容；逻辑层的主要功能是保证传输数据的应用，它主要由传输的有效载荷组成。

RapidIO 呼叫请求信息包和响应信息包的格式基本上一致，但是呼叫请求信息包比响应信息包多了一个设备偏移地址域。信息包的各个组成域分别属于物理层、传输层和逻辑层。但是这些组成域并不完全按照 RapidIO 的功能分层顺序排列，它们之间有一些是相互交错的。RapidIO 的信息包格式如图 6-20 所示。

6.3.2.1 呼叫请求信息包

S 位指示该为信息包或是控制命令；AckID 指示被验证的信息包；Prio 指示流量控制中该包的优先权；TT 指示所采用传输机制；目的地址和源地址包含被呼叫方的地址和呼叫方的地址，根据实际应用可以为 8 位或 16 位；Ftype 和任务域指示呼叫请求的操作任务的类型；载荷大小指示域为经过编码的数据，指示可

层	呼叫请求信息包
物理层	1 比特 S
	3 比特 AckID
⋮	1 比特 rsrv
	1 比特 $\overline{S}$
	2 比特 rsrv
物理层	2 比特 Prio
传输层	2 比特 TT
逻辑层	4 比特 Ftype
传输层	8 或 16 比特 目的地址
传输层	8 或 16 比特 源地址
逻辑层	4 比特 任务域
	4 比特 载荷大小指示域
⋮	8 比特源 TID
	32，48，64 字节 设备偏移地址
逻辑层	8～256 比特 可选载荷
物理层	16 比特 CRC

层	响应信息包
物理层	1 比特 S
	3 比特 AckID
⋮	1 比特 rsrv
	1 比特 $\overline{S}$
	2 比特 rsrv
物理层	2 比特 Prio
传输层	2 比特 TT
逻辑层	4 比特 Ftype
传输层	8 或 16 比特 目的地址
传输层	8 或 16 比特 源地址
逻辑层	4 比特 任务域
⋮	4 比特 状态域
	8 比特 目的TID
逻辑层	8～256 字节 可选载荷
物理层	16 比特 CRC

图 6-20 RapidIO 的包结构

选载荷域中有效数据的数量；源 TID 指示 RapidIO 的任务操作，点对点的 RapidIO连接中共有 256 种不同的任务，源 TID 和设备偏移地址结合可以映射具体的任务操作；CRC 域对有效载荷进行循环冗余校验。

6.3.2.2 响应信息包

响应信息包的格式和呼叫请求信息包的格式基本相同，但是去掉了呼叫请求信息包中的载荷大小指示域和设备偏移地址域，增加了一个状态域。状态域的作用是指示被呼叫请求的任务是否成功完成。

RapidIO 的物理层包括一个物理编码子层（PCS）和物理介质接入子层（PMA），它们把数据传给上层的逻辑传输接口，通过这个接口传给 RapidIO 的应用层。其工作过程如图 6-21 所示。

数据接收的过程是 RapidIO 的 PMA 子层接收链路传来的数据，发给 PCS 层。PCS 层对数据进行 8B/10B 编码，然后传给接收寄存器，转换为 32 路并行

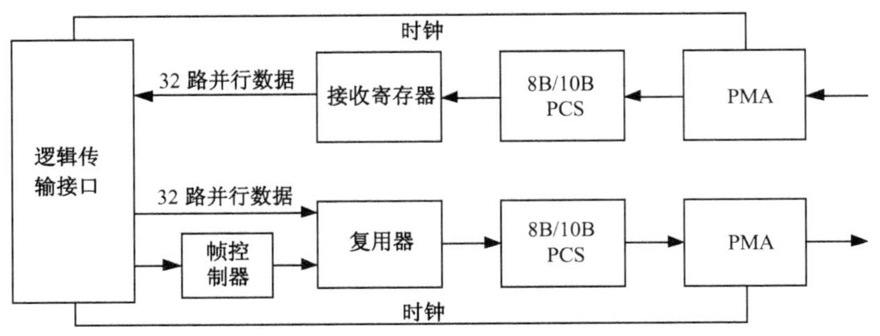

图 6-21　RapidIO 的物理层

数据传给逻辑传输接口。数据发送的过程是逻辑传输接口发送 32 路并行数据给一个复用器（同时也包括帧控制器产生的一些其他信号）复用器把接收到的数据发给采用 8B/10B 编码方式的 PCS 层，接着传给 PMA 层，通过物理链路发送。

6.4　Infiniband 技术

Infiniband 是一种高性能的 I/O 接口，主要应用于数据中心和大规模的应用服务供应商。1999 年，戴尔、IBM 和微软等多家公司组成 Infiniband 商业联盟（IBTA），成为 Infiniband 技术开发和商业推广的关键组织。

Infiniband 的链路是一种点对点的构造，单路 Infiniband 链路的传输速率为 2.5Gb/s。Infiniband 可以提供 1、4 或者 12 路并行 Infiniband 链路，其传输速率对应分别为 2.5Gb/s、10Gb/s 或者 30Gb/s。Infiniband 的物理介质可以是光纤也可以是铜缆，光纤的传输距离为 10m～10km，铜缆的传输距离为 17m。

Infiniband 由四种构件组成：主信道适配器（HCA），目标信道适配器（TCA），Infiniband 交换机和 Infiniband 路由器。主信道适配器用于处理主机器级别的连接，目标信道适配器用于 I/O 设备的连接，交换机用于 Infiniband 单链路到子网的连接，路由器的作用则是连接不同子网。

6.4.1　Infiniband 的应用

Infiniband 作为一种新型的高性能 I/O 结构，其应用前景是广阔的。Infiniband 的网络应用如图 6-22 所示。从服务器过来的数据通过主信道适配器后，连接到 Infiniband 交换机，Infiniband 交换机通过目标信道适配器和目标子网或设备连接。Infiniband 交换机可以连接存储网络、广播网络和路由器等，目前 Infiniband 主要应用在存储网络的连接中。通过路由器，Infiniband 可以连接远程的网络设备。

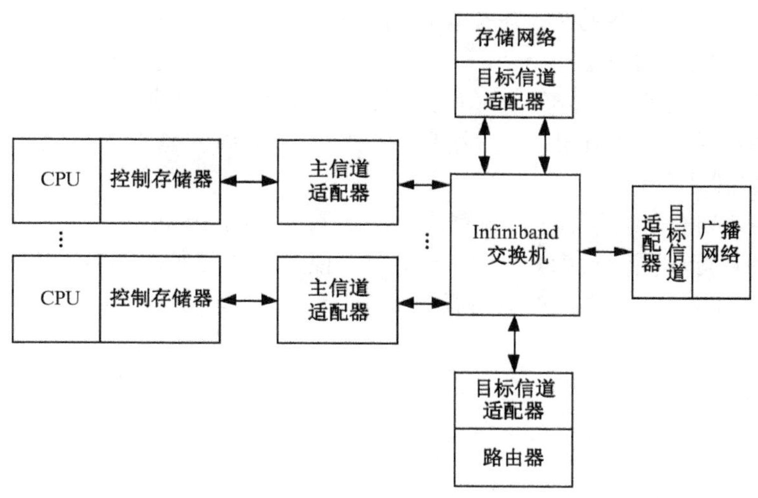

图 6-22　Infiniband 的网络应用

6.4.2　Infiniband 的原理

Infiniband 的每一个节点都包含一个子网管理器，它可以对子网进行维护和管理。这些子网管理器中定义一个为主子网管理器，这个管理器控制着所有 Infiniband 网络结构中的所有传输活动。比如当有服务器请求连接存储阵列时，主子网管理器根据网络的性能、应用领域和网络拓扑，在服务器和存储阵列之间建立连接，连接成功以后，数据才可以发送。这些传输的数据包含有传输路径的信息和验证信息。在传输过程中，验证模块会对数据包进行验证，检查信息包没有错误；而且证实是子网中对应的设备产生时，信息包才可以通过，否则被丢弃。通过主子网控制器的管理，保密信息只能被 Infiniband 子网中经过授权的节点才可以接收，这使得 Infiniband 的安全性大大提高。

Infiniband 同时提供了灵活的可扩展性。主子网管理器维护着 Infiniband 网络结构，它使得从子网中删掉节点时产生的冲击降到最低。当增加新节点时，主子网管理器对新节点进行初始配置，然后自动把它加入到子网拓扑中。这使得 Infiniband 网络结构灵活多变，应用方便。同时，Infiniband 还有和其他类型的网络互连的连接转换器，可以连接千兆以太网、万兆以太网、光纤通道等网络。

Infiniband 提供了一系列的服务级别，每个服务级别都有自己的虚拟路径、流控机制和验证机制。Infiniband 根据传输距离和传输要求的误码率来决定确定传输相应的服务级别。不同服务级别的确定，使得 Infiniband 不仅可以确保高服务级别的数据传输，同时可以保证网络有较高平均性能。主子网管理器在 Infiniband 网络结构中占有重要地位，为了降低主子网管理器损坏带给网络的损失，当主子网管理器所在的节点发生错误时，网络会指定另外一个节点作为主子网管理器，确保网络的正常运行。

从传输距离来看，Infiniband 分两类：一类是长距离传输，一类是短距离传输。长距离传输的 Infiniband 采用单模光纤，短距离的基本上都是采用 OM1 和 OM2 类多模光纤。

Infiniband 的 4 路并行传输模式，总传输速率为 10Gb/s，与 VSR4-3.0 标准所要求的目标相同。VSR4-3.0 标准是用 4 根光纤并行传输数据，每路的传输速率为 2.5Gb/s，两者的物理层相似。

参 考 文 献

1 王启明．支撑光网络发展的光电子器件研发现状和趋势．中国科学院院刊．北京：2002．2

2 Neil Savage. Linking with Light. IEEE Spectrum，2002，39（8）：32～36

3 H. Soda，K. Iga，C. Kitahara，Y. Suematsu. Linking with light InAsP/InP surface emitting injection lasers. J. Appl. Phys.，1979，18：2329～2330

4 K. Iga，S. Ishikawa，S. Ohkouchi，T. Nishimura. Room temperature pulsed oscillation of GaAlAs/GaAs surface emitting injection laser. Appl. Phys. Lett.，1984，45（4）：348～350

5 J. L. Jewell，A. Scherer，S. L. McCall，Y. H. Lee，S. Walker，J. P. harbison，L. T. Florez. Low Threshold Electrically Pumped Vertical Cavity Surface Emitting Microlasers. Electronics Letters，1989，25：1123～1124

6 C. P. Chao，S. Y. Hu，K-K. Law，B. Young，J. L. Merz，A. C. Gossard. Low-threshold InGaAs/GaAs strained layer single quantum well lasers with simple ridge waveguide structure. J. Appl. Phys.，1991，69（11）：7892

7 T. H. Szymanski H. S. Hinton Reconfigurable Intelligent Optical Backplane for Parallel Computing and Communications. Appl. Opt.，1996，35：1253

8 V P David，Venditti，F. Julien 256-Channel Bidirectional Optical Interconnect Using VCSELs and Photodiodes on CMOS. J. Lightwave Technology，2001，19（8）：1093

9 M J Murdocca，A Huang. Optical Design of Programmable Logic Arrays. Applied Optics，1998，27（9）：1651

10 H. D. Chen，K. Liang，Q. M. Zeng，X. J. Li，Z. B. Chen，Y. Du，R. H. Wu. Flip-chip bonded hybrid CMOS/SEED optoelectronic smart pixels. IEE Proc. Optoelectronics，2000，147（1）：2～7

11 L. A. Coldren and S. W. Corzine. Diode Lasers and Photonic Integrated Circuits. New York：Wiley，1995

12 伊贺健一，小山二三夫．面发射激光器基础与应用．郑军译．北京：科学出版社，2002

13 W. W. Chow，K. D. Choquette，M. H. Crawford，K. L. Lear，and G. R. Hadley. Design，fabrication，and performance of infrared and visible vertical cavity emitting lasers. IEEE J. Quantum Electron.，1997，38：1810～1824

14 Chen Hongda，Shen Rongxuan，Mao Luhong，Tang Jun，Liang Kun，Du Yun，Huang Yongzhen，Wu Ronghan. 16-channel 0.35mm CMOS/VCSEL Transmission modules. Chinese Journal of Semiconductors，2003，24（3）：245～249

15 OIF Physical and Link Layer Working Group，Very Short Reach（VSR）OC-192/STM-64 Interface Based on Parallel Optics：Implementation Agreement OIF-VSR4-01. 0，2000，California，USA

16 OIF Physical and Link Layer Working Group，Serial OC-192 1310nm Very Short Reach（VSR）Interfaces：Implementation Agreement OIF-VSR4-02. 0，2000，California，USA

17 OIF Physical and Link Layer Working Group，Very Short Reach（VSR）OC-192 Four Fiber Interface Based on Parallel Optics：Implementation Agreement OIF-VSR4-3. 1，2003，California，USA

18 OIF Physical and Link Layer Working Group，Serial Shortwave Very Short Reach（VSR）OC-192 Interface for Multimode Fiber：Implementation Agreement OIF-VSR4-04. 0，2001，California，USA

19 OIF Physical and Link Layer Working Group, Very Short Reach (VSR) OC-192 Interface Using 1310 Wavelength and 4dB and 11dB Link Budgets: Implementation Agreement OIF-VSR4-05. 0, 2002, California, USA
20 韦乐平. 光同步数字传输网. 北京: 人民邮电出版社, 1998
21 OIF Physical and Link Layer Working Group, System Packet Interface Level 3 (SPI-3): OC-48 System Interface for Physical and Link Layer Devices: Implementation Agreement OIF-SPI3-01. 0, 2000, California, USA
22 OIF Physical and Link Layer Working Group, System Physical Interface Level 4 (SPI-4) Phase 1: A System Interface for Interconnection Between Physical and Link Layer, or Peer-to-Peer Entities Operating at an OC-192 Rate (10 Gb/s): Implementation Agreement OIF-SPI4-01. 0, 2001, California, USA
23 OIF Physical and Link Layer Working Group, System Packet Interface Level 4 (SPI-4) Phase 2 Revision 1: OC-192 System Interface for Physical and Link Layer Devices: Implementation Agreement OIF-SPI4-02. 0, 2003, California, USA
24 OIF Physical and Link Layer Working Group, SFI-4 (OC-192 Serdes-Framer Interface) OIF-PLL-02. 0 - Proposal for a Common Electrical Interface between SONET Framer and Serializer/deserializer Parts for OC-192 interfaces): Implementation Agreement OIF-SFI4-01. 0, 2000, California, USA
25 OIF Physical and Link Layer Working Group, SERDES Framer Interface Level 4 (SFI-4) Phase 2: Implementation Agreement for 10Gb/s Interface for Physical Layer Devices: Implementation Agreement OIF-SFI4-02. 0, 2002, California, USA
26 R. Jacob. Baker, Harry W. Li, David E. Boyce. CMOS: Circuit Design, Layout, and Simulation. New York: Wiley-IEEE Press. 1997
27 S. M. Sze. Physics of Semiconductor Devicds. 2ed Edition. New York: JOHN WILEY & SONS, 1981
28 黄德修. 半导体光电子学. 成都: 电子科技大学出版社, 1994
29 施敏. 现代半导体器件物理. 北京: 科学出版社, 2001
30 J. H. Franz, V. K. Jain. Optical Communications Components and Systems. New Delhi: Narosa, 2000
31 U. Hilleringmann and K. Goser. Optoelectronic System Integration on Silicon: Waveguide, Photodetectors, and VLSI CMOS Circuits on One Chip. IEEE Trans. Electron Devices, 1995, 42(5): 841~845
32 H. Zimmermann. Integrated Silicon Optoelectronics. Berlin: Springer, 2000
33 H. Zimmermann. Integrated High-Speed, High-Sensitivity Photodiodes and Optoelectronic Integrated Circuits. Sensors and Materials, 2001, 13 (4): 189~206
34 T. K. Woodward. 1-Gb/s Integrated Optical Detector and Receivers in Commercial CMOS Technologies. IEEE J. Selected Topics in Quantum Electronics, 1999, 5 (2): 146~156
35 毛陆虹, 陈弘达, 吴荣汉等. 与 CMOS 工艺兼容的硅高速光电探测器的模拟与设计. 半导体学报, 2002, 23 (2): 193~197
36 L. D. Garrett, J. Qi, C. L. Schow and J. C. Campbell. A Silicon-Based Integrated NMOS-p-I-n Photoreceiver. IEEE Trans. Electron Devices, 1996, 43 (3): 411~416
37 H. Zimmermann, T. Heide. A Monolithically Integrated 1-Gb/s Optical Receiver in 1-μm CMOS Technology. IEEE Photonics Technology Letters, 2001, 13 (7): 711~713
38 H. Zimmermann. Monolithic Bipolar-, CMOS-, and BiCMOS-Receiver OEICs. Proc. Semiconductor International Conference, 1996, 1: 31~40
39 A. Ghazi, H. Zimmermann and P. Seegebrecht. CMOS Photodiode with Enchanced Responsivity for the UV/Blue Spectral Range. IEEE Trans. Electron Devices, 2002, 49 (7): 1124~1128
40 ITU-T Recommendation G. 652, Characteristics of a single-mode optical fibre and cable, 2003, Geneva

Switzerland
41 ITU-T Recommendation G. 653, Characteristics of a dispersion-shifted single-mode optical fibre and cable, 2003, Geneva Switzerland
42 ITU-T Recommendation G. 655, Characteristics of a non-zero dispersion-shifted single-mode optical fibre and cable, 2003, Geneva Switzerland
43 ITU-T Recommendation G. 656, Characteristics of a fibre and cable with non-zero dispersion for wideband transport, 2004, Geneva Switzerland
44 G. Yabre. Comprehensive Theory of Dispersion in Graded-Index Optical Fibers. J. of Lighwave Tech., 2000, 18 (2): 166～177
45 ITU-T Recommendation G. 694. 2, Spectral grids for WDM applications: CWDM wavelength grid, 2002, Geneva Switzerland
46 OIF Physical and Link Layer Working Group, Very Short Reach Interface Level 5 (VSR-5): SONET/SDH OC-768 Interface for Very Short Reach (VSR) Applications: Implementation Agreement OIF-VSR5-01. 0, 2002, California, USA
47 OIF Physical and Link Layer Working Group, System Packet Interface Level 5 (SPI-5): OC-768 System Interface for Physical and Link Layer Devices: Implementation Agreement OIF-SPI5-01. 1, 2002, California, USA
48 OIF Physical and Link Layer Working Group, TDM Fabric to Framer Interface Implementation Agreement: Implementation Agreement OIF-TFI5-01. 1, 2003, California, USA
49 OIF Physical and Link Layer Working Group, Serdes Framer Interface Level 5 (SFI-5): Implementation Agreement for 40Gb/s Interface for Physical Layer Devices: Implementation Agreement OIF-SFI5-01. 0, 2002, California, USA
50 OIF Physical and Link Layer Working Group, System Interface Level 5 (SxI-5): Common Electrical Characteristics for 2. 488-3. 125Gbps Parallel Interfaces: Implementation Agreement OIF-SxI5-01. 0, 2002, California, USA
51 IEEE 802.3 Standard for Information Technology, Part 3: Carrier Sense Multiple Access with Collision Detection (CSMA/CD) Access Method and Physical Layer Specifications, 2002, New York, USA
52 IEEE 802.3ae Standard for Information Technology, Part 3: Carrier Sense Multiple Access with Collision Detection (CSMA/CD) Access Method and Physical Layer Specifications Amendment: Media Access Control (MAC) Parameters, Physical Layers, and Management Parameters for 10 Gb/s Operation, 2002, New York, USA

附录 缩略语英汉对照

ACW	Address Control Word	地址控制字
ADW	Address Data Word	地址数据字
AIS-L	Alarm Indication Signal Line Layer	连接层告警指示信号
AIS-P	Alarm Indication Signal Path Layer	通道层告警指示信号
ARC	Anti-Reflection Coating	抗反射涂层
ATM	Asynchronous Transfer Mode	异步传送模式
AU	Administrative Unit	管理单元
BER	Bit Error Rate	误码率
BIP	Bit Interleaved Parity	比特间差奇偶校验
CAIBE	Chemical Assisted Ion Beam Etching	化学辅助离子束刻蚀
CEI	Common Electrical I/O	通用输入/输出电接口
CID	Consecutive Identical Digits	连续识别数位
CM	Connectivity Monitoring	连通性监视
CML	Current Mode Logic	电流型逻辑
CMOS	Complementary Metal-Oxide-Semiconductor	互补型金属氧化物半导体
CRC	Cyclic Redundancy Check	循环冗余码校验法
CSI	Client Status Indication	客户端状态指示
CSMA/CD	Carrier Sense Multiple Access with Collision Detection	碰撞检测的载波监听多址接入
CW	Control Word	控制字
CWDM	Coarse Wavelength Division Multiplexing	粗波分复用
DBR	Distributed Bragg Reflectors	分布布拉格反射镜
DFB	Distributed Feedback Bragg	分布反馈 Bragg
DIP	Diagonal Interleaved Parity	对角间差奇偶校验
DPD	Double PD	双光电二极管
DMA	Differential Mode Attenuation	微分模式衰减
DMD	Differential Modal Delay	差分模时延
DSP	Digital Signal Processing	数字信号处理
DW	Datal Word	数据字
DWDM	Dense Wavelength Division Multiplexing	密集波分复用系统
EDC	Error Detection Channel	错误检测信道
EDFA	Erbium DopedFiber Amplifier	掺铒光纤放大器
EOP	End of Packet	包结束
ESD	Electrostatic Discharge	静电保护
EXC-MS	Excessive Bit Error-Multiplexed Section Layer	误码超出-复用段层

EXC-P	Excessive Bit Error-Path Layer	误码超出-通道层
FC	Flip-Chip	倒装焊工艺
FD	Frame Delimiter	帧分隔符
FDM	Frequency Division Multiplex	频分复用
FEC	Forward Error Correction	前向纠错
GMII	Gigabit Medium-independent Interface	千兆介质无关接口
GE	Gigabit Ethernet	千兆以太网
HSTL	High Speed Transceiver Logic	高速收发器逻辑
ICW	Idle Control Word	空闲控制字
IEC	International Engineering Consortium	国际电工委员会
IEEE	Institute of Electrical and Electronics Engineers	电气电子工程师学会
INF	In-Frame	帧同步
IRB	Internal Register Block	内部寄存器块
ITU-T	International Telecommunications Union-Telecommunication Standardization Sector	国际电信联盟-电信标准部
LAN	Local Area Network	局域网
LD	Laser Diode	激光二极管
LED	Light Emitting Diode	发光二极管
LOF	Loss of Frame	帧丢失
LOM	Loss of MultiFrame	多帧丢失
LOS	Loss of Signal	数据丢失状态
LPE	Liquid-Phase Epitaxy	液相外延
LSB	Least Significant Bit	最低位
LVDS	Low Voltage Differential Signal	低电压差分电信号
LVPECL	Low Voltage PECL	低电压 PECL 电平
LVTTL	Low Voltage TTL	低电压 TTL 电平
MAC	Media Access Control	媒体接入控制
MAN	Metropolitan Area Network	城域网
MBE	Molecular Beam Epitaxy	分子束外延
MCP	Mode Conditioning Patch Cord	模式调节连线
MDI	Media Dependent Interface	物理介质相关接口
MOCVD	Metal Organic Chemical Vapor Deposition	金属有机化学气相沉积
MSB	Most Significant Bit	最高位
NA	Numerical Aperture	数值孔径
OADM	Optical Add Drop Multiplexer	光分插复用
OC-*N*	Optical Carrier of Level *N*	*N* 级光载波
ODU	Optical Data Unit	光数据单元
OEIC	Optical Electronic Integrated Circuit	光电集成电路
OFL	Overfilled Launch	过满注入方式

OFLBW	Overfilled Launch Bandwidth	过满注入带宽
OIF	Optical Internetworking Forum	光网络互连论坛
OOF	Out of Frame	帧失步
OTDM	Optical Time Division Multiplexing	光时分复用
OTN	Optical Transport Network	光传送网
OXC	Optical Cross Connection	光交叉连接设备
PC	Protection Channel	保护信道
PCB	Print Circuit Board	印刷电路板
PCS	Physical Code Sub-layer	物理编码子层
PCW	Payload Control Word	净负荷控制字
PD	Photodiode	光电探测器
PDI	Path Defect Indication	通道缺失指示
PDU	Protocol Data Units	协议数据单元
PDW	Payload Data Word	净负荷数据字
PHY	Physical Layer Device	物理层设备
PLL	Phase Locked Loop	锁相环
PLM	Payload Label Mismatch	净负荷标识不匹配
PMA	Physical Media Access	物理介质接入层
PMD	Polarization Mode Dispersion	偏振模色散
PMD	Physical Media Dependent	物理介质相关子层
POI	Parallel Optics Interface	并行光接口
POP	Point of Presence	汇接点
POS	Packet over SONET/SDH	在 SDH/SONET 上传送数据包
PRBS	Pseudo-Random Binary Sequence	伪随机二进制序列
PXC	Photonic Crossconnect	光交叉连接
RHEED	Reflection High Energy Electron Diffraction	反射高能电子衍射
RIE	Reactive Ion Etching	反应离子刻蚀
RMBW	Restricted Mode Bandwidth	限模带宽
RML	Restricted Mode Launch	限模注入法
SCSI	Small Computer System Interface	小型计算机系统接口
SEF	Severely Errored Framing	严重的错帧
SERDES	Parallel to Serial/Serial to Parallel	并串/串并转换
SFF	Small Form Factor	小型外壳封装
SFP	Small Form-Factor Pluggable	小封装可插拔
SDH	Synchronous Digital Hierarchy	同步数字序列
SFI	SERDES Framer Interface	串并转换成帧器接口
SF-L	Signal Fail-Line Layer	连接层信号失败
SD-L	Signal Degrade-Line Layer	信号质量降级-连接层
SD-P	Signal Degrade-Path Layer	信号质量降级-通道层

SOA	Semiconductor Optical Amplifier	半导体光放大器
SOH	Section Overhead	段开销
SONET	Synchronous Optical Network	同步光网络
SOP	Start of Packet	包开始
SPE	Synchronous Payload Envelop	同步负荷包封
SPI	System Packet Interface	系统数据包接口
STI	Shallow Trench Isolation	浅沟道隔离
STM	Synchronous Transport Module	同步传递模块
STS	Synchronous Transport Signal	同步传递信号
TCW	Training Control Word	排序控制字
TDM	Time Division Multiplex	时分复用
TDW	Training Data Word	排序数据字
TFI	TDM Fabric Interface	时分复用交换接口
TIA	Trans-impedance Amplifier	跨阻抗放大器
TIM-P	Trace Identifier Mismatch-Path Layer	通道层踪迹识别符不匹配
TIM-S	Trace Identifier Mismatch-Section Layer	段层踪迹识别符不匹配
TOH	Transport Overhead	传递开销
TSMC	Taiwan Semiconductor Manufacturing Company	台湾半导体生产厂商
VC	Virtual Container	虚容器
VCSEL	Vertical Cavity Surface Emitting Laser	垂直腔面发射激光器
VPE	Vapor-Phase Epitaxy	气相外延
VSR	Very Short Reach	甚短距离光传输
WAN	Wide Area Network	广域网
Wcycle	Word Cycle	字周期
WDM	Wavelength Division Multiplexing	波分复用
WIS	WAN Interface Sub-layer	广域接口子层
WWDM	Wide WDM	宽波分复用
XAUI	10Gb/s Access Unit Interface	万兆以太网连接单元接口
XGMII	10Gigabit Medium-Independent Interface	万兆介质无关接口
XSBI	10Gigabit Sixteen Bit Interface	万兆 16 比特接口